SCHLACHTSCHIFF BISMARCK

DIE GESCHICHTE DES LEGENDÄREN DEUTSCHEN SCHIFFES

Angus Konstam

übersetzt von Ingo Bauernfeind

Motor buch Verlag

Einbandgestaltung: Frank Zähringer

Bildnachweis: Die zur Illustration dieses Buches verwendeten Aufnahmen stammen – wenn nicht anderes vermerkt ist – vom Verfasser.

ISBN: 978-3-613-03979-7

1. Auflage 2017

Sie finden uns im Internet unter www.motorbuch-verlag.de

Lektorat: Joachim Kuch
Übersetzer und Bearbeiter: Ingo Bauernfeind
Innengestaltung: WS – WerbeService Linke, 76185 Karlsruhe
Druck und Bindung: Conzella Verlagsbuchbinderei, 85609 Aschheim-Dornach
Printed in Printed in Germany

Inhalt

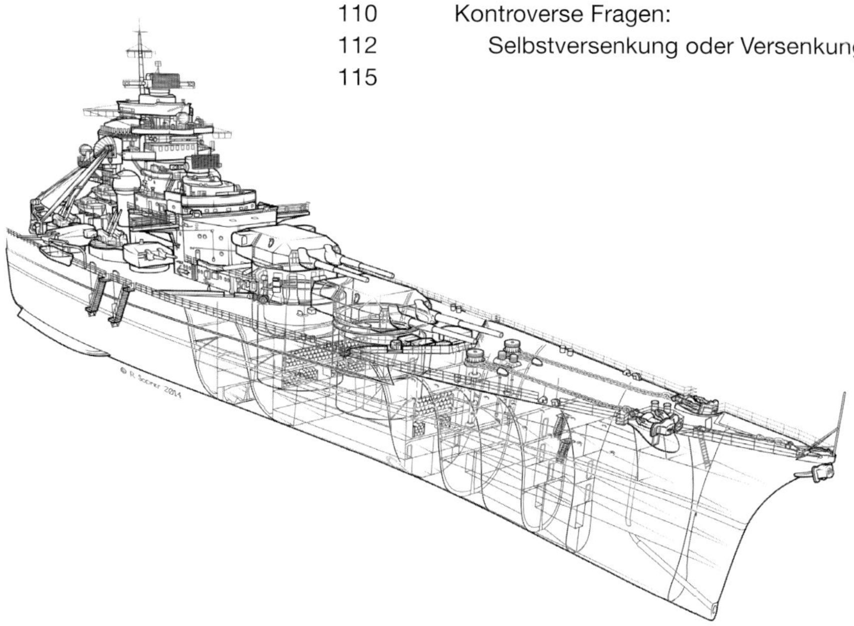

Einleitung

Bei ihrer Indienststellung im August 1940 galt die BISMARCK als eines der stärksten Kriegsschiffe der Welt. Ihr ausgezeichneter Entwurf, ihre schlagkräftige und moderne Bewaffnung sowie ihr hervorragender Panzerschutz machten sie zu einem respekteinflößenden Schlachtschiff. Aus diesem Grund stellte die BISMARCK die sicherlich größte Bedrohung für die britische Vormachtstellung auf See dar, die von einem einzelnen Schiff während der kritischen ersten Jahre des Zweiten Weltkrieges ausgehen konnte. Die deutsche Propaganda bezeichnete sie als unsinkbar und damit als das »*non plus ultra*« im modernen Schlachtschiffbau. Ihre Kritiker hingegen bezweifeln dies bis heute, indem sie auf ihre angeblich relativ schwache Bewaffnung sowie ihren eher konventionellen Entwurf verweisen. Ihrer Meinung nach galt die BISMARCK somit als eindeutig überbewertet.

Das vorliegende Buch wird daher diese gegensätzlichen Auffassungen untersuchen und eine ausgeglichene Bewertung des Kampfwertes von Deutschlands größtem Kriegsschiff durchführen.

Ungeachtet ihrer Stärken und Schwächen existierte während des Baus der BISMARCK auf den Weltmeeren kein vergleichbarer Gegner. Im Gegensatz zu vielen anderen großen und schlagkräftigen Kriegsschiffen ihrer Zeit zeichnete sie sich durch eine besondere Ästhetik aus. Der Autor Ludovic Kennedy, der damals als Sub-Lieutenant die BISMARCK kurz vor ihrem letzten Gefecht zu sehen bekam, beschrieb sie mit den folgenden Worten: »*Schwarz, gewaltig und schön – sie war das am großartigsten aussehende Kriegsschiff, das ich oder jeder von uns jemals zu Gesicht bekommen hatte*«. In dieser Beziehung galt die BISMARCK als der Inbegriff von Seemacht – wunderschön und gleichzeitig absolut tödlich. Aus diesem Grund sicherte sie sich – obwohl sie nur zu einem kurzen zehntägigen Einsatz im Nordatlantik kam – ihren Platz in der Geschichte als Deutschlands berühmtestes Kriegsschiff.

Die Indienststellung der BISMARCK durch die deutsche Kriegsmarine erfolgte zu einem Zeitpunkt, als Großbritannien um sein Überleben kämpfte: Während die Luftschlacht um England noch in vollem Gange war, füllten deutsche Landungsboote die Häfen im Ärmelkanal als Vorbereitung der geplanten Invasion. Da sich die neuen britischen Schlachtschiffe noch im Bau befanden und gleichzeitig die Verluste der Royal Navy auf See stiegen, nahm die gesamte Verteidigungsfähigkeit der britischen Seestreitkräfte stetig ab. Die BISMARCK stellte kurz nach ih-

Diese imposante Frontalaufnahme des Schlachtschiffes entstand am 9. Dezember 1940, als es von der Erprobung in der Ostsee nach Hamburg zurückkehrte. Die schwarz gestreifte Markierung an der Backbordseite neben der Brücke (hier rechts) zeigt an, dass das Schiff wegen seiner Größe in der Mitte der Wasserstraße – in diesem Fall die Elbe – fahren musste. Zudem diente die Markierung für kleinere Schiffe als Warnung, um einen Sicherheitsabstand einzuhalten. Die beiden ausgeklappten Brückennocken dienten als Navigationshilfe für die Passage des Schlachtschiffes durch die Elbe und den engen Kaiser-Wilhelm-Kanal (dem heutigen Nord-Ostsee-Kanal).

rer Indienststellung im August 1940 bereits eine unterschwellige Bedrohung dar, sodass sie die Briten in den kommenden neun Monaten zwang, starke Seestreitkräfte, deren Präsenz im Mittelmeer dringend vonnöten war, an die Home Fleet in den heimatlichen Gewässern zu binden. Zu jenem Zeitpunkt erreichte die Schlacht im Atlantik eine neue und noch tödlichere Phase, welche zur Bedrohung der maritimen Lebensader Großbritanniens wurde. Es war daher vorhersehbar, dass die Kriegsmarine die BISMARCK früher oder später ebenfalls zur Bekämpfung der transatlantischen Versorgungsgeleitzüge (Konvois) einsetzen würde – nicht zuletzt, weil sie den britischen Großkampfschiffen, die sich ihr entgegenstellen sollten, als überlegen galt. Die Umsetzung dieser Idee hatte das Unternehmen »Rheinübung« zur Folge: Während dieses ersten Kampfeinsatzes wurde die BISMARCK mit den eilig zusammengestellten Kampfgruppen der britischen Home Fleet konfrontiert.

Diese Farbaufnahme der BISMARCK entstand an ihrer Ankertonne auf Reede vor dem Kieler Hafen im September 1940. Im Oktober erfolgte in Gotenhafen die Anbringung der Entfernungsmesser an den 38-cm-Geschütztürmen. Die ausgeklappte Spiere an der Backbordseite des Vorschiffes diente als Anlegestelle für die Beiboote nahe des Fallreeps.

Neben der Erzählung dieser dramatischen Seekriegsgeschichte wird das vorliegende Buch auch auf die BISMARCK als Schiff im Detail eingehen, sodass die Leserinnen und Leser die Möglichkeit erhalten, die Geschehnisse an Bord während des nur kurzen operativen Lebens der BISMARCK nachzuempfinden. Nach mehr als einem Dreivierteljahrhundert können bloße Worte und Bilder jedoch nur ansatzweise beschreiben, wie es gewesen sein muss, diesem Giganten entgegenzutreten oder ein Mitglied seiner Besatzung zu sein, als sein Todeskampf gegen die Schiffe der Home Fleet begann. Während manche Historiker ein Loblied auf das spektakuläre Ende der BISMARCK nach Wagnerischer Art singen, müssen unsere Gedanken auch bei den hunderten junger Besatzungsmitglieder sein, die in ihrem Innenraum eingeschlossen waren, als sie von der ölbedeckten Meeresoberfläche versank. Dieses Buch ist dem Andenken dieser Männer sowie der Besatzung der HMS HOOD gewidmet, welche drei Tage zuvor von der BISMARCK versenkt worden war.

In dieser bildlichen Rekonstruktion ihres Todeskampfes schießt die BISMARCK auf das britische Schlachtschiff RODNEY. 35,6-cm- und 40,6-cm-Granaten schlagen auf ihren vorderen Aufbauten ein und haben bereits einige ihrer Geschütze zum Schweigen gebracht. Als die BISMARCK zurückschoss, erfolgte die Feuerleitung nur noch durch die einfachen Entfernungsmesser an den Geschützen selbst, welche jedoch nacheinander ausfielen.

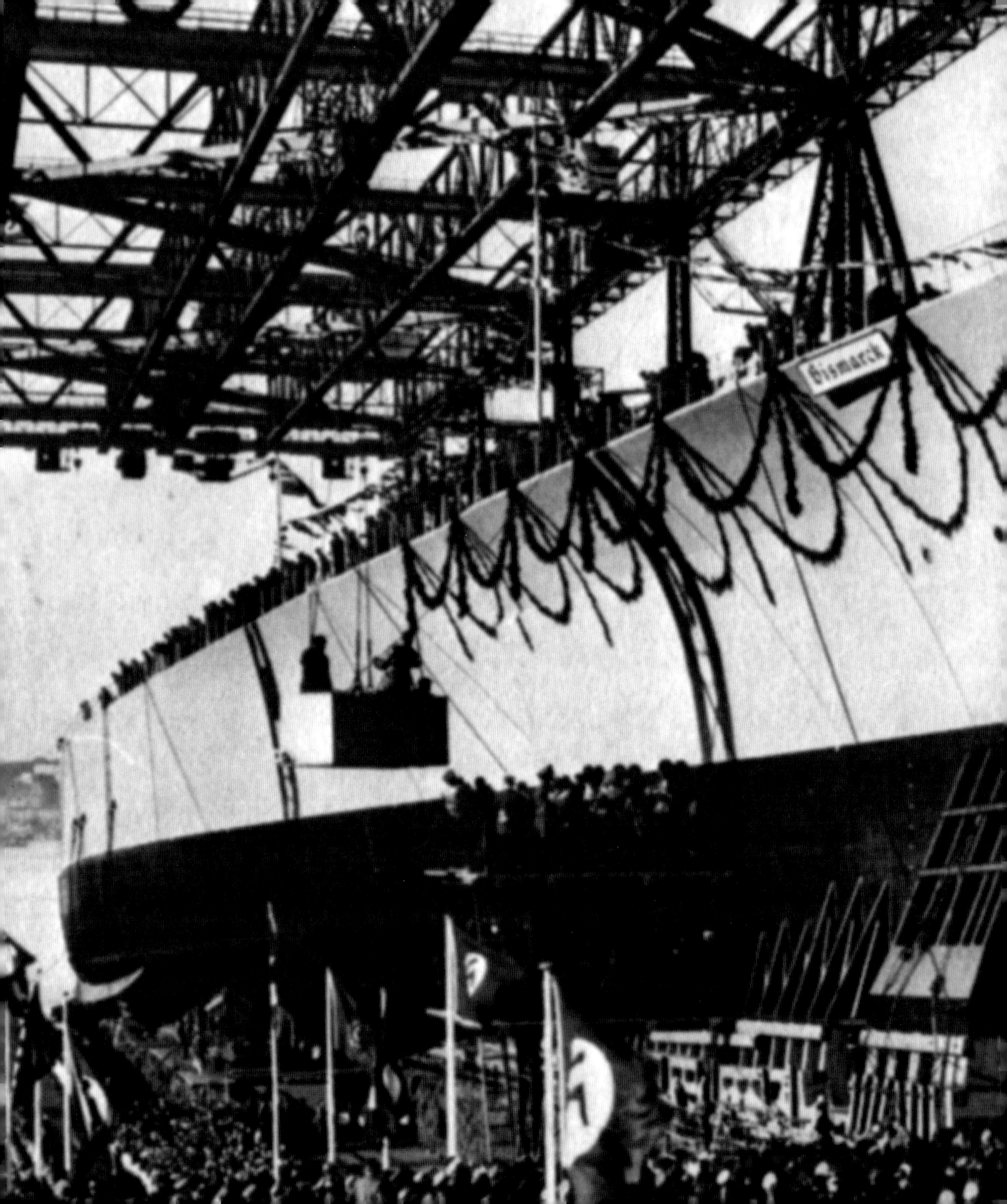
Bismarck

Kapitel 1

Die Geschichte der BISMARCK

Der Entwurf und Bau des Schlachtschiffes BISMARCK erfolgte im Rahmen des Wiederaufbaus der deutschen Marine sowie durch Missachtung internationaler Verträge zur Schiffsbaubeschränkung durch die Nationalsozialisten. Nach Kriegsausbruch 1939 wurde die BISMARCK zu einem wichtigen Bestandteil der Kriegsmarine sowie zu einer baldigen Bedrohung für die Royal Navy.

Während der Stapellaufzeremonie erfolgte auf beiden Seiten des Vorschiffes die Enthüllung des Schiffsnamens BISMARCK. Mehr als 60.000 Menschen waren anwesend.

Hintergrund

Obwohl der Waffenstillstand vom 11. November 1918 dem Blutvergießen des Ersten Weltkrieges ein Ende gesetzt hatte, dauerte es noch sieben weitere Monate bis zur offiziellen Beendigung des Konflikts. Dies geschah am 28. Juni 1919, als Vertreter Deutschlands und der alliierten Siegermächte den Versailler Vertrag unterzeichneten – fünf Jahre auf den Tag genau nach der Ermordung des österreichischen Erzherzogs Franz Ferdinand. Diese Tat galt als Auslöser für den globalen Konflikt, in dessen Verlauf 17 Millionen Menschen ihr Leben verloren. Die Vertragsverhandlungen zogen sich über sechs Monate hin, weil die Siegermächte gegensätzliche Ziele verfolgten und es für sie schwierig war, zu einer Übereinstimmung zu kommen, wie hart die Bestrafung Deutschlands ausfallen sollte. In ihrer endgültigen Form waren die Friedensbedingungen für den Kriegsverlierer drakonisch: Neben den aufzehrenden Reparationen sowie dem deutschen Gebietsverlust in Europa und Übersee sah der Vertrag zudem eine empfindliche Einschränkung des Umfangs und der Schlagkraft des zukünftigen deutschen Militärs – insbesondere der ehemals mächtigen Marine – vor. Gemäß der von den Siegern diktierten Bedingungen durfte Deutschland nicht mehr als sechs Linienschiffe (Schlachtschiffe), sechs Leichte Kreuzer, zwölf Zerstörer sowie zwölf Torpedoboote besitzen. Selbst bei einer solch kleinen Flotte durften die großen gepanzerten Einheiten – die Linienschiffe – jeweils nicht mehr als 10.000 Britische Tonnen (long tons) verdrängen. Da selbst die ältesten und kleinsten deutschen Großkampfschiffe (sogenannte Dreadnoughts) aus der Zeit des Ersten Weltkrieges eine doppelt so große Verdrängung wie diese Einheiten hatten, war der Bestand an Linienschiffen in der neuen Reichsmarine bei nüchterner Betrachtung lediglich auf ein halbes Dutzend ver-

Die BISMARCK im Sommer 1940, als sie ihre Erprobung und Mannschaftsausbildung in der Ostsee durchführte.

Das Schlachtschiff auf offener See. Diese Aufnahme entstand vermutlich während der Erprobung in der Ostsee gegen Ende September 1940. Ihre drei Funkmessortungsgeräte (Radare) waren zu jenem Zeitpunkt noch nicht eingebaut.

Die BISMARCK kurz nach ihrem Stapellauf auf der Elbe. Die Stadt Hamburg ist im Hintergrund sichtbar. Tausende Einwohner waren Zeuge dieses Ereignisses.

alteter Vor-Dreadnoughts beschränkt. Folglich blieben nur drei Einheiten der DEUTSCHLAND-Klasse und drei der BRAUNSCHWEIG-Klasse übrig, um den Kern der Nachkriegsflotte zu bilden. Während zwei von diesen bei Ausbruch des Zweiten Weltkrieges noch im aktiven Dienst standen, fungierte ein drittes als Zielschiff.

Auf den Versailler Vertrag folgte 1922 das Washingtoner Flottenabkommen. Zu dessen Unterzeichnern gehörten Großbritannien, die Vereinigten Staaten, Japan, Frankreich und Italien. Dieses Abkommen sollte ein zukünftiges Wettrüsten zur See verhindern und den fünf Unterzeichnermächten eine Verkleinerung ihrer jeweiligen Flottenstärken und somit Marineetateinsparungen ermöglichen. Zudem war bei den Großkampfschiffen eine Verdrängungsbeschränkung auf 35.000 Britische Tonnen (long tons) sowie ein maximales Artilleriekaliber von 40,6 Zentimetern vorgeschrieben. Während die Weimarer Republik an den Versailler Vertrag gebunden und somit von diesen Bestimmungen ausgeschlossen war, hielten sich die führenden Seemächte beim Bau ihrer neuen Großkampfschiffe an diese. 1930 ersetzte der Londoner Flottenvertrag das bis dahin gültige Washingtoner Abkommen. Dessen Ratifizierung erfolgte ebenfalls durch die fünf Mächte.

Auch dieses Mal durfte die Weimarer Republik nicht an den Verhandlungen teilnehmen, dennoch wurde eine deutsche Delegation zur Genfer Flottenkonferenz eingeladen, die zwei Jahre später, im Jahre 1932, stattfand. Zwischenzeitlich hatte die Reichsmarine verschiedene starke innenpolitische Widerstände überwunden, sodass der Bau einer Klasse von drei Panzerschiffen möglich wurde. Deren Entwurf entsprach den Bestimmungen des Versailler Vertrages. Der Stapellauf des ersten dieser drei mächtigen und modernen Kriegsschiffe, der DEUTSCHLAND, erfolgte im Mai 1931. Trotz des französischen Widerstands führte der Bau dieser neuen Schiffe schließlich zu einer aktiveren Einbeziehung Deutschlands bei den Gesprächen auf der Flottenkonferenz. Zu jenem Zeitpunkt hatten die deutschen Schiffbaukonstrukteure bereits mit der Entwicklungsplanung von zwei noch stärkeren Kriegsschiffen begonnen. Diese mit jeweils neun 28-cm-Geschützen bewaffneten Einheiten übertrafen jedoch die noch immer gültigen Beschränkungen des Versailler Vertrages. Als Namen waren SCHARNHORST und GNEISENAU vorgesehen. Während die

Das Schlachtschiff während einer Übung von Bord der PRINZ EUGEN aus fotografiert. Wenig später begann für beide Schiffe das Unternehmen »Rheinübung«.

Oben: Im März 1937 hatte das Vorschiff der BISMARCK bereits Gestalt angenommen. Auch waren schon große Teile ihres Oberdecks verlegt. Weiter an achtern fehlte dieses Deck noch an den Stellen, an denen später die Aufbauten Aufstellung fanden.

Unten: Die Anordnung der Plattformdecks ist in dieser Aufnahme vom August 1937 erkennbar. Zwischen den Barbetten der Mittelartillerie befand sich das Torpedoschott.

Briten sie als Schlachtkreuzer klassifizierten, stuften die Deutschen sie als Schlachtschiffe ein, da ihr Panzerschutz wesentlich stärker war als bei jedem vergleichbaren Schlachtkreuzer. Der Wiederaufbau der deutschen Marine war in eine neue Phase eingetreten.

Die internationalen Verhandlungen und die Konstruktion neuer Kriegsschiffe fanden vor dem Hintergrund der politischen Unruhen in Deutschland statt. Obwohl die NSDAP bei den Reichstagswahlen im Jahre 1928 weniger als drei Prozent der Stimmen erhielt, nahmen ihre paramilitärischen Unterstützer zu und wurden zunehmend gewalttätiger. Der Stimmenanteil der Nationalsozialisten steigerte sich jedoch beträchtlich während der Wahlen 1930. Zwei Jahre später wurde die NSDAP sogar zur stärksten Partei im Reichstag. Inmitten der Stimmung eines zunehmenden Antisemitismus blieben die Versuche, die Aktivitäten der paramilitärischen Unterstützer zu verbieten, erfolglos. In der Hoffnung, die unberechenbare politische Situation beruhigen zu können, ernannte Reichspräsident Paul von Hindenburg im Januar 1933 Adolf Hitler, den Führer der NSDAP, schließlich zum neuen Reichskanzler. Anstatt sein Ziel zu erreichen, ließ er den Nazi-Geist aus dessen Flasche entweichen.

Innerhalb eines Monats erfolgte die Aufhebung von Bürgerrechten, zudem wurden politische Widersacher zum Schweigen gebracht. Obwohl Hitler seine volle diktatorische Macht erst mit dem Tod Hindenburgs im Jahre 1934 erlangte, war der Weg Deutschlands zu einem Ein-Parteien-Staat nicht mehr aufzuhalten. Eine von Hitlers ersten Bekenntnissen war die Ablehnung der Unterzeichnung des Versailler Vertrages, die 1919 erfolgt war. Trotz seiner aggressiven öffentlichen Rhetorik dauerte es noch bis zum März 1935, bis er den Vertrag offiziell aufkündigte. In der Zwischenzeit hatte er die deutschen Delegierten angewiesen, die Genfer Konferenz zu verlassen und aus dem Völkerbund auszutreten. Da sich die Reichsmarine nun an keine Beschränkungen mehr gebunden sah, konnte sie Schiffe von beliebiger Größe entwickeln und bauen. Da Hitler jedoch kein Verlangen hatte, die übermächtige Royal Navy herauszufordern, schloss er mit Großbritannien eine vertrauliche Vereinbarung, die im Juni 1935 zum deutsch-britischen Flottenabkommen führte. Dieses legte die Größe der deutschen und der britischen Flotte in einem Verhältnis von 35 zu 100 zueinander fest: Die Reichsmarine, die 1935 in Kriegsmarine umbenannt wurde, konnte nun Schlachtschiffe mit einer Verdrängung von bis zu 35.000 Britischen Tonnen (long tons) bauen und ihre Flottenstärke auf bis zu 35 Prozent der Überwasserflotte der Royal Navy vergrößern. Deutschland durfte somit neue und noch stärkere Schlachtschiffe konstruieren, welche die Größe der SCHARNHORST-Klasse beträchtlich überschritten. Das Resultat war die BISMARCK-Klasse, die aus zwei Einheiten bestehen sollte.

Der Entwurf

Bereits im Jahre 1932 genehmigte der Reichstag den sogenannten »Schiffbauersatzplan«, welcher bis 1936 Gültigkeit hatte. Dieser sah den Wiederaufbau der Marine durch den Ersatz einiger alter Schiffe durch neue Einheiten sowie die Finanzierungssicherstellung des Baus der DEUTSCHLAND- und SCHARNHORST-Klasse vor. Anfang 1934 entstanden die Pläne für die Konstruktion eines neuen deutschen Großkampfschiffes. Bei diesem handelte es sich um ein hochmodernes Schlachtschiff, das die Beschränkungen, unter denen die DEUTSCHLAND- und die SCHARNHORST-Klasse entstanden war, erheblich überschritt. Unter der Bezeichnung »Schlachtschiff F, Ersatz HANNOVER« sollte dieses neue Schiff offiziell das alte Vor-Dreadnought-Linienschiff HANNOVER – einen

Veteranen der Skagerrakschlacht 1916 – ersetzen, dessen Außerdienststellung 1931 erfolgt war. Das zukünftige »Schlachtschiff F« stellte jedoch nicht direkt einen Ersatz dar: Als die SMS HANNOVER 1907 ihren Dienst aufnahm, verdrängte sie knapp 14.000 Britische Tonnen (long tons) bei einer Höchstgeschwindigkeit von 18 Knoten. Das neue Schlachtschiff hingegen sollte bei einer Verdrängung von 35.000 Britischen Tonnen (long tons) konstruktionsgemäß beachtliche 30 Knoten erreichen können. Der enorme Unterschied zwischen beiden Schiffen zeigte sich auch in der Bewaffnung: Während das Vor-Dreadnought-Linienschiff über vier 28-cm-Geschütze verfügte, waren acht 33-cm-Geschütze für das neue Schlachtschiff vorgesehen, welche es zu einem respekteinflößenden modernen Kriegsschiff machen sollten. Wie schon bei früheren deutschen Großkampfschiffen legten die Konstrukteure auch beim »Schlachtschiff F« besonderen Wert auf einen ausgeprägten Panzerschutz. Durch seinen Größenzuwachs sollte es zudem weitaus stärker gepanzert sein als alle seine Vorgänger.

Zu diesem Projekt kam schon bald das »Schlachtschiff G« als Schwesterschiff hinzu. Dieses sollte den Namen TIRPITZ erhalten. Der Chef der Marineschiffbauabteilung, Dr. Hermann Burkhardt (1881–1969), überwachte 1934/35 die Erstellung der Konstruktionspläne für die beiden neuen Schiffe. Seine ursprüngliche Vorgabe sah eine Tonnagebegrenzung auf 35.000 Tonnen vor, welche gemäß des Washingtoner Flottenabkommens von 1922 als Maximalwert zulässig waren. Obwohl Deutschland nicht zu den Unterzeichnerstaaten gehörte, erschien es aufgrund Hitlers Aufkündigung des Versailler Vertrages als diplomatisch angebracht, sich zumindest an die Beschränkungen des Washingtoner Flottenabkommens zu halten. Die Ratifizierung der Obergrenze von 35.000 Tonnen erfolgte zwar schließlich auch im deutsch-britischen Flottenabkommen von 1935, doch zu jenem Zeitpunkt hatten Dr. Burkhardt und seine Arbeitsgruppe bereits die Tonnagebegrenzung ignoriert: Sie überarbeiten nun ihre Pläne mit der Absicht, zwei weitaus größere Schlachtschiffe zu konstruieren. In Wirklichkeit erfolgte diese Tätigkeit unter völliger Missachtung internationaler Beschränkungen.

Anfang November 1934 fand eine Besprechung zwischen führenden Offizieren der Kriegsmarine und Burkhardts Arbeitsgruppe statt, um verschiedene Entwurfsanforderungen für die Schlachtschiffe »F« und »G« zu prüfen. Schließlich fiel die Entscheidung, diese mit einer stärkeren Panzerung und Bewaffnung als die französischen Schlachtschiffe der »Dunkerque«-Klasse auszustatten. Daher sollten sie über eine Verdrängung von 35.000 Tonnen verfügen, acht 33-cm-Geschütze erhalten und eine Höchstgeschwindigkeit von mehr als 30 Knoten erreichen. Nach der Prüfung mehrerer Entwürfe, die alle 37.000 Tonnen verdrängten, lehnte Admiral Erich Raeder, der Oberbefehlshaber der Kriegsmarine, diese ab, da er

Der Stapellauf der BISMARCK in Hamburg am 14. Februar 1939 fand in Anwesenheit zahlreicher Würdenträger und tausender Zuschauer am Elbufer statt. Die Hakenkreuzfahne am Bug verdeckte das Schiffswappen, dessen Enthüllung kurz vor dem eigentlichen Stapellauf erfolgte.

Der Schornstein der BISMARCK mit rundum angeordneten Entlüftungsrohren. Im Vordergrund ist ein leitender Angestellter der Bauwerft mit seinem Filzhut sichtbar.

aus diplomatischen Gründen an der festgelegten 35.000-Tonnen-Begrenzung festhalten wollte.
Obwohl die Ingenieure Admiral Raeder warnten, dass diese Veränderung die Verdrängung um 1.500 Tonnen erhöhen und die Bauzeit um sechs Monate verlängern würde, zeigte sich dieser nicht besorgt. Als Befürworter von großen Geschützen würde er schließlich Schiffe erhalten, deren Feuerkraft es mit der von britischen Schlachtschiffen aufnehmen konnte, während ihre Panzerung und Geschwindigkeit sogar überlegen waren. Diese Umkonstruktion stellte die Ingenieure natürlich vor einige Schwierigkeiten: Nach dem neuen Entwurf wären diese Schiffe nicht in der Lage gewesen, ohne die Entfernung ihrer seitlichen Panzerung den Kaiser-Wilhelm-Kanal zu durchqueren. Daher zog Burkhardt für kurze Zeit einen Entwurf mit neun Geschützen in Betracht, welcher aus drei 35-cm-Rohren in drei Dreifachtürmen bestehen sollte, doch diese Idee erfuhr keine Umsetzung. Diese Anordnung hätte zwar eine etwas verkürzte gepanzerte Zitadelle und damit eine geringere Schiffsbreite ermöglicht, wäre jedoch mit einem unerprobten Geschützkaliber sowie einer erhöhten Verdrängung verbunden gewesen.
Die Konstruktion von Kriegsschiffen stellte einen Drahtseilakt zwischen Feuerkraft, Schutz und Schnelligkeit dar. Da Admiral Raeder eine Mindestgeschwindigkeit von 28 Knoten als Dauerhöchstfahrt festgelegt hatte, blieb nichts anderes übrig, als die Panzerung zugunsten einer stärkeren Feuerkraft zu opfern. Am 9. Mai 1939 genehmigte er als Oberbefehlshaber der Kriegsmarine die überarbeiteten Konstruktionspläne, welche nun die von ihm gewünschten acht 38-cm-Geschütze in vier Doppeltürmen für die beiden neuen Schlachtschiffe vorsahen. Die Entscheidung zugunsten der größeren Artillerie gehörte zu den zahlreichen Konstruktionsherausforderungen, welche Burkhardt mit seiner Arbeitsgruppe bewältigen musste. Andere Fragen stellten sich bei der Wahl des Antriebs, da drei verschiedene Anordnungen mit Dampfturbinen und Kesseln zur Verfügung standen. Eine vierte Möglichkeit sah die Verwendung einer turboelektrischen Anlage vor, die denen auf den damaligen amerikanischen Schlachtschiffen ähnelte und dem Wunsch Admiral Raeders entsprach. Burkhardt und sein Schiffbaubüro hingegen bevorzugten einen herkömmlichen Dampfturbinenantrieb mit drei kraftvollen Turbinen. Diese sollten ihren Dampfdruck aus zwölf Kesseln erhalten, die sich in drei großen Kesselräumen vor dem Turbinenraum befinden sollten. Während bei einer anderen Anordnung sechs Kesselräume vor dem Turbinenraum platziert sein sollten, sah ein weiterer Entwurf einen Turbinenraum mit Kesselräumen auf beiden Seiten mit jeweils sechs Kesseln vor.
Während der Entwicklungsphase entstanden vier Pläne für die Antriebsanordnung, die vor der nächsten Entwurfsbesprechung Anfang Juni 1935 vorgelegt wurden. Obwohl die turboelektrische Option ein Mehrgewicht von 600 Tonnen für die endgültige Verdrängung darstellte, beharrte Raeder auf diesem Antrieb als erste Wahl und ordnete die Ausarbeitung

Das Schlachtschiff am Ausrüstungspier bei der Werft Blohm & Voss in Hamburg. Im Hintergrund ist das große Baugerüst erkennbar, unter welchem die »Geburt« des Schiffes erfolgt war.

Oben: Die BISMARCK auf der Helling 9 bei Blohm & Voss während der letzten Vorbereitungen für den Stapellauf. Das dafür eigens errichtete Rednerpodest ist rechts im Vordergrund sichtbar. Die Haltestreben aus Holz und Metall am Schiffsrumpf sollten diesen bis zum eigentlichen Stapellauf in einer stabilen Postion halten.

Mitte: Das »Schlachtschiff F« (BISMARCK) einige Tage vor seinem Stapellauf Anfang Februar 1939. Diese Aufnahme bietet einen guten Blick auf die Helling 9 mit ihrem Baugerüst, welches den Schiffsrumpf umgibt. Links daneben (und nicht im Bild) befand sich Helling 10, auf der U-Boote entstanden. Dahinter lag der Kuhwerder Hafen mit dem Ausrüstungspier, wo die Fertigstellung der BISMARCK erfolgte.

Unten: Das spitz zulaufende Vorschiff der BISMARCK wenige Tage vor dem Jahreswechsel 1937/38. Diese Aufnahme zeigt, dass das Mittelschiff einschließlich der gepanzerten Zitadelle zuerst fertiggestellt worden war und danach der Bau der weniger stark geschützten Bug- und Hecksektionen erfolgte.

detaillierter Pläne an. Da er zudem auf eine Verdrängung von unter 41.000 Tonnen bestand, musste Burkhardt das Gewicht der Panzerung erneut reduzieren, um die Unterbringung dieser schwereren Anlage zu ermöglichen. Am 23. August 1939 erhielt Raeder die Zeichnung A13, welche einen Entwurf mit drei Turbinen und einem turboelektrischen System darstellte. Als der Admiral dieses Konzept genehmigte, war Burkhardt dennoch nicht überzeugt, dass dieses das beste war. Aus diesem Grund und für den Fall, dass das Gewicht wieder zu einem Problem werden würde, erstellte er gleichzeitig Pläne für eine eher herkömmliche Antriebsanlage unter Verwendung von Getriebeturbinen.

Die im Juni 1939 stattfindende Konstruktionsbesprechung beinhaltete auch die Begutachtung der Pläne für die Sekundärbewaffnung. Es war schon vorher die Entscheidung gefallen, dass die neuen Schlachtschiffe eine mittlere Artillerie mit zwölf 15-cm-Geschützen in sechs Doppeltürmen sowie eine leichte Artillerie mit sechzehn 10,5-cm-Geschützen in acht Doppeltürmen erhalten sollten, von denen Letztere primär für die Flugabwehr vorgesehen waren. Für deren Anordnung kamen vier verschiedene Entwürfe in Betracht. Zudem stand die Verwendung von Kasematten zur Diskussion, die jedoch eine weitgehend obsolete Art der Geschützplatzierung darstellten, wie sie die älteren deutschen Kriegsschiffe erhalten hatten. Hinzu kam eine zusätzliche Flugabwehrbewaffnung in Form von acht 3,7-cm-Kanonen (Flak) in Doppellafetten. Im August 1939 erhöhte sich deren Anzahl auf sechzehn.

Der Umfang und die Stärke der Panzerung waren ebenfalls Inhalt von Diskussionen. Ursprünglich sollte der Hauptgürtelpanzer 350 Millimeter dick sein, doch reduzierte sich dieser auf 320 Millimeter als Folge der veränderten Bewaffnungs- und Geschwindigkeitsanforderungen Admiral Raeders. Vor und hinter den schweren Geschütztürmen hatte die Panze-

Der Bauzustand im September 1937 mit den fast fertiggestellten mittleren und oberen Plattformdecks. Diese Decks wurden durch die Barbetten der hier sichtbaren vorderen 38-cm-Geschütze unterbrochen.

rung eine Stärke von 150 Millimetern, das darüber befindliche 100 Millimeter starke Panzerdeck diente als Schutz dieses Bereichs vor steil einschlagenden Granaten. Dieses Deck wölbte sich diagonal zu den Rumpfseiten und war dort mit einer Stärke von 120 Millimetern zum Schutz der lebenswichtigen Einrichtungen des Schiffes 20 Millimeter dicker. Die Barbetten der schweren Artillerie waren oberhalb des Oberdecks 380 Millimeter stark, darunter verjüngten sie sich auf 320 Millimeter. Die Barbetten der mittleren Artillerie hatten einen 150 Millimeter dicken Panzerschutz.

Der Rumpf war in 22 wasserdichte Abteilungen unterteilt, die in fortlaufenden römischen Ziffern von vorne nach achtern durchnummeriert waren. Bis auf fünf Abteilungen befanden sich diese alle innerhalb der lebenswichtigen Mittelsektion des Rumpfes zwischen den Geschütztürmen und hinter dem Gürtelpanzer. Dieser Panzer hatte eine Stärke von 320 Millimetern und verjüngte sich auf 170 Millimeter unterhalb der Wasserlinie. Er erstreckte sich über eine Länge von nur knapp 170 Metern und ging am Bug sowie am Heck auf einen jeweils 150 Millimeter dicken Panzerschutz über, der die dort befindlichen weniger lebenswichtigen Bereiche schützen sollte. Dies bedeutete, dass mehr als 70 Prozent des Schiffsrumpfes über und unter Wasser über einen seitlichen Panzergürtel verfügten, der trotz des direkten Beschusses durch 38-cm-Granaten als undurchschlagbar galt. Es erscheint daher nachvollziehbar, warum die deutsche Propaganda die BISMARCK als »unsinkbar« anpries.

Das Hauptpanzerdeck befand sich unter dem Oberdeck. Das Schiffbaubüro schlug den Entwurf einer gepanzerten Zitadelle mit einer Stärke von 150 Millimetern für den Schutz der mittleren und leichten Artillerie vor. Während deren volle Ausdehnung im September 1935 noch nicht festgelegt war, ermöglichte die Entscheidung, einige Mannschaftsunterkünfte außerhalb der Zitadelle zu platzieren, den Konstrukteuren die Ausdehnung der Panzerung auf den Bereich zwischen allen vier schweren Geschütztürmen. Trotz der noch – zumindest auf dem Papier – stattfindenden Änderungen in nahezu allen Bereichen des Gesamtentwurfs nahmen die beiden neuen Schlachtschiffe allmählich Gestalt an.

Im Herbst 1935 entschied Admiral Raeder, dass die Pläne für das »Schlachtschiff F« weit genug gereift waren, um endlich mit dessen Bau zu beginnen. Die enorme Schiffsgröße grenzte die Auswahl der Werften, die zu seiner Fertigstellung in der Lage waren, sehr ein: Schließlich hatte das neue Schiff bei einer Verdrängung von über 40.000 Tonnen eine Gesamtlänge von 251 Metern sowie eine Breite von 36 Metern. Da die meisten deutschen Werften bereits kleinere Kriegsschiffe im Bau hatten, blieb der Marine nur die Wahl zwischen der Kriegsmarinewerft Wilhelmshaven und der Privatwerft Blohm & Voss in Hamburg. Mit Hitlers Genehmigung fiel am 16. November 1935 schließlich die Wahl auf Letztere. Nach der offiziellen Bestellung durch die Marine erhielt das Bauprojekt die Werftnummer BV-509. Die Kiellegung war für den kommenden Juli vorgesehen. Die Ablieferung an die Kriegsmarine war für Oktober 1939 geplant.

In den nächsten Monaten erfolgte der Abschluss zusätzlicher Verträge für die Beschaffung von wichtigen Materialien, Bauteilen, Bewaffnungen und Ausrüstungsgegenständen. Im Kieler Schiffbaubüro arbeiteten Burkhardt und seine Leute unterdessen fieberhaft an der Fertigstellung der endgültigen Pläne. Noch im Januar 1936 taten sie sich schwer, die Vorgabe Raeders von 41.000 Tonnen einzuhalten. Da sich der Admiral nicht von seiner Antriebswahl und Bewaffnung abbringen ließ, blieb nur der Panzerschutz als ein Faktor zur Gewichtseinsparung übrig. Daher erfolgte eine Verringerung der Panzerstärke der Barbetten um 100 Millimeter und des Panzerdecks oberhalb der Antriebsmaschinen um 20 Millimeter. Um diese Beschneidungen zumindest etwas zu kompensieren, wurden die

Diese Aufnahme von Anfang Oktober 1937 zeigt zwei der wasserdichten Schotten sowie das fortgeschrittene Baustadium des Panzerdecks auf der Mittelsektion, welches den oberen Abschluss der Zitadelle bildete.

Anfang Dezember 1937 war die gepanzerte Zitadelle der Mittelsektion fertiggestellt und die Torpedoschotten eingebaut.

Panzerschotten an beiden Enden des Panzergürtels bis zum Oberdeck verlängert und so die gesamte gepanzerte Zitadelle umschlossen.

Da auch diese Maßnahme noch immer nicht zu der notwendigen Gewichtseinsparung führte, stimmte Raeder schließlich einer Abkehr von seinem favorisierten turboelektrischen Antrieb zu. Als Folge dieser Entscheidung verbrachten die Ingenieure einige hektische Wochen, um die endgültigen Konstruktionspläne an den herkömmlichen Getriebeturbinenantrieb anzupassen, welcher von Burkhardt als Alternative vorgegeben worden war. Die veränderte Maschinenanlage ermöglichte eine Gewichtseinsparung von 600 bis 800 Tonnen, welche die Ingenieure zur Verstärkung der Panzerung in verschiedenen Bereichen nutzten. Dies schloss den Panzergürtel ein.

Letztendlich hatte Raeders Wunsch nach einer Gewichtsreduzierung im Jahre 1936 nur noch eine geringe Bedeutung, da das Zweite Londoner Flottenabkommen im März des gleichen Jahres eine sogenannte »Gleitklausel« (»Escalator Clause«) beinhaltete. Diese räumte den Unterzeichnern die Konstruktion von Schlachtschiffen mit einer Verdrängung von mehr als 35.000 Tonnen ein, falls solche Seemächte, die nicht zu den Unterzeichnern zählten, erwiesenermaßen größere Schiffe bauten. Beim Eintreten eines solchen Falles stieg die Verdrängungsgrenze auf 45.000 Tonnen. Da Japan und auch Italien die 35.000-Tonnen-Grenze bereits überschritten hatten, kam die »Gleitklausel« für die anderen Mächte zum Tragen. Dieser Sachverhalt befreite somit auch den Entwurf der neuesten deutschen Schlachtschiffe de facto von allen diplomatischen Auflagen. Obwohl dies auch eine Verstärkung des Panzerschutzes der BISMARCK ermöglicht hätte, war ihre Konstruktion inzwischen so weit bis ins Detail abgestimmt, dass zusätzliches Gewicht zu einer unvermeidbaren Verringerung ihrer Höchstgeschwindigkeit geführt hätte. Raeder lehnte diese Beeinträchtigung zur Erlangung einer verstärkten Panzerung ab. Kurz vor dem Baubeginn erfolgte daher die Genehmigung der bis dahin festgelegten Spezifikationen.

Der Bau

Die Verlegung der ersten Kielplatte fand termingerecht am 1. Juli 1936 auf der Helling 9 der Hamburger Bauwerft Blohm & Voss statt. Während das große Schlachtschiff in den kommenden zweieinhalb Jahren stetig heranwuchs, war es von einem riesigen Baugerüst umgeben. Heute existiert die Helling 9 nicht mehr, da sie in der Nachkriegszeit mit Schutt aufgefüllt und zugebaut wurde. Das restliche Werftgelände von Blohm & Voss sieht jedoch noch fast genauso aus wie in den späten 1930er Jahren. Es befindet sich auf der Kuhwerder-Insel am Südufer der Elbe und somit auf der gegenüberliegenden Uferseite des Hamburger Stadtkerns. Die im Jahre 1877 durch Hermann Blohm und Ernst Voss gegründete Werft erlangte im Laufe ihres Bestehens eine hervorragende Reputation. Vor dem Ersten Weltkrieg entstanden auf ihren Hellingen mehrere renommierte Schlachtkreuzer, zu denen auch die »Seydlitz« und die »Von der Tann« zählten. Der Auftrag zum Bau der BISMARCK erwies sich als ein dringend benötigter Schub sowohl für die Werft als auch für die deutsche Industrie, welche sich noch in einer Erholungsphase von der Nachkriegsrezession befand.

Kurz nach Neujahr 1939 war die gepanzerte Zitadelle fast fertig und das weniger stark gepanzerte Vorschiff im Bau.

Der Bau des Schlachtschiffes machte gute Fortschritte. Zuerst entstanden der Kiel und die Längsschotten, danach folgten die Spanten und die Querschotten. Letztere teilten den Rumpf in 22 wasserdichte Abteilungen auf. Ein Doppelboden bedeckte mehr als vier Fünftel des unteren Rumpfteils. Zusätzliche verstärkte Querschotten stützten das Gewicht der vier schweren Geschütztürme sowie deren Barbetten ab. Ein Schott in der Schiffsmittellinie trennte die beiden Turbinenräume in zwei separate Bereiche, um bei einem seitlichen Torpedotreffer das Schadensrisiko für den jeweils auf der gegenüberliegenden Seite befindlichen Turbinenraum zu senken. Anfang 1937 war der untere Rumpfteil unterhalb des Panzerdecks soweit mit Spanten versehen, dass die Anbringung des Gürtelpanzers sich anschloss.
Im Frühjahr 1934 begann der Einbau der 34 Querschotten oberhalb des Panzerdecks. Im Oktober folgte das Oberdeck mit den Öffnungen für die sechs Barbetten der mittleren Artillerie. Gegen Ende 1937 war nahezu der gesamte Rumpf mit Stahlplatten versehen worden, nur vor und hinter der mittleren Zitadelle war das Deck noch nicht komplett, um Platz für die anschließende Installation der Barbetten zu lassen. Zwei Monate später erfolgte zunächst der Einbau der erhöht und innen angeordneten Barbetten für die schweren Geschütztürme »Bruno« und »Cäsar«. Die Fertigstellung von Bug und Heck stellte wenig später praktisch den Abschluss der Rumpfkonstruktion unterhalb des Oberdecks mit Ausnahme der übrigen Barbetten dar.
Der Barbetteneinbau erfolgte zwischen Frühjahr und Frühsommer 1938. Als sie gegen Ende September auch an ihren Plätzen waren, begann der Bau der mittleren Aufbauten. Fotografien aus jener Zeit belegen, wie sich die Baustelle zu einem eindrucksvollen Schlachtschiff entwickelte. Die enormen Abmessungen der verwendeten Panzerplatten waren imposant. 1937/38 trafen sie in großen Stückzahlen auf der Helling ein. Dort hievte ein Kran sie nacheinander an vorbestimmte Stellen am Rumpf, wo ihre Befestigung durch Schweißarbeiten erfolgte. Der Hauptpanzergürtel alleine wog 4.293 metrische Tonnen und bestand aus mehreren hundert Platten aus 110 Millimeter dickem, hochfestem Stahl mit der Bezeichnung »Wotan hart«. Da der Stapellauf für Mitte Februar 1939 vorgesehen war, musste der Rumpf bis dahin komplett fertiggestellt und das Schlachtschiff insgesamt für die Endausrüstung vorbereitet sein. Es sprach für die Leistungsfähigkeit von Blohm & Voss, dass der Bau dieses gewaltigen Schiffes termingerecht vollzogen war.

Innen: Anfang Februar 1938 waren die Decks unterhalb des Vorschiffes soweit fertig, dass sie fast die Höhe des Batteriedecks erreicht hatten, welches sich direkt unter dem Oberdeck befand.

Außen: Anfang März 1938 waren bereits weite Teile des Batteriedecks verlegt. Diese Aufnahme zeigt, dass einige Geschützturmbarbetten die Schotten überragten. Im Sommer 1938 erfolgte die Verlegung des Oberdecks.

Innen: Mit der Fertigstellung des Decks im September 1938 war der Rumpf insgesamt fast vollständig.

Außen: Der Bug in der frühen Bauphase. Obwohl die BISMARCK mit geradem Vordersteven vom Stapel lief, erhielt sie später einen nach vorne gebogenen »Atlantikbug« (»Klipperbug«).

Der Stapellauf der BISMARCK erfolgte am 14. Februar um 13:34 Uhr, als sie von ihrer Helling in ihr Element glitt. Unglücklicherweise blieb sie auf halbem Weg stehen, weil ihre Ablaufketten nicht richtig funktionierten. Als das Problem nach drei Minuten behoben war, konnte das Schiff seinen Weg in die Elbe fortsetzen.

Diese Ansicht der BISMARCK, aufgenommen vom Südende des Ausrüstungspiers aus, entstand im Frühsommer 1940, als die Ausrüstung nahezu abgeschlossen war. In dieser Phase vermischten sich die Werftarbeiter mit den neuen Besatzungsmitgliedern an Bord, welche ihre Baubelehrung erhielten.

Der harte Winter 1939/40 führte zu leichten Verzögerungen bei der Fertigstellung der BISMARCK. Als diese Aufnahme im Januar 1940 entstand, verfügte das Schiff bereits über alle vier schweren Geschütztürme, welche durch den großen 250-Tonnen-Kran in ihre Barbetten gehievt worden waren. Zu jenem Zeitpunkt waren auch der Schornstein sowie große Teile der vorderen Aufbauten fertiggestellt.

Stapellauf und Ausrüstung

Der Ehrengast der Stapellaufzeremonie am 14. Februar 1939 war Adolf Hitler. Dieser war am Vortag aus Berlin eingetroffen, besuchte das Mausoleum Otto von Bismarcks in Friedrichsruh und übernachtete in Hamburgs prestigeträchtigem Hotel »Atlantic« mit Blick auf die Alster. Kurz nach Mittag am 14. Februar ging er an Bord einer Motorjacht, um über die Elbe zur Werft übergesetzt zu werden. Dort bereitete man ihm einen Empfang in Form von 21 Salutschüssen durch das Panzerschiff ADMIRAL SCHEER, bevor er sich zur Tauf- und Rednerkanzel begab. Die Zeremonie begann um 13:00 Uhr in Anwesenheit von 60.000 Menschen. Hitler hielt eine kurze Rede, in der er bekannt gab, dass das »Schlachtschiff F« nach Deutschlands großem Staatsmann Otto von Bismarck benannt werde. Darauf erschien neben ihm Dorothea von Löwenfeld-Bismarck, die Enkelin des »Eisernen Kanzlers«, und erklärte: »Auf Befehl des Führers und Reichskanzlers taufe ich Dich auf den Namen BISMARCK«. Nachdem sie eine Champagnerflasche am Bug zerschlagen hatte, spielte die Kapelle die Nationalhymne, während sich das große Schiff langsam in Gang setzte und die Helling hinabglitt. Doch dann blieb es aufgrund einer Blockierung plötzlich stehen und ließ sich erst nach drei Minuten wieder bewegen. Schließlich glitt die neugetaufte BISMARCK über die Helling majestätisch in die Elbe.

Als die Menschenmenge die Werft verließ, zogen die wartenden Schlepper das Schlachtschiff zu dem einige hundert Meter entfernten Ausrüstungspier zur Fertigstellung. Dort erfolgte die Errichtung der Aufbauten, der Einbau der Maschinen und Waffensysteme sowie die Installation von verschiedenen Anlagen und Ausrüstungsgegenständen. Durch diese Arbeiten verwandelte sich die stählerne Hülle langsam zu einem voll einsatzfähigen und modernen Schlachtschiff. Nachdem die

Der Einbau der schweren Artillerie erfolgte während der Liegezeit am Ausrüstungspier von Blohm & Voss. Im Vordergrund das Steuerbordankerspill.

Die BISMARCK während ihrer Ausrüstungsphase. Das Gerüst weist auf die noch nicht abgeschlossenen Restarbeiten an den Geschütztürmen »Anton« (vorne) und »Bruno« hin.

Die Namensgebung des Schiffes

Das neue Schlachtschiff erhielt seinen Namen zu Ehren Otto von Bismarcks (1815–1898), dem als »Eiserner Kanzler« die Vereinigung Deutschlands zu einem Nationalstaat gelang. Bismarck dominierte für viele Jahre während der zweiten Hälfte des 19. Jahrhunderts die diplomatische Bühne Europas durch eine Kombination aus erfolgreichen Kriegen und großem Verhandlungsgeschick. Es war daher mehr als angemessen, dass die Kriegsmarine ihr mächtigstes Schlachtschiff nach dem Mann benannte, der die nationale Einheit und Stärke Deutschlands herbeigeführt hatte. Fürst Otto Eduard Leopold von Bismarck-Schönhausen kam 1815 als Spross einer preußischen Adelsfamilie zur Welt. Anstatt wie sein Vater eine militärische Laufbahn einzuschlagen, studierte er Jura an der Universität von Göttingen. 1847 begann er seine politische Karriere im Preußischen Parlament. Im Laufe der Zeit erwarb er sich den Ruf eines Monarchisten und Konservativen, betrachtete eine mögliche deutsche Vereinigung jedoch zunächst mit Skepsis.

Der »Eiserne Kanzler« Otto von Bismarck, dessen Namen das neue Schlachtschiff erhielt. Der Ministerpräsident Preußens und spätere Kanzler des Norddeutschen Bundes sowie des Deutschen Kaiserreiches gilt als der Mann, der Deutschland zu einem mächtigen Nationalstaat vereinigte.

Bismarcks Erfahrungen als preußischer Vertreter im Deutschen Bund in Frankfurt führten zu seiner Überzeugung, dass Preußen, wenn es sich gegen die Macht und den Einfluss seines Erzrivalen Österreich-Ungarn auf Dauer behaupten wollte, sich der Einheit Deutschlands widmen musste. Nachdem er 1862 der Ministerpräsident Preußens geworden war, waren ihm die Möglichkeiten zur Durchsetzung eines schnellen militärischen sowie politischen Machtzuwachses zur Einigung Deutschlands unter preußischer Führung gegeben. Als Bismarck seine Arbeit aufnahm, hielt er seine später berühmt gewordene Rede von Eisen und Blut:

»Preußen muss seine Kraft zusammenfassen und zusammenhalten auf [für] den günstigen Augenblick, der schon einige Male verpasst [worden] ist; Preußens Grenzen nach den Wiener Verträgen sind zu einem gesunden Staatsleben nicht günstig; nicht durch Reden oder Majoritätsbeschlüsse werden die großen Fragen der Zeit entschieden – das ist der große Fehler von 1848 und 1849 gewesen – sondern durch Eisen und Blut«.

Schon bald erfolgte auf dem Schlachtfeld die Umsetzung dieser Politik. Obwohl die Kämpfe des Deutsch-Dänischen Krieges von 1864 vorgeblich um den Besitz von Schleswig-Holstein im Namen des Deutschen Bundes stattfanden, führte er in Wahrheit zur militärischen Dominanz Preußens über seine kleineren deutschen Nachbarn. Als nächster Waffengang folge der sogenannte Deutsche Krieg von 1866, in dessen Verlauf das hochprofessionelle preußische Heer die österreichischen Streitkräfte demütigte. Der Konflikt erlebte seinen Höhepunkt durch Preußens überwältigenden Sieg bei der Schlacht von Königgrätz. Bismarcks Politik begann, ihre Früchte zu tragen: Preußens internationale Bedeutung nahm nicht nur zu, es erlangte auch die politische und militärische Kontrolle über die meisten kleineren deutschen Staaten.

Im Jahre 1867 erfolgte Bismarcks Ernennung zum Kanzler des Norddeutschen Bundes. Der schnelle Machtzuwachs Preußens hingegen beunruhigte das im Westen liegende Frankreich. Nachdem die französischen Streitkräfte im folgenden Deutsch-Französischen Krieg 1870/71 eine schwere Niederlage erlitten hatten, ermutige der Erfolg Preußens die süddeutschen Staaten, sich Bismarcks diplomatischen Annäherungsversuchen zu öffnen. Daher erfolgte am 18. Januar 1871 die formelle Vereinigung Deutschlands zu einem einzelnen Nationalstaat. Um den besiegten Franzosen noch Salz in die Wunden zu streuen, fand die Unterzeichnung des Einigungsvertrages im Schloss von Versailles statt. Während König Wilhelm von Preußen somit zu Kaiser Wilhelm I. des neuen Deutschen Reiches wurde, wurde Bismarck dessen erster Reichskanzler. In den nächsten zwei Jahrzehnten setzte er auf Diplomatie zur Erhaltung des internationalen Friedens sowie zur politischen Einheit innerhalb der deutschen Grenzen. Da Bismarck jedoch ein eingefleischter Konservativer war, widmete er der Bekämpfung des Einflusses der Liberalen und Sozialisten genauso viel Energie wie dem Aufbau eines vereinigten deutschen Staatswesens. 1879 bildete er ein Bündnis mit seinem früheren Gegner Österreich-Ungarn zur Sicherung der süddeutschen Grenzen und setzte auf starke diplomatische Beziehungen zu Russland, um Frankreich von einer möglichen diplomatischen oder militärischen Einmischung abzuschrecken. Als Bismarck im Jahre 1890 von seinem Amt als Reichskanzler zurücktrat, war Deutschland ein mächtiger und moderner Staat, an dessen Spitze der neue Kaiser Wilhelm II. stand. Da der »Eiserne Kanzler« und der ambitionierte junge Monarch bei vielen Fragen der Staatsführung unterschiedliche Standpunkte vertraten, führte eine Reihe von Verstimmungen zwischen beiden schließlich zum Rückzug Bismarcks aus der Politik. Der Mann, der Deutschland geeint hatte, verbrachte seinen Ruhestand auf seinen Ländereien und starb im Jahre 1898.

Obwohl Bismarck sich der Mittel des Krieges bediente, um verschiedene politische Ziele zu erreichen, stand ihm nicht der Sinn nach einer deutschen Dominanz über Europa. Nach der Erlangung der nationalen Einheit Deutschlands setzte er sich für den Frieden auf dem Kontinent ein. Dessen Erhaltung stellte während seiner Kanzlerschaft eine bedeutsame diplomatische Gesamtleistung dar. Unglücklicherweise mangelte es Kaiser Wilhelm II. an solchen Fähigkeiten, sodass er Deutschland – ohne die bedachte Führung des »Eisernen Kanzlers« – auf einen Konfrontationskurs mit den anderen Mächten Europas brachte, der zusammen mit weiteren äußeren Faktoren einen der Gründe für den Ausbruch des Ersten Weltkrieges (1914–1918) darstellte.

In den 1930er Jahren genoss Bismarck allgemein den Status als einer der größten Führungspersönlichkeiten seines Landes und galt als Vater des modernen deutschen Staates. Durch die Taufe des neuen Schlachtschiffes auf den Namen BISMARCK stellte Hitler sein Regime und seine Kanzlerschaft in eine Reihe mit den glückseligen Zeiten deutscher Einheit und Stärke vor dem Ausbruch des Ersten Weltkrieges.

Das Schlachtschiff war nicht das erste Kriegsschiff, welches den Namen des »Eisernen Kanzlers« erhielt: 1877 war bereits der Stapellauf einer dampfbetriebenen Korvette mit Metallrumpf mit gleichem Namen erfolgt. Sie diente bis 1891 in der Kaiserlichen Marine und danach als Wohnhulk in Wilhelmshaven. 1987 fand der Stapellauf eines weiteren Schiffes, des Panzerkreuzers (Großen Kreuzers) SMS FÜRST BISMARCK in Kiel statt, der zu den Kreuzern gehörte, welche die deutschen Handelsrouten und Kolonien beschützen sollten. Dieses Schiff diente neun Jahre im Fernen Osten und fand nach seiner Rückkehr im Jahre 1910 bei der Küstensicherung Verwendung. Tatsächlich war der Kreuzer durch die »Dreadnought-Revolution« obsolet, da ältere Schiffe wie er nun keine Gegner mehr für die neuen Schlachtschiffe und Schlachtkreuzer waren, die nach dem Entwurf der britischen HMS DREADNOUGHT entstanden. Das Schlachtschiff BISMARCK war das dritte und gleichzeitig letzte deutsche Kriegsschiff, das den Namen des berühmten Reichsgründers trug.

Der Reichskanzler und »Führer« Adolf Hitler (ganz links) war der ranghöchste Gast während der Stapellaufzeremonie der BISMARCK. Den eigentlichen Taufakt vollzog jedoch Dorothea von Löwenfeld-Bismarck, die Enkelin des »Eisernen Kanzlers«.

Die vorderen Aufbauten während der Ausrüstungsphase. Obwohl diese Szenerie mit ihren zahlreichen elektrischen Kabeln über all den Aufbauten chaotisch wirken mag, war die Ausrüstungsarbeit ein gut organisierter Vorgang. An der Reling vor den vorderen Aufbauten ist eine Bauhütte für die Arbeiter sichtbar.

BISMARCK ursprünglich einen geraden Vordersteven erhalten hatte, wurde dieser nun durch einen elegant geneigten »Atlantikbug« ersetzt, welcher dem Schiff eine bemerkenswerte Anmut verlieh. Wichtiger war jedoch, dass er das Vorschiff bei schwerer See vor zu viel Spritzwasser bewahren sollte. Die gesamte Ausrüstungsphase war auf achtzehn Monate festgelegt. 1938 trat Admiral Raeder (ab 1. April 1939 Großadmiral) für eine beträchtliche Vergrößerung der bestehenden Flotte und daher für einen forcierten Kriegsschiffbau ein. Anfang 1939 genehmigte Hitler dessen sogenannten »Z-Plan«. Dieser sah einen ehrgeizigen Ausbau der Kriegsmarine auf siebzehn Großkampfschiffe vor, unter denen sich zehn Schlachtschiffe sowie vier Flugzeugträger befinden sollten. Am 1. April 1939 erfolgte der Stapellauf des »Schlachtschiffes G« in Wilhelmshaven, welches den Namen TIRPITZ erhielt. Raeder hoffte, dass diese und ihr Schwesterschiff BISMARCK nur die ersten beiden von noch weiteren Schlachtschiffen sein würden.

Als Hitler jedoch entgegen Raeders Ratschlag die Invasion Polens befahl, machten dieser Feldzug und die damit verbundenen Folgeereignisse den »Z-Plan« des Admirals zunichte.

Bei Kriegsausbruch im September 1939 lag die BISMARCK noch immer an ihrem Ausrüstungspier bei Blohm & Voss. Da sich Deutschland nun im Kriegszustand befand, erfolgte die Zuteilung jener Ressourcen, die ursprünglich für Raeders Flotte vorgesehen waren, nun zum Bau von U-Booten, Panzern und Flugzeugen. Nach der Kriegserklärung durch Großbritannien und Frankreich sah sich die deutsche Marine auf einmal zwei gegnerischen Flotten mit einer überwältigenden Gesamtstärke gegenüber. Während der Oberbefehlshaber der Kriegsmarine noch überlegte, wie die kleine deutsche Überwasserflotte am wirksamsten zum Einsatz kommen konnte, nahm die BISMARCK weiterhin Gestalt an.

Im April 1940 trafen die ersten Besatzungsteile ein, um sich mit ihrem neuen Schiff vertraut zu machen. Da dieses noch eine schwimmende Baustelle war, wurden die Männer auf Wohnschiffen untergebracht. Gegen Ende Juni 1940 erfolgte die Verlegung der BISMARCK in ein Schwimmdock, wo sie ihre Schiffsschrauben und ihren magnetischen Eigenschutz erhielt. Letzterer bestand aus einem Entmagnetisierungsring, der um den Rumpf herum verlief und die magnetische Signatur des Schiffes verringerte, um die Bedrohung durch feindliche Magnetminen zu reduzieren. Mitte Juli 1940 verließ das Schiff das Dock wieder und absolvierte anschließend seine Krängungstests zur Ermittlung seines Metrazentrums. Da die BISMARCK zu jenem Zeitpunkt schon nahezu einsatzbereit war, ging es nun nur noch darum, die letzten kleinen Mängel zu beheben und das Schiff für die offizielle Übergabe an die Flotte vorzubereiten.

Am 24. August 1940, einem eher stürmischen Tag, erfolgte schließlich die Indienststellung durch die Kriegsmarine. Kapitän zur See Ernst Lindemann schritt seine Besatzung ab, sprach zu ihr und befahl, die Kriegsflagge zu hissen, während eine Kapelle die Nationalhymne spielte. In jenem Moment wurde aus dem neuen Schiff offiziell das Schlachtschiff BISMARCK. Das einzige Missgeschick während dieser Zeremonie passierte, als das Passagierschiff VATERLAND gegen das Heck des Schlachtschiffes trieb. Die einzigen Beschädigungen waren ein angegriffener Stolz und ein leicht ramponierter Flaggenstock auf der BISMARCK.

Sie war nun ein voll funktionsfähiges Kriegsschiff, welches in den folgenden drei Wochen diverse Vorräte erhielt, während die Besatzung sich auf die Erprobung auf See vorbereitete.

Ganz oben: Diese seltene Farbaufnahme zeigt den Moment des Stapellaufs, in dem die BISMARCK in das Wasser glitt.

Oben: Der Stapellauf erfolgte in Anwesenheit von 60.000 Menschen. Weitere Zuschauer befanden sich auf der dem Betrachter abgewandten Seite des Hafens. Im Hintergrund sind die riesigen Baugerüste von Helling 8 und 9 sowie ein Teil des Werftgeländes sichtbar.

Während der Ausrüstung der BISMARCK betraten und verließen je nach Schicht täglich mehrere hundert Werftarbeiter das Schiff. Die Aufnahme stammt wahrscheinlich vom Frühjahr 1940.

Das Schlachtschiff und das U-Boot

Während des Baus der BISMARCK entstanden auf den Hellingen von Blohm & Voss auch andere Kriegsschiffe. Zu diesen zählte das Bauprojekt BV-532, dessen Fertigung am 2. Januar 1940 begann. Diese Nummer gehörte zu einem neuen U-Boot vom Typ VIIC, dessen Kiellegung neben der BISMARCK auf Helling 10 erfolgte. Zu jenem Zeitpunkt fand die Ausrüstung des Schlachtschiffes am benachbarten Pier statt. Als der Stapellauf des U-Bootes schließlich am 7. Dezember 1940 erfolgte, befand sich die BISMARCK bereits in Dienst und absolvierte ihre Erprobungen in der Ostsee. Nach ihrer Rückkehr lagen die beiden Kriegsschiffe nebeneinander, die Besatzung der BISMARCK erhielt jedoch über Weihnachten Heimaturlaub. Als die Indienststellung des U-Bootes als U-556 durch die Kriegsmarine am 6. Februar 1941 erfolgte, befand sich das Schlachtschiff noch immer dort.

Vor der Zeremonie stattete der Kommandant von U-556, Kapitänleutnant Herbert Wohlfarth, Kapitän Lindemann einen Besuch ab und fragte ihn, ob er sich die Bordkapelle des Schlachtschiffes für die Indienststellung seines U-Bootes »ausleihen« könne. Der vergnügte Lindemann stimmte dieser Anfrage mit Freude zu und so erhielt U-556 eine vorbildliche Indienststellungszeremonie. Im Gegenzug bot Wohlfarth an, die »Patenschaft« für die BISMARCK zu übernehmen. Als Lindemann zustimmte, erhielt das Schlachtschiff eine handgezeichnete Patenschaftsurkunde. Diese zeigte Sir Parsifal (dies war der Spitzname Wohlfarths) auf der Brücke von U-556, wie er die BISMARCK vor britischen »Swordfish«-Torpedobombern und deren Torpedos beschützt. Auf der unteren Hälfte der Urkunde befand sich sogar eine Abbildung, die zeigte, wie das winzige U-Boot das gewaltige Schlachtschiff an einem Schleppseil in Sicherheit bringt. Der Text auf der Patenschaftsurkunde lautete:

»Wir, U-556 (500 Tonnen), erklären hiermit vor Neptun, dem Herrscher über Ozeane, Meere, Seen, Flüsse, Bäche, Teiche und Rinnsale, dass wir unserem großen Bruder, dem Schlachtschiff BISMARCK (42.000 Tonnen) in jeder Lage, zu Wasser, unter Wasser, zu Lande sowie in der Luft beistehen wollen.«

Hamburg, den 28. Januar 1941
Kommandant und Besatzung U-556

Kurze Zeit später verließ U-556 Hamburg, um mit der Seeerprobung und den Mannschaftsdrills in den Gewässern vor Kiel zu beginnen. Während des Ablegens verabschiedeten sich die Männer mit Hurra-Rufen von der Besatzung der BISMARCK. Wenig später, als das Schlachtschiff nach Gotenhafen verlegte, lag es in Kiel erneut für kurze Zeit neben dem U-Boot. Nachdem U-556 seine volle Einsatzbereitschaft am 1. April 1941 erlangt hatte, begann einen Monat später am 1. Mai seine erste Feindfahrt. Diese dauerte 30 Tage, in deren Verlauf »Parsifal« und seine Besatzung zuerst einen Färöer Fischdampfer und dann drei alliierte Handelsschiffe aus zwei verschiedenen Geleitzügen versenkten. Am 30. Mai 1941 erreichte U-556 schließlich Lorient. Von dort lief das U-Boot auf seine zweite und letzte Feindfahrt aus: Am 27. Juni sank U-556 rund 150 Seemeilen südlich von Island im Nordatlantik, nachdem britische Geleitschutzschiffe es entdeckt und mit Wasserbomben bekämpft hatten. Kommandant Wohlfarth und 41 seiner insgesamt 56 Männer überlebten jedoch den Untergang und konnten gerettet werden. Sie verbrachten den Rest des Krieges in einem Gefangenenlager. Zufälligerweise war die Versenkung von U-556 genau einen Monat nach dem Verlust der BISMARCK erfolgt.

Ironischerweise befand sich U-556 am 26. Mai 1941 auf dem Rückweg von seiner ersten Feindfahrt, als es zusammen mit den anderen U-Booten in der Umgebung eine Nachricht mit dem Befehl empfing, der BISMARCK zur Hilfe zu kommen. Obwohl sich U-556 zu jenem Zeitpunkt nur 360 Seemeilen südwestlich von der Position des Schlachtschiffes befand, verfügte es nur noch über wenig Treibstoff und hatte bereits alle seine Torpedos verschossen. Daher gab es nicht viel, was U-556 zur Hilfe tun konnte. Am Abend jenes Tages sichtete es den britischen Flugzeugträger HMS ARK ROYAL sowie den Schlachtkreuzer HMS RENOWN. In der Ferne konnte Wohlfarth Leuchtgranaten sehen, die den nächtlichen Himmel während des Angriffs von Phillip Vians Zerstörern auf die BISMARCK erhellten. An jenem Abend schrieb Wohlfarth in sein Kriegstagebuch: »Mäßige Sicht, sehr dunkle Nacht. Was kann ich für BISMARCK tun? Ich kann sehen, wie Leuchtgranaten abgeschossen werden, sowie das Aufblitzen des Geschützfeuers von BISMARCK. Es ist furchtbar, so nah zu sein und nichts tun zu können. Alles, was ich kann tun, ist, die Lage zu beobachten und U-Boote mit Torpedos heranzuführen.«

Da Wohlfahrt wegen Treibstoffmangels gezwungen war, seine Fahrt nach Lorient fortzusetzen, traf er während der Morgendämmerung mit U-74 zusammen, welches daraufhin die Aufgabe übernahm, den Kontakt zur BISMARCK aufrechtzuerhalten. Als das Schlachtschiff schließlich an jenem Morgen sank, war ihr kleiner Pate keine 300 Seemeilen entfernt. Die Wahl der Illustrierung auf der Patenschaftsurkunde erwies sich als passend: Die BISMARCK wurde von jenen britischen »Swordfish«-Torpedobombern beschädigt, die auf der Urkunde abgebildet waren. Und falls sie jemals eine Abschleppmöglichkeit benötigt hätte, dann wäre es an jenem Abend gewesen, an dem sie und U-556 nur einige wenige Seemeilen voneinander entfernt gewesen waren. Wie auch immer – »Parsifal« und seine Männer waren nicht in der Lage, der BISMARCK zu helfen.

Die Erprobung auf See

Am frühen Nachmittag des 15. September 1940 legte die BISMARCK von ihrem Ausrüstungspier bei Blohm & Voss ab und wurde von Schleppern in die Mitte der Elbe gezogen. Von dort begann sie ihre 40 Seemeilen lange Fahrt bis zu ihrem vorgesehenen Ankerplatz auf der Reede vor Brunsbüttel. Kurz nach 17:00 Uhr kollidierte sie mit dem Schlepper ATLANTIK, doch keines der beiden Schiffe erlitt einen Schaden. Nachdem die BISMARCK gegen 19:00 Uhr ihren Anker geworfen hatte, beteiligte sie sich in der Nacht an der Verteidigung des Kaiser-Wilhelm-Kanals, indem sie mit ihren leichten Flugabwehrkanonen das Feuer auf eine Formation britischer Bomber eröffnete, die das Schlachtschiff überflogen. Treffer konnten jedoch keine verzeichnet werden. Am nächsten Tag erfolgte die Durchfahrt durch den Kaiser-Wilhelm-Kanal, die ohne be-

Kameraleute der Propagandaabteilung der Kriegsmarine zeichneten die Indienststellungszeremonie sowie die Erprobungen der BISMARCK auf. Dieses Foto zeigt die Kameraleute bei der Vorbereitung für die Aufnahme eines Ablegemanövers des Schiffes.

Am Nachmittag des 15. September 1940 verließ die BISMARCK endgültig die Werft Blohm & Voss und fuhr über die Elbe auf das offene Meer. Diese Aufnahme zeigt sie während des Ablegemanövers.

Die BISMARCK auf der Elbe während ihrer Jungfernfahrt Mitte September 1940. Dieses etwas unscharfe Foto entstand wahrscheinlich von einem der Schlepper aus, die das Schlachtschiff auf dessen Fahrt von Hamburg nach Kiel begleiteten.

Während der Indienststellung am 24. August 1940 erlitt der Flaggenstock der BISMARCK eine leichte Beschädigung, weil das kurz vorher vom Stapel gelaufene Passagierschiff VATERLAND versehentlich gegen diesen getrieben wurde. Diese Aufnahme entstand wenig später und zeigt die zwischenzeitlich gesicherte VATERLAND im Hintergrund. Im Vordergrund ist die gerade gehisste Kriegsflagge an der Bord der BISMARCK sichtbar.

Kapitän zur See Ernst Lindemann (1894–1941) war ein hochrespektierter Kommandant, der bei seiner Besatzung auch sehr beliebt war. Er schien über eine unbegrenzte Energie zu verfügen, die vielleicht daraus resultierte, dass er den ganzen Tag hindurch Kaffee trank und Kettenraucher war.

Oben: Kapitän Lindemann während seiner Ansprache an die Besatzung auf dem Achterdeck während der Indienststellung. Hinter ihm ist die Bordkapelle sichtbar – bereit, die Nationalhymne während des Hissens der Kriegsflagge zu spielen.

Rechts: Am 15. September 1940 kollidierte die BISMARCK auf ihrer Jungfernfahrt mit einem der Schlepper, die das Schlachtschiff während der Fahrt auf der Elbe eskortierten. Einige Männer der Schlepperbesatzung fielen dabei in den Fluss. Diese Aufnahme zeigt, wie einer von diesen an Bord der BISMARCK gebracht wurde.

Unten: Besatzungsmitglieder des Deckwachpersonals bei der Rettung eines Seemannes mit einer Trage. Obwohl es möglich ist, dass diese Aufnahme eine Übung zeigt, ist es wahrscheinlicher, dass sie am 15. September 1940 entstand, als die Mannschaft der BISMARCK die Männer rettete, die nach der Kollision über Bord gefallen waren.

sondere Zwischenfälle verlief. Am 17. September lag die BISMARCK gegen 18:00 Uhr vertäut am Pier im Kieler Scheerhafen, welcher nach dem deutschen Befehlshaber während der Skagerrakschlacht 1916, Admiral Reinhardt Scheer, benannt war. Einen Tag später erfolgte die Verlegung der BISMARCK an eine Ankerboje, um dort in sicherem Abstand zum Hafen eine Kalibrierung der Artillerie durchführen zu können.
Am 28. September 1940 verließ das Schlachtschiff seinen Liegeplatz und fuhr weiter in Richtung Ostsee. In den Gewässern vor Gotenhafen (dem heutigen polnischen Gdynia) erfolgten die achtwöchigen Testfahrten. Diese schlossen die Erprobung der Antriebsanlage, deren Leistung sowie die Beurteilung der Kampfkraft ein. Die ersten Geschwindigkeitstests fanden am 23. Oktober statt, bei denen die BISMARCK die von der Kriegsmarine geforderten 30 Knoten mit Leichtigkeit übertraf. Während dieser Zeit machte sich die Besatzung in allen Belangen mit ihrem neuen Schiff dermaßen intensiv vertraut, dass man den Eindruck erhielt, als ob die Abfolge von Notfalldrills, Manövern und seemännischen Übungen kein Ende nahm. Die jungen Seeleute wuchsen durch diese Herausforderung über sich hinaus, sodass ihre Vorgesetzten sich zufrieden mit den Leistungen ihrer Schützlinge zeigten.
Dieses Lob fand eine Wiederholung durch Großadmiral Raeder, als dieser die BISMARCK am 12. November 1940 an ihrem Liegeplatz vor Gotenhafen inspizierte. Sein Bordbesuch markierte das Ende der intensiven Erprobungs- und Beurteilungsphase, die das Schiff und seine Besatzung durchlaufen hatten. Nachdem der Admiral die BISMARCK verlassen hatte, legte sie am Hafenpier an und erhielt einige Ergänzungen zu ihrer bestehenden Bewaffnung, zu denen u.a. vier neue 10,5-cm-Flugabwehrkanonen (Flak) zählten. Deren Aufstellung erfolgte im Bereich der achteren Aufbauten zur Verstärkung der vorhandenen vorderen Flak. Zudem erhielt das Schiff oberhalb des vorderen und achteren Feuerleitstandes zwei stereoskopische 10,5-cm-Entfernungsmesser.
Am 5. Dezember 1940 verließ die BISMARCK Gotenhafen in Richtung Kiel. Dort legte sie einen Zwischenstopp ein, um ihre Vorräte und Treibstoff aufzufüllen. Danach fuhr sie zum zweiten Mal durch den Kaiser-Wilhelm-Kanal und legte am 9. Dezember schließlich wieder am Ausrüstungspier von Blohm & Voss in Hamburg an. Dort entfernten die Werftingenieure den Entfernungsmesser am vorderen schweren Geschützturm »Anton«. Dieser galt als zu unpraktisch, da er bei hohen Fahrtgeschwindigkeiten zuviel Spritzwasser ausgesetzt war. Während die Bedienmannschaften der Flugabwehrbewaffnung ihre Übungen fortsetzten, versah die restliche Besatzung ihr Schiff mit einem für die Ostsee passenden Tarnanstrich. Kapitän Lindemann dankte seinen Männern für deren Anstrengungen und teilte ihnen mit, dass es nach dem Landurlaub zurück in die Ostsee ginge, um dort die erforderlichen Übungen als Vorbereitung für den ersten Einsatz ihres Schiffes durchzuführen.

Die Kollision zwischen dem Passagierschiff VATERLAND (links) und der BISMARCK. Am Tag der Indienststellung des Schlachtschiffes lief auch die VATERLAND vom Stapel und trieb durch das Hafenbecken gegen das Heck der am Ausrüstungspier liegenden BISMARCK. Glücklicherweise erlitt keines der Schiffe nennenswerte Beschädigungen, sodass Schlepper die VATERLAND bald auf die andere Seite des Beckens ziehen konnten.

Unten: Diese Aufnahme der Indienststellung der BISMARCK entstand vom schweren Geschützturm »Cäsar« aus: Im Namen der Kriegsmarine übernahm Kapitän Lindemann das Schlachtschiff von der Bauwerft. Durch das Hissen der Kriegsflagge wurde es offiziell zum neuesten Schiff der Flotte. Nach der Zeremonie schritt Lindemann die in Divisionen angetretene Besatzung ab.

Die Erprobungs- und Ausbildungsphase war also abgeschlossen. Ab nun war die BISMARCK ein voll einsatzfähiges Kriegsschiff. Am 16. Dezember 1940 wurde der Großteil der Besatzungsmitglieder über Weihnachten nach Hause geschickt. Für die meisten dieser Männer sollte dies ihr letzter Urlaub sein.

Kapitel 2

Die BISMARCK im Kriegseinsatz

Die BISMARCK hatte nur ein kurzes, aber sehr ereignisreiches operatives Leben. Sie kam nur zu einem einzigen Einsatz im Mai 1941, welcher mit ihrer Versenkung endete. Doch dieses dramatische Unternehmen mit der Bezeichnung »Rheinübung« sicherte diesem deutschen Schlachtschiff seinen Platz in den Geschichtsbüchern.

Die BISMARCK beschießt den britischen Schlachtkreuzer HMS HOOD am 27. Mai 1941. (Bundesarchiv)

Das deutsche Schlachtschiff SCHARNHORST nahm am Unternehmen »Berlin« teil, einem Einsatz im Atlantik, dessen Erfolg zu der Planung der »Rheinübung« führte.

Hintergrund

Großadmiral Erich Raeder (1876–1960) hatte starkes Vertrauen in den Wert von Großkampfschiffen. Er war daher überzeugt, dass die BISMARCK – wenn sie die britischen Sperren bei Island und den Färöer-Inseln durchbrach – dem Gegner im Atlantik großen Schaden zufügen konnte.

Am 24. Januar 1941 erhielt die BISMARCK die Bescheinigung, dass sie nun komplett einsatzbereit war. Da zu jenem Zeitpunkt der Kaiser-Wilhelm-Kanal jedoch wegen eines gesunkenen Handelsschiffes blockiert war, mussten das Schlachtschiff und seine Besatzung erst auf dessen Räumung warten. Schließlich verließ die BISMARCK am Morgen des 6. März 1941 Hamburg zum letzten Mal und durchfuhr am nächsten Tag unter dem ständigen Schutz von Jagdflugzeugen der Luftwaffe erneut den Kanal. Da es während der Fahrt zu einer kurzzeitigen Grundberührung kam, ging das Schiff nach seiner Ankunft in Kiel sofort ins Trockendock zur Überprüfung des Rumpfes auf mögliche Schäden. Kapitän Lindemann nutzte diese Gelegenheit, um diesen gleichzeitig neu streichen zu lassen. Am 14. März legte die BISMARCK im Kieler Scheerhafen an, wo sie neue Vorräte sowie ihre Aufklärungsflugzeuge erhielt. Vier Tage später verlegte sie zur Durchführung weiterer Übungen nach Gotenhafen. Nach zwei Wochen erfuhren Lindemann und seine Besatzung, dass sie bald zu ihrem Einsatz auslaufen würden. Dieses Unternehmen erhielt den Decknamen »Rheinübung« und sollte das Schiff auf eine lange Fahrt in den Nordatlantik führen. Die BISMARCK und ihre Männer zogen nun in den Krieg.

Im Frühjahr 1941 war dieser bereits seit anderthalb Jahren im Gange und in diesem Zeitraum hatte die deutsche Kriegsmaschine bereits große Erfolge erzielt: Nachdem sie Polen überrannt hatte, folgten die Niederlande, Belgien und schließlich Frankreich. Im April 1940, während sich die BISMARCK noch in der Ausrüstung befand, unterstützten die übrigen Einheiten der Kriegsmarine die deutschen Landungen in Dänemark und Norwegen. Zudem formierten sich große Teile der Wehrmacht im Osten zur Invasion Jugoslawiens und Griechenlands. Als Italien als Verbündeter der »Achse« auf Deutschlands Seite ebenfalls in den Krieg eintrat, wurden die Seestreitkräfte der britischen Royal Navy so weit auseinandergezogen, dass sie nun an zwei Fronten – im Atlantik und im Mittelmeer – kämpfen mussten.

Die deutsche Besetzung Frankreichs ermöglichte der Kriegsmarine die Einrichtung neuer Stützpunkte an der französischen Atlantikküste: Nun konnten U-Boote ihre Jagd- bzw. Einsatzgebiete im Nordatlantik erreichen, ohne den langen und gefährlichen Weg durch die Nordsee und um den Norden Schottlands herum nehmen zu müssen.

Die Schlacht im Atlantik befand sich auf ihrem Höhepunkt. Obwohl den Deutschen die Versenkungen einer Rekordzahl alliierter Handelsschiffe gelang, nahmen auch die eigenen U-Boot-Verluste zu. Admiral Karl Dönitz, der Befehlshaber der U-Boote, sah sich dennoch kurz vor der Erreichung seines Ziels und glaubte, dass nur noch ein wenig mehr Druck das alliierte Geleitzugsystem aufgrund der enormen deutschen Zermürbungserfolge bald zum Zusammenbruch bringen würde. Großadmiral Raeder seinerseits war der Ansicht, dass die Überwasserflotte der Kriegsmarine auch ihren Beitrag zu diesem Kampf leisten sollte. So hoffte er, durch den Einsatz seiner mächtigen Großkampfschiffe den gegnerischen Nachschub zusätzlich dermaßen bedrängen zu können, dass eine Durchtrennung von Großbritanniens maritimer Lebensader die Folge wäre.

Diese Hilfe durch die Überwasserflotte begann Ende Januar 1941 mit dem Unternehmen »Berlin«: Unter der Führung von Admiral Lütjens gelang den Schlachtschiffen SCHARNHORST und GNEISENAU zwischen Grönland und Island der Durchbruch in den Nordatlantik. Dort versenkten sie in einem zweimonatigen Einsatz 22 alliierte Handelsschiffe mit einer Gesamtverdrängung von 116.000 Tonnen. Am 22. März 1941 liefen sie schließlich in Brest an der französischen Atlantikküste ein. Der Erfolg dieses Unternehmens ließ es daher sinnvoll erscheinen, die BISMARCK auf ähnliche Weise einzusetzen. Lütjens erörterte daher bei einem Treffen in Berlin mit Raeder die möglichen zukünftigen Operationsgebiete für das neue Schlachtschiff. Zu jenem Zeitpunkt absolvierte dieses seine zweite Seeerprobung vor Gotenhafen.

Eine Abteilung der Kriegsmarine, die als Seekriegsleitung (SKL) bekannt war, war verantwortlich für die Planung der Einsätze der Überwasserflotte und die Entsendung von deren Schiffen. Die SKL unterstand Großadmiral Raeder direkt. Nachdem er die neue Direktive seines Stabschefs, Generaladmiral Otto Schniewind, genehmigt hatte, erfolgte deren Inkraftsetzung am 2. April 1941. Sie betonte die strategische Bedeutung des Einsatzes von Überwasserschiffen im Atlantik und legte

Admiral Günther Lütjens (1889–1941) war einer der kompetentesten unter den hochrangigen Offizieren der Kriegsmarine. Er hatte bereits während des Unternehmens »Berlin« seine Fähigkeiten unter Beweis gestellt.

Kapitän Lindemann schritt die Ehrenwache der BISMARCK ab, als er an Bord kam, um das Kommando am Tag ihrer Indienststellung am 24. August 1940 zu übernehmen.

Einsatzbefehle

An: Admiral Lütjens
Von: Generaladmiral Otto Schniewind, Chef des Stabes, Seekriegsleitung

Sobald die beiden Schlachtschiffe der BISMARCK-Klasse einsatzbereit sind, werden wir in der Lage sein, das Gefecht mit Seestreitkräften zu suchen, die zur Sicherung feindlicher Geleitzüge dienen, diese eliminieren und anschließend die Geleitzüge selbst zerstören. Obwohl wir dies zum jetzigen Zeitpunkt noch nicht können, werden wir aber bald – als einen wichtigen Schritt in diese Richtung – das Schlachtschiff BISMARCK zur Verfügung haben, um die gegnerischen Eskortschiffe so abzulenken, damit unsere anderen Einheiten den Geleitzug allein bekämpfen können. Anfangs werden wir den Überraschungsvorteil auf unserer Seite haben, da einige unserer beteiligten Schiffe zum ersten Mal in Erscheinung treten werden. Der Feind hingegen wird aufgrund seiner bisherigen Erfahrung jedoch glauben, dass lediglich eines seiner Schlachtschiffe zum Schutz der Geleitzüge reichen wird.
Zum nächstmöglichen Zeitpunkt, welcher hoffentlich während der Neumondphase im April sein wird, sollen die BISMARCK und die PRINZ EUGEN unter der Führung des Flottenchefs zur Handelsstörung in den Atlantik entsandt werden. Zu einem noch festzulegenden Zeitpunkt, der von der Beendigung der noch andauernden Instandsetzung der GNEISENAU abhängt, wird diese ebenfalls in den Atlantik geschickt werden. Die Erfahrungen aus dem vorherigen Schlachtschiffeinsatz legen zwar nahe, die GNEISENAU mit der BISMARCK-Kampfgruppe zu vereinen, doch eine ablenkende Einzelaktion der GNEISENAU im Seegebiet zwischen den Kapverden und den Azoren könnte vorher noch eine Umsetzung erfahren. Der Schwere Kreuzer PRINZ EUGEN soll hauptsächlich zu einem taktischen Einsatz mit der BISMARCK allein oder mit der BISMARCK und der GNEISENAU gemeinsam kommen. Im Gegensatz zu früheren Direktiven der Kampfgruppe GNEISENAU/SCHARNHORST soll die neue Aufgabe dieser beiden Schiffe nun auch in der Bekämpfung von geschützten Geleitzügen bestehen. Der Haupteinsatzzweck der BISMARCK soll nicht darin liegen, in einem großen Gefecht Gegner gleicher Stärke zu bezwingen, sondern diese so zu binden, dass sie an anderer Stelle fehlen. Zudem sollte sie ihre eigene Kampfkraft so gut wie möglich erhalten, indem sie anderen Schiffen den Vortritt bei der Bekämpfung der Handelsschiffe lässt. Da das Hauptziel dieses Einsatzes die Unterbrechung der feindlichen Versorgungslinien ist, soll der Kampf gegen Kriegsschiffe nur dann erfolgen, wenn das Ziel dies erfordert und die Durchführung ohne übermäßige Risiken erfolgen kann.

Als Operationsgebiet gilt der gesamte Nordatlantik nördlich des Äquators mit Ausnahme der Hoheitsgewässer neutraler Staaten. Während des vergangenen Winters erfolgte der Kampf zur See in Übereinstimmung mit den Direktiven der Seekriegsleitung und fand seinen Abschluss mit dem ersten größeren Einsatz von Schlachtschiffen im offenen Atlantik. Neben der Erreichung wichtiger taktischer Ziele soll die neue Operation mit Schlachtschiffen zeigen, welche bedeutende strategische Auswirkungen ähnliche Einsätze in Zukunft haben mögen. Diese Auswirkungen würden dann über das reine Operationsgebiet auf dem Meer hinausgehen und weiterreichende Folgen für andere Kriegsschauplätze haben. Das Ziel dieses Krieges zur See muss darin liegen, diese Auswirkungen aufrechtzuerhalten und noch zu verstärken, indem diese Schlachtschiffeinsätze eine möglichst häufige Wiederholung erfahren.
Wir dürfen die Tatsache nicht aus den Augen verlieren, dass das entscheidende Ziel im Kampf gegen Großbritannien in der Zerstörung von dessen überseeischer Versorgung besteht. Dies lässt sich am wirksamsten im Nordatlantik erreichen: Dort laufen alle britischen Nachschublinien zusammen und selbst im Falle einer Versorgungsunterbrechung in weit abgelegenen Seeräumen kann der Nachschub noch immer auf der direkten Route aus Nordamerika an sein Ziel gelangen.
Obwohl die Erlangung der Kontrolle über den Nordatlantik die beste Lösung für dieses Problem wäre, ist dies mit den uns gegenwärtig zur Verfügung stehenden See- und Luftstreitkräften unmöglich zu erreichen. Hinzu kommt, dass wir unsere zahlenmäßig ohnehin schon unterlegenen Kräfte nach Möglichkeit erhalten müssen. Nichtsdestotrotz müssen wir nach einer örtlichen und möglichst lange anhaltenden Kontrolle verschiedener Seegebiete streben und diese schrittweise, methodisch und systematisch erweitern.
Während des ersten Einsatzes unserer Schlachtschiffe im Atlantik konnte der Feind stets ein eigenes Schlachtschiff gegen uns einsetzen und dessen zwei Hauptversorgungsrouten beschützen. Es stellte sich jedoch heraus, dass diese Art der Geleitzugverteidigung den Feind an seine Grenzen stoßen ließ, sodass er als einzige Möglichkeit für eine wesentliche Verstärkung seiner Eskortstreitkräfte die Schwächung anderer wichtiger Einsatzgebiete in Kauf nehmen oder die Anzahl seiner Geleitzüge verringern musste.

Die BISMARCK im Schlepp im Kaiser-Wilhelm-Kanal im September 1940.

als Zielsetzung die Störung der feindlichen Geleitzüge und die Versenkung von Handelsschiffen fest. Obwohl Schniewind die Direktive erteilte, trug diese eindeutig die Handschrift Raeders, der ein starker Befürworter der offensiven Verwendung seiner neuen Schlachtschiffe war.

Kurz nach Erteilung der neuen Direktive begannen Schniewind und Lütjens schließlich mit Genehmigung des Großadmirals mit der Planung des Unternehmens »Rheinübung«. Zu jenem Zeitpunkt hofften beide, über alle vier Schlachtschiffe der Kriegsmarine verfügen zu können. Diese sollten im Idealfall in zwei Kampfgruppen aufgeteilt sein, von denen eine von der französischen Küste aus (SCHARNHORST und GNEISENAU) und eine von der Ostsee aus (BISMARCK und TIRPITZ) zum Einsatz kommen sollte. Die Umsetzung dieser Idee stellte ein Risiko dar, weil beiden Gruppen zunächst ein erfolgreicher Durchbruch in den Atlantik gelingen musste, um sich dann auf offener See zu einer Gruppe vereinen zu können. Dort draußen würden sie jenseits der Reichweite der schützenden Luftwaffe und begleitender Zerstörer operieren müssen. Der Gesamtplan erschien daher als zu risikobehaftet, sodass die Admiräle ihn letztendlich verwarfen.

Da sich die TIRPITZ noch in ihrer Seeerprobungsphase befand, war sie auf keinen Fall vor Anfang Juli voll einsatzfähig. Die

Das Schlachtschiff erlitt während der Durchfahrt des Kaiser-Wilhelm-Kanals am 8. März 1941 eine kurze Grundberührung. Nach der Ankunft in Kiel erfolgte daher im dortigen Trockendock eine Überprüfung des Rumpfes auf mögliche Schäden.

Der Gefährte der BISMARCK: Die PRINZ EUGEN

Während des Unternehmens »Rheinübung« war der Schwere Kreuzer PRINZ EUGEN das Begleitschiff der BISMARCK. Dieser war einer von drei Einheiten der ADMIRAL-HIPPER-Klasse, deren Kiellegung ab Mitte der 1930er Jahre erfolgt war. Benannt wurde das Schiff nach Eugen von Savoyen, dem berühmten Befehlshaber des frühen 18. Jahrhunderts, der auch an der Seite des Duke of Marlborough gekämpft hatte. Gemäß des deutsch-britischen Flottenabkommens von 1935 war Deutschland der Bau von bis zu fünf Schweren Kreuzern erlaubt. Die Hauptbewaffnung war durch das Londoner Flottenabkommen von 1930 auf 20,3-cm-Geschütze festgelegt. Laut der deutsch-britischen Vereinbarung durfte die Kiellegung von Kreuzern mit diesem Kaliber erst ab 1943 erfolgen, während der Bau von Kreuzern mit einer 15-cm-Artillerie umgehend erlaubt war. Die Kriegsmarine bestellte daher mit der ADMIRAL-HIPPER-Klasse einen Kreuzerentwurf, der sich für den Einbau beider Kaliber eignete.

Die PRINZ EUGEN war das dritte Schiff dieser Klasse. Ihre vorher gebauten Schwesterschiffe waren das Typschiff ADMIRAL HIPPER sowie die BLÜCHER. Später erfolgte noch der Stapellauf von zwei weiteren Einheiten mit den Namen SEYDLITZ und LÜTZOW, von denen jedoch keines fertiggestellt wurde. Die Kiellegung der PRINZ EUGEN fand im April 1936 bei der Germaniawerft in Kiel statt, ihr Stapellauf rund zwei Jahre später am 22. August 1938. Zu jenem Zeitpunkt war bereits die Entscheidung gefallen, die ursprüngliche 15-cm-Artillerie durch die größeren 20,3-cm-Geschütze zu ersetzen. Diese Kalibererhöhung erfolgte offiziell als Reaktion auf die Ankündigung der Sowjetischen Marine, dass diese ihre neue Klasse von Kreuzern mit 18-cm-Geschützen zu bewaffnen plante. Die Schnelligkeit, mit der diese artilleristische Aufwertung vollzogen wurde, zeigte, dass die Konstrukteure der Kriegsmarine bereits die Pläne für einen Fall wie diesen ausgearbeitet hatten. Nach einer zweijährigen Ausrüstungsphase erfolgte am 1. August 1940 schließlich die Indienststellung der PRINZ EUGEN durch die Kriegsmarine.

Da sie etwas größer als ihre beiden Schwesterschiffe war, galt sie als ein leicht modifizierter Entwurf (zweites Baulos) und somit als Einzelschiff. Sie verfügte über eine andere Antriebsanordnung in Form von nur neun Kesseln, erreichte mit diesen jedoch die gleiche Leistung wie ihre Schwesterschiffe mit je zwölf Kesseln. Als Ergänzung zu ihrer starken 20,3-cm-Hauptbewaffnung erhielt die PRINZ EUGEN eine schlagkräftige Batterie an Flugabwehrkanonen (Flak). Deren Feuerleitung erfolgte durch ein fortschrittliches System, welches dem der BISMARCK sehr ähnelte. Obwohl die PRINZ EUGEN ein schneller und kampfstarker Kreuzer war, stellte ihre begrenzte Reichweite ihre einzige operative Einschränkung dar, durch welche sie als Handelsstörer in den Weiten des Atlantiks nur begrenzt einsetzbar war.

Vor dem Unternehmen »Rheinübung« hätte man die PRINZ EUGEN wahrscheinlich als ein eher vom Pech verfolgtes Schiff angesehen. Im Juli 1940 erlitt sie bei einem britischen Luftangriff auf Kiel Trefferschäden, deren Behebung ihre Fertigstellung verzögerte. Bei ihren Übungen in der Ostsee als Vorbereitung für den bevorstehenden Atlantikeinsatz wurde sie durch eine Magnetmine beschädigt und zudem durch mechanische Probleme geplagt. Während des Unternehmens »Rhein-

Der deutsche Schwere Kreuzer PRINZ EUGEN war seinen britischen Gegenstücken hinsichtlich Geschwindigkeit, Modernität und Gesamtkampfkraft überlegen.

Kapitän zur See Helmuth Brinkmann (1895–1983) erlebte seine ersten Fronteinsätze während des Ersten Weltkrieges. Er bekleidete verschiedene Posten im Stab der Flotte, bevor er im August 1940 das Kommando über die PRINZ EUGEN erhielt. Brinkmann führte sein Schiff mit außerordentlichem Geschick, sodass es ihm gelang, seinen Verfolgern auf der Fahrt nach Brest zu entkommen.

Prinz Eugen

Verdrängung:	16,974 Tonnen (tons) Standard, 19,042 Tonnen (tons) voll beladen	
Abmessungen:	Länge in Konstruktionswasserlinie:	199,5 m
	Länge über alles:	212,5 m
	Breite:	21,5 m
	Tiefgang:	6,6 m (7,2 m bei voller Beladung)
Bewaffnung:	8 x 20,3-cm-Geschütze in 4 Doppeltürmen	
	12 x 10,5-cm-Geschütze in 6 Doppeltürmen	
	12 x 3,7-cm-Flak in 6 Doppeltürmen	
	8 x 2-cm-Flak in Einzellafetten	
	12 x 53,3-cm-Torpedorohre in 4 Dreifachsätzen	
Messgeräte:	FMG-39 Funkmessgerät (später in FuMo-22 umbenannt)	
Panzerung:	Panzergürtel:	70–80 mm
	Oberdeck:	12–30 mm
	Schwere Artillerie:	70–105 mm
	Panzerdeck:	20–50 mm
	Kommandoturm:	50–150 mm
	Torpedoschotten:	20 mm
Bordflugzeuge:	3 x Arado Ar-196 Wasserflugzeuge und 1 x Katapult	
Antrieb:	9 x LaMont Dampfkessel, 3 x Brown-Boveri-Getriebeturbinen, 3 x Antriebswellen / Gesamtleistung von 132.000 PS	
Höchstgeschwindigkeit:	32,5 kn	
Treibstoffkapazität:	3.250 metrische Tonnen	
Reichweite:	5.050 sm bei 15 kn	
Besatzung:	1.600 Mann	

übung« funktionierte der Kreuzer jedoch einwandfrei und seine Geschütze konnten während des Gefechts in der Dänemarkstraße sogar einige Treffer auf der britischen Kampfgruppe erzielen. Nachdem die PRINZ EUGEN sich wenig später erfolgreich von der BISMARCK getrennt hatte, ging sie auf einen südlichen Kurs. Am 26. Mai traf sie den Tanker SPICHERN und füllte ihren Treibstoffvorrat auf. Probleme mit der Antriebsanlage zwangen Kapitän Helmuth Brinkmann schließlich zum Abbruch des Einsatzes, sodass er nach einer erneuten Betankung am 28. Mai, dieses Mal durch die ESSO HAMBURG, den Kurs Richtung Brest setzen ließ. In den folgenden Tagen gelang es der PRINZ EUGEN, britischen Kriegsschiffen auszuweichen und am 1. Juni den sicheren französischen Hafen zu erreichen.

Die PRINZ EUGEN befand sich einen Monat später noch immer in Brest, als sie während eines britischen Luftangriffes schwere Beschädigungen davontrug. Als sie im Februar 1942 wieder einsatzbereit war, nahm sie zusammen mit den ebenfalls in Brest liegenden Schlachtschiffen SCHARNHORST und GNEISENAU an dem berühmten Kanaldurchbruch mit dem Decknamen Unternehmen »Cerberus« teil, der die Verlegung der drei Schiffe zurück in einen deutschen Hafen vorsah. Die PRINZ EUGEN überstand diese gefährliche Fahrt ohne Beschädigung. Später erhielt sie in norwegischen Gewässern einen Treffer durch einen britischen U-Boot-Torpedo, der ihr Heck abknicken ließ. Nach ihrer Instandsetzung in Kiel verblieb sie bis Kriegsende in der Ostsee. Nach der deutschen Kapitulation 1945 wurde sie schließlich zur amerikanischen Kriegsbeute. Im folgenden Jahr diente sie zusammen mit anderen ausgedienten Kriegsschiffen als schwimmendes Ziel bei den Atombombentests im pazifischen Bikini-Atoll. Aufgrund von Leckagen im Rumpf sank sie schließlich am 22. August 1946 bei den nahegelegenen Marshall-Inseln.

SCHARNHORST befand sich zur Instandsetzung ihrer Kessel im Trockendock in Brest und war daher frühestens Ende Juni verfügbar. Da ihr Schwesterschiff GNEISENAU bei britischen Luftangriffen am 6. und 10. Juni 1941 Beschädigungen erlitten hatte, fiel auch sie für einige Monate aus. Dies bedeute, dass von den vier Schlachtschiffen der Kriegsmarine nur die BISMARCK für das bevorstehende Unternehmen verfügbar war. Trotzdem glaubte Großadmiral Raeder, dass sie mit ihrer Schnelligkeit den meisten schweren britischen Seestreitkräften ausweichen oder im Falle einer unvermeidbaren Konfrontation sich mit ihrer starken Feuerkraft freikämpfen konnte.

Zu ihrer Unterstützung war der Schwere Kreuzer PRINZ EUGEN der ADMIRAL-HIPPER-Klasse vorgesehen. Dieses Schiff verfügte über acht 20,3-cm-Geschütze in vier Doppeltürmen und hatte eine fast schon täuschend ähnliche Silhouette wie die BISMARCK, sodass sie wie eine verkleinerte Variante des neuen Schlachtschiffes wirkte.

Admiral Lütjens wurde mit der Führung des bevorstehenden Einsatzes betraut. Obwohl er präzise Anweisungen von Raeder und Schniewind zu dessen Durchführung erhielt, hatte er die volle operative Befehlsgewalt inne. Er sollte daher auch entscheiden, wo der Durchbruch in den Atlantik und die anschließenden Angriffe auf die feindlichen Geleitzüge erfolgen sollten. Während der Umfang und die Dauer des Einsatzes hauptsächlich in seinem Ermessen lagen, hatte er dennoch die strikte Anweisung, mit seiner Kampfgruppe keine übermäßigen Risiken einzugehen. Er verfügte zwar über genug Feuerkraft zur Bekämpfung der durch Eskortschiffe beschützten Handelsschiffe, doch war ihm klar, dass er einen Schlagabtausch mit feindlichen Großkampfschiffen möglichst vermeiden sollte. Unabhängig davon, welchen Schaden die BISMARCK dem Feind zufügen konnte, war die sichere Heimkehr der beiden deutschen Schiffe unerlässlich.

Obwohl die Hoffnung auf einen Einsatzbeginn gegen Ende April 1941 bestand, führten verschiedene Gründe zu Verzögerungen. Am 22. April verzeichnete die PRINZ EUGEN eine Beschädigung an einer ihrer Schiffsschrauben, sodass sie zur Reparatur nach Kiel verlegen musste. Am folgenden Tag erlitt sie einen weiteren Schaden durch eine Mine, die von einem britischen Flugzeug abgeworfen worden war. Diese beiden Ereignisse führten zu einer unvorhergesehenen Werftliegezeit. Am 26. April bat Lütjens bei einem Treffen mit Raeder um eine Verschiebung des Unternehmens bis zur vollen Einsatzbereitschaft der TIRPITZ. Raeder lehnte diese Bitte ab und hielt an dem geplanten Operationsbeginn bei Neumond fest. Somit fiel der Beginn des Unternehmens »Rheinübung« auf den 16. Mai 1941.

Während die Vorbereitungen in Gotenhafen fortgesetzt wurden, überwachte Generaladmiral Schniewind in Berlin die Unterstützungsphase für den bevorstehenden Einsatz. Diese schloss die Entsendung von neun Tankern, zwei Beobachtungsschiffen und einem Versorger ein. Diese Schiffe sollten

Die BISMARCK auf Reede in Kiel im September 1940 vor ihrer Weiterfahrt in die Ostsee, wo die Erprobung erfolgte. Sie behielt dieses Aussehen bis zu ihrer Rückkehr nach Hamburg im Dezember. Dort erhielt sie dann einen für die Ostsee passenden Tarnanstrich.

eine Wartestellung an verschiedenen Positionen im Nordatlantik einnehmen und bei Bedarf die BISMARCK und die PRINZ EUGEN unterstützen oder versorgen. Zudem erfolgte der Abzug von sechs U-Booten von ihren Offensiveinsätzen, damit sie zusätzlich zur Aufklärung dienen konnten. Am 5. Mai 1941 reiste Adolf Hitler nach Gotenhafen, um die BISMARCK und die TIRPITZ zu inspizieren, welche beide dort ihre Seeerprobung durchführten. Während sich Erstere auf Reede vor dem Hafen befand, lag Letztere am Pier. Nachdem Hitler sich mit dem Tender HELA zur BISMARCK hatte übersetzen lassen, musterte er die Besatzung und besichtigte anschließend das Schiff. Während am nächsten Tag die Fortsetzung der routinemäßigen Übungen erfolgte, traf die zwischenzeitlich in Kiel instandgesetzte PRINZ EUGEN ebenfalls in Gotenhafen ein. Bevor der Einsatz der beiden Schiffe jedoch beginnen konnte, musste ein kleiner Schaden am Backbordkran der BISMARCK behoben werden. Daher erfolgte die Verschiebung des Auslauftermins auf den 18. Mai 1941. Da es nun keine Verzögerungen mehr gab, stand dem Unternehmen »Rheinübung« nichts mehr im Wege.

Am 12. November 1940 inspizierte Großadmiral Raeder die BISMARCK, als diese in Gotenhafen lag, wo gerade einige Arbeiten an ihren Entfernungsmessern erfolgt waren. Diese Aufnahme zeigt die Begrüßung Raeders durch Kapitän Lindemann.

Der Beginn des Unternehmens »Rheinübung«

Am Morgen des 18. Mai 1941, einem Sonntag, inspizierte Admiral Lütjens zunächst die PRINZ EUGEN und kehrte dann mit deren Kommandanten, Kapitän Helmuth Brinkmann, zur BISMARCK zurück. Dort leitete er eine Einsatzvorbesprechung, an der seine beiden Kapitäne, Lindemann und Brinkmann, sein Stabschef Kapitän Netzband, sowie Admiral Saalwächter, der Befehlshaber Gruppe West, teilnahmen. Letzterer hatte die strategische Leitung der Einsätze im Nordatlantik inne. Während dieses Treffens vergab Lütjens sein Befehle und erklärte, dass er nach einer Treibstoffergänzung in Norwegen durch die Dänemarkstraße zwischen Grönland und Island in den Atlantik durchzubrechen plane. Nachdem die Besprechung zu Ende war und Saalwächter das Schiff verlassen hatte, gab Lütjens den Befehl zum Auslaufen. Es war nun 11:30 Uhr und das Unternehmen »Rheinübung« hatte offiziell begonnen.

Während die Bordkapelle das Volkslied »Muss i denn, muss i denn zum Städtele hinaus« spielte, löste die BISMARCK ihre Leinen und verließ zusammen mit der PRINZ EUGEN den Hafen. Die beiden Schiffe legten nur die kurze Strecke bis zur Reede zurück, wo sie beide zur Übernahme von Treibstoff und Vorräten vor Anker gingen. Da während der Betankung die Treibstoffleitung riss, konnte die BISMARCK 200 Tonnen weniger Öl aufnehmen, als ihr Gesamtfassungsvermögen zuließ. Von diesem Missgeschick unbeirrt, lichtete sie ihre Anker und führte während des Nachmittags verschiedene Übungen durch, bevor sie wieder an ihren Ankerplatz zurückkehrte. Um 21:28 Uhr lichtete die PRINZ EUGEN ihre Anker und stach in See. Um feindliche Spione zu täuschen, verblieb die BISMARCK zunächst an ihrem Ankerplatz und wartete bis 2:00 Uhr morgens, bis auch sie auslief und dem Kreuzer in die Ostsee folgte.

Um 11:30 Uhr vereinten sich die beiden Kriegsschiffe vor Kap Arkona, der Nordspitze der Insel Rügen, zu einer Kampfgruppe. Dort trafen sie auch mit ihren Begleitschiffen für die Fahrt durch die Ostsee, den Zerstörern Z-16 und Z-23, zusammen.

Nachdem die Schiffe das Kap hinter sich gelassen hatten, wandte sich Kapitän Lindemann über die Bordsprechanlage an seine Besatzung und bestätigte, was seine Männer bereits vermutet hatten – den Durchbruch in den Atlantik und die anschließende Bekämpfung feindlicher Versorgungsgeleitzüge. Die Schiffe setzten ihre Fahrt in Richtung Westen zwischen der deutschen und dänischen Küstenlinie fort, bis sie in den Fehmarnbelt einfuhren. Dort schloss sich ihnen gegen 22:30 Uhr mit dem Flottillenführungsschiff Z-10 ein dritter Zerstörer an. Auf diesem befand sich Kapitän Alfred Schulze-Hinrichs, der Befehlshaber der Sechsten Flottille. Nachdem sie bei Anbruch der Dunkelheit den Langelandsbelt erreicht hatten, fuhren sie gegen 23:00 Uhr in den Großen Belt ein. Nach der nächtlichen Durchquerung dieser Wasserstraße zwischen den dänischen Inseln Fünen und Seeland erreichten die Schiffe im Morgengrauen des 20. Mai schließlich das Kattegat weiter nördlich. Die Fahrt war ohne Zwischenfälle verlaufen.

Admiral Lütjens begrüßte es, dass an diesem Dienstagmorgen der Himmel bedeckt war, weil so das Risiko einer Entdeckung durch britische Aufklärungsflugzeuge geringer war. Auf der Backbordseite der Schiffe befand sich die Küste des von Deutschland besetzten Dänemarks. Auf der Steuerbordseite lag Schweden, dessen Sympathien trotz seiner Neutralität stärker für die Alliierten waren. Aus diesem Grund beschloss Lütjens, sich nach Möglichkeit außerhalb der Sichtweite der schwedischen Küste zu bewegen. Obwohl ihm klar war, dass es nahezu unmöglich war, die Präsenz seiner Schiffe in diesen Gewässern geheim zu halten, wollte er das Risiko einer Entdeckung nicht noch unnötig vergrößern. Da die relativ schmale Wasserstraße sehr betriebsam war, tat Lütjens gut daran, alle sich ihm bietenden Vorsichtsmaßnahmen zu ergreifen. Im weiteren Verlauf der Fahrt passierten die deutschen Kriegsschiffe dänische und norwegische Frachter sowie dänische und schwedische Fischerboote. Es bestand daher das Risiko, dass diese dem dänisch-norwegischen Widerstand die Präsenz der deutschen Kampfgruppe meldeten und so die britische Admiralität in London vom Unternehmen »Rheinübung« erfuhr.

Gegen Mittag sichteten schließlich schwedische Flugzeuge während eines Patrouillenflugs die deutschen Schiffe nahe des Hafens von Göteborg und meldeten dies ihrem Marinehauptquartier. Eine Stunde später, gegen 13:00 Uhr, passierte die Kampfgruppe dann den schwedischen Flugzeugkreuzer GOTLAND, der sich auf einer Patrouillenfahrt am Eingang zum Skagerrak befand. Dessen Besatzung funkte die Sichtung der deutschen Schiffe ebenfalls nach Stockholm. Noch am Abend des gleichen Tages erreichte diese Nachricht auf geheimen Wegen einen norwegischen Oberst, der in der schwedischen Hauptstadt seine Exilregierung repräsentierte. Dieser leitete sie weiter an Captain Henry Denham, den britischen Marineattaché in Stockholm, welcher sofort seine Admiralität in London informierte.

Gegen 21:00 Uhr war die Führung der Royal Navy daher im Bilde, dass die BISMARCK und die PRINZ EUGEN ausgelaufen waren und sich unterwegs nach Norwegen befanden.

Kurz nach der Begegnung mit der GOTLAND erreichten die deutschen Schiffe den verminten Bereich des Skagerraks. Obwohl es eine Fahrrinne durch diesen gab, war Lütjens zu misstrauisch, diese zu benutzen, da er befürchtete, dass feindliche U-Boote vor deren westlichem Eingang auf ihn lauerten. Er hatte daher bereits vorher angeordnet, dass sich sein Verband mit einer Flottille von Minenräumern traf, wel-

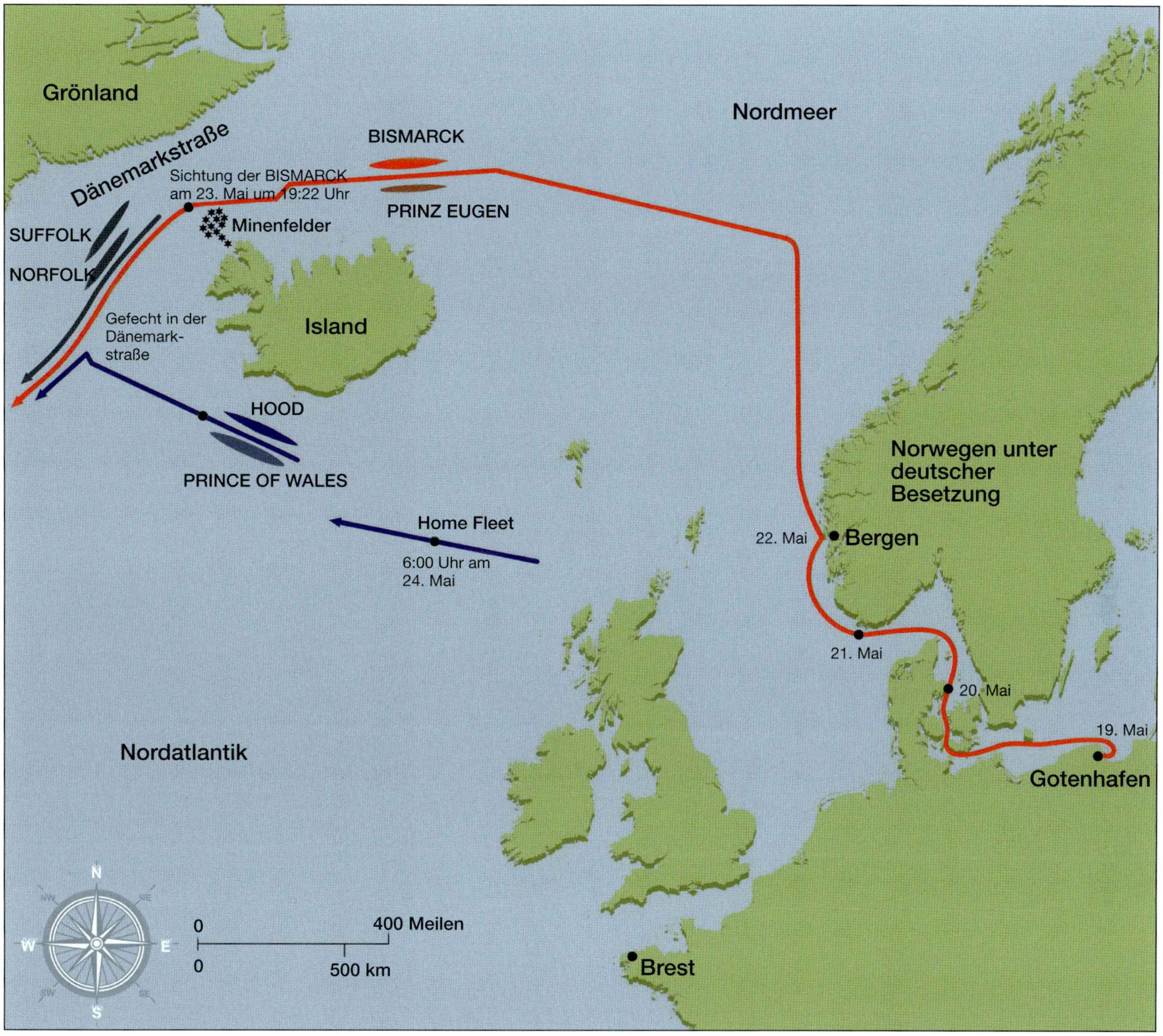

Der Durchbruch während des Unternehmens »Rheinübung«. (Roy Scorer)

che dann eine neue Fahrrinne durch das verminte Gewässer schaffen sollten. Nach der Beendigung der Freiräumung gegen 16:00 Uhr durchfuhren die Kriegsschiffe den nun sicheren Teil, erreichten die offenen Gewässer des Skagerraks und gingen auf einen nördlichen Kurs in Richtung des südnorwegischen Lindesnes westlich von Kristiansund. Kurz nach Mitternacht passierten sie dessen verdunkelten Leuchtturm und drehten nach dem Verlassen des Küstenbereichs erneut nach Norden. Ihre Fahrt blieb jedoch nicht unbemerkt, da Mitglieder des norwegischen Widerstandes sie lokalisierten und die Nachricht umgehend nach London funkten. Diese neue Mitteilung bestätigte Captain Denhams frühere Meldung und bewies schlussendlich, dass die BISMARCK die norwegische Küste hochfuhr. Tatsächlich war dies die dritte Nachricht dieser Art – ein Agent in Gotenhafen hatte bereits vorher gemeldet, dass die BISMARCK und die PRINZ EUGEN ihre Liegeplätze verlassen hatten.

Kurz vor Tagesanbruch des 21. Mai 1941 passierten die deutschen Kriegsschiffe Stavanger, drei Stunden später änderten sie vor dem Leuchtturm der Insel Marstein ihren Kurs, um in

Die BISMARCK im Schlepp hinter der PRINZ EUGEN, aufgenommen von den achteren Aufbauten des Kreuzers. Dieses Schleppmanöver gehörte zu den Übungen, welche die beiden Schiffe in den Gewässern bei Gotenhafen vor Beginn des Unternehmens »Rheinübung« absolvierten. Die aufgemalte weiße Bugwelle der BISMARCK ist gut erkennbar.

Als Hitler die BISMARCK am 5. Mai 1941 besichtigte, lag sie vor Gotenhafen auf Reede vor Anker. Diese Aufnahme entstand nach der Beendigung seines Rundgangs kurz vor der Rückkehr auf den Flottentender HELA.

Adolf Hitler während seiner Besichtigung der BISMARCK und der PRINZ EUGEN am 5. Mai 1941. Für den »Führer« waren große Kriegsschiffe eher Propagandamittel als strategische Instrumente. Zudem verstand er nie ganz die Bedeutung von Seemacht.

den langen Korsfjord einzufahren, welcher zum nördlich gelegenen Bergen verlief. Er hatte zwei Eingänge bzw. Zufahrten, die sich je auf einer Seite der Insel Sund befanden.

Admiral Lütjens vermutete unterdessen, dass die Briten bereits nach ihm suchten. In der Tat konnte der Funkraum der PRINZ EUGEN eine britische Nachricht auffangen, aus der hervorging, dass britische Flugzeugbesatzungen den Befehl erhalten hatten, nach zwei großen deutschen Schiffen zwischen Bergen und Stavanger zu suchen. Aus diesem Grund entschied sich Lütjens, mit seiner Kampfgruppe vorerst in den

Die BISMARCK während der Einfahrt in den norwegischen Grimstadfjord. Dieses Bild entstand von der PRINZ EUGEN aus, die weiter durch den Korsfjord zu ihrem vorgesehenen Ankerplatz in der Kalvenesbucht fuhr. Nachdem die BISMARCK im Grimstadfjord geankert hatte, wich die in diesem Bild noch sichtbare Ostseetarnbemalung einem komplett grauen Anstrich.

norwegischen Küstengewässern zu bleiben: Da der Himmel zu klar für eine unbemerkte Weiterfahrt war, war es sicherer, an einem entlegenen Ankerplatz wie diesem auf den Einbruch der Dunkelheit zu warten. Zudem wartete der Tanker WOLLIN in der Nähe auf sie, sodass beide Schiffe ihre Treibstoffbunker vor dem Durchbruch in den Atlantik mit Öl auffüllen konnten. Gegen Mittag ging die BISMARCK im Grimstdfjord, einem kurzen Zulauf des Korsfjords südlich von Bergen, vor Anker. Die drei Zerstörer hingegen setzten ihre Fahrt nach Bergen fort. Die PRINZ EUGEN fuhr den Korsfjord noch ein Stück weiter hinauf und ankerte schließlich in der Kalvanesbucht am nordöstlichen Zipfel der Insel Sund. Nachdem die Schiffe an ihren jeweiligen Liegeplätzen fest verankert waren, wurden sie auf beiden Seiten von Handelsschiffen flankiert, welche als schwimmende Schutzschilde gegen Torpedoangriffe fungieren sollten. Nun nahmen die Wachmannschaften an Bord ihren Dienst auf. Unbemerkt von diesen überflog um 13:15 Uhr Flying Officer Suckling des britischen Coastal Command in seiner »Spitfire« den Korsfjord in einer Höhe von 8.000 Metern. Danach drehte er ab, um auch den nahen Grimstadfjord zu überfliegen. Da er nicht entdeckt wurde, konnte er unbehelligt seinen Flug fortsetzen und eine Stunde später auf dem Flugfeld in Wick im Norden Schottlands landen. Der Film mit den von ihm geschossenen Luftbildern wurde zur Auswertung nach London gebracht. Nach dessen Entwicklung identifizierten die Analysten die beiden großen deutschen Kriegsschiffe auf den Aufnahmen. Noch am gleichen Abend gab die Admira-

Die BISMARCK von Bord der PRINZ EUGEN am 20. Mai 1941 aus aufgenommen, als sich beide Schiffe nach dem Beginn des Unternehmens »Rheinübung« auf Nordkurs in Richtung Norwegen befanden.

Diese Luftaufnahme vom 21. Mai 1941 von Flying Officer Suckling zeigt die BISMARCK zusammen mit Unterstützungsschiffen im Grimstadfjord vor Anker.

lität die Warnung heraus, dass die Sichtung eines Schlachtschiffes der BISMARCK-Klasse sowie eines Schweren Kreuzers der ADMIRAL-HIPPER-Klasse vor Bergen erfolgt war.

In der Zwischenzeit hatte die Besatzung der BISMARCK den Nachmittag genutzt, um an beiden Seiten des Schiffskörpers Gerüste und Laufbretter anzubringen, um diesen komplett grau zu streichen. Die aufgemalte Bugwelle auf Höhe der Wasserlinie kurz vor Turm »Anton« blieb jedoch zur Täuschung britischer Zielentfernungsmesser erhalten. Diese sollte das Schlachtschiff kürzer erscheinen lassen, als dieses in Wirklichkeit war und so die feindlichen Geschützbesatzungen dazu verleiten, über dieses hinwegzuschießen. Während die Besatzung der BISMARCK ihr Schiff anstrich, erhielt die PRINZ EUGEN eine Treibstoffauffüllung durch den Tanker WOLLIN, da sie nicht über eine derartige Bunkerkapazität wie das größere Schlachtschiff verfügte. Während des gesamten Nachmittags überwachten Jagdflugzeuge der Luftwaffe die Umgebung, um gegebenenfalls einen Angriff der Royal Air Force abwehren zu können.

Als Vizeadmiral Tovey, der Oberbefehlshaber der Home Fleet, von der Sichtung der deutschen Schiffe erfuhr, versetzte er seine Seestreitkräfte in Bereitschaft. Zu jenem Zeitpunkt befand sich der Flugzeugträger HMS VICTORIOUS in Scapa Flow, um in Kürze zusammen mit dem im (River) Clyde liegenden Schlachtkreuzer HMS REPULSE ins Mittelmeer zu verlegen. Dieses Vorhaben wurde aufgegeben, um sie gegen die deutschen Schiffe einsetzen zu können, obwohl der Träger nur über neun »Swordfish«-Torpedobomber und sechs »Fulmar«-Jagdflugzeuge mit unerfahrenen Besatzungen verfügte. Dennoch zählte jedes einsatzfähige Schiff zur Bekämpfung der BISMARCK. Auch Toveys neues Flaggschiff, die HMS KING GEORGE V, sowie fünf Leichte Kreuzer und sechs Zerstörer wurden klar zum Auslaufen gemacht. Die REPULSE erhielt den Befehl, sich mit diesen Einheiten vor der Nordwestküste Schottlands zusammenzuschließen. Gleichzeitig wartete Tovey auf das Eintreffen neuer Informationen.

Er signalisierte Vizeadmiral Holland, dem Befehlshaber des Schlachtkreuzergeschwaders, mit seinem Flaggschiff HMS HOOD und dem Schlachtschiff HMS PRINCE OF WALES sowie sechs Zerstörern unverzüglich in See zu stechen. Diese Kampfgruppe sollte zu einem Fjord namens Hvalfjörður (Walf-

Der schwedische Flugzeugkreuzer GOTLAND befand sich am 20. Mai 1941 auf einer Patrouillenfahrt vor dem Skagerrak, als er die vorbeifahrende deutsche Kampfgruppe sichtete. Diese Information meldete er umgehend nach Stockholm.

jord) nahe Reykjavík auf Island fahren, um die dort stationierten britischen Kreuzer zu ergänzen.
Zu jenem Zeitpunkt befanden sich bereits zwei Schwere Kreuzer der Royal Navy auf Patrouille in der Dänemarkstraße. Konteradmiral Wake-Walker, der Befehlshaber des Ersten Kreuzergeschwaders, blieb mit seinem Flaggschiff HMS NORFOLK auf See, während dessen Halbschwesterschiff HMS SUFFOLK am 19. Mai für kurze Zeit zur Treibstoffauffüllung zum Hvalfjörður fuhr. Nach der eilig befohlenen Rückkehr des Schiffes auf die Patrouillenroute dienten beide Kreuzer als Toveys erste Verteidigungslinie auf See. Obwohl ihre 20,3-cm-Geschütze keine ernsthafte Bedrohung für die BISMARCK darstellten, konnten sie das deutsche Schlachtschiff zumindest durch ihr leistungsfähiges Radar beschatten: Als sogenannte Fühlungshalter sollten sie laufend den Kurs der BISMARCK sowie andere relevante Informationen melden, um so die eigenen Großkampfschiffe an sie heranzuführen, damit diese sie abfangen konnten. Der ebenfalls im Hvalfjörður in der Betankung befindliche Leichte Kreuzer HMS ARETHUSA erhielt den Befehl, die zwei Leichten Kreuzer HMS BIRMINGHAM und HMS MANCHESTER, die beide zwischen Island und den Färöer-Inseln patrouillierten, zu verstärken. Das britische Coastal Command überwachte unterdessen die Gewässer zwischen den Färöer-Inseln und Shetland sowie zwischen Shetland und Orkney. Diese beiden Wasserstraßen galten jedoch als eher unwahrscheinliche Durchbruchspunkte für den Gegner. Vizeadmiral Tovey war dennoch zuversichtlich, dass die Sichtung der deutschen Schiffe gelingen konnte, falls diese tatsächlich einen Durchbruchsversuch in den Nordatlantik unternahmen. Seine größte Sorge war, dass seinen Kreuzern der Treibstoff ausging, bevor Lütjens seinen Zug machte. Um dies zu verhindern, schickte er die BIRMINGHAM und die MANCHESTER zur Treibstoffauffüllung zum isländischen Hvalfjörður und ordnete ihre zügige Rückkehr auf ihre Patrouillenroute an, damit die BISMARCK diese Gewässer nicht vor ihnen erreichte.
Admiral Lütjens hatte indessen im Grimstadfjord eine Entscheidung getroffen. Ihm war klar, dass, falls den Briten seine Präsenz noch immer unbekannt war, sich dies bald ändern konnte. Nichtsdestotrotz hatte ein deutscher Aufklärungsflug über Scapa Flow gezeigt, dass das Gros der Home Fleet noch immer dort vor Anker lag. Als er schließlich an jenem Abend aus dem Grimstadfjord auslief, hoffte Lütjens, in den Atlantik gelangt zu sein, bevor Toveys Schiffe ihre Abfangpositionen zwischen Grönland und den Färöer-Inseln erreicht hatten. Er wog daher alle in Betracht kommenden Möglichkeiten für den geplanten Durchbruch gegeneinander ab: Obwohl es eigentlich fünf verschiedene Routen gab, galten lediglich drei von diesen als geeignet, da sich sowohl die enge Wasserstraße des Pentland Firth zwischen Orkney und dem britischen Kernland als auch die Lücke zwischen Orkney und Shetland zu nah an Scapa Flow und somit den dortigen Luftstützpunkten be-

Die raue See in der Dänemarkstraße, hier aufgenommen von den achteren Aufbauten des britischen Schweren Kreuzers HMS SUFFOLK, als dieser die wichtige Passage in den Wochen vor dem Unternehmen »Rheinübung« patrouillierte.

Captain Henry Denholm der Royal Navy war der Marineattaché der britischen Botschaft in Stockholm. Als er durch schwedische Sympathisanten erfuhr, dass die Sichtung der deutschen Kampfgruppe durch die GOTLAND erfolgt war, meldete er diese wichtige Neuigkeit umgehend seiner Admiralität in London.

Der britische Schwere Kreuzer HMS NORFOLK war das Flaggschiff von Konteradmiral William Frederic Wake-Walker, der auch das Kommando über deren Halbschwesterschiff HMS SUFFOLK innehatte. Diesen in den 1920er Jahre gebauten Kreuzern fehlte es an Geschwindigkeit und Feuerkraft, um es mit der BISMARCK und der PRINZ EUGEN aufnehmen zu können.

fanden. Aus diesem Grund blieben diese drei Wege für den Durchbruch übrig: Die Lücken zwischen Shetland und den Färöer-Inseln oder zwischen den Färöer-Inseln und Island oder die Dänemarkstraße zwischen Island und Grönland.

Konteradmiral William Frederic Wake-Walker (1888–1945) war ein erfahrener Befehlshaber von Aufklärungsstreitkräften. Seine Kreuzer taten genau das, was von ihnen verlangt wurde: Sie beschatteten die BISMARCK und meldeten während ihres Ausbruchsversuchs in den Nordatlantik laufend ihren Kurs, Geschwindigkeit und Position.

Obwohl Letztere am weitesten von Bergen entfernt war, bot sie auch die größte Entfernung zu Scapa Flow und den dortigen feindlichen Luftstreitkräften. Lütjens war sich bewusst, dass die Briten dort zwar einige Kreuzer stationiert hatten, doch diese stellten für ihn aufgrund seiner artilleristischen Überlegenheit kein Problem dar. Für ihn war es viel wichtiger, dieses »Schlupfloch« zwischen Island und Grönland zu erreichen, bevor die britischen Großkampfschiffe ihm den Weg durch dieses versperrten. Dieses Vorhaben hatte natürlich auch seine Nachteile: Das Packeis vor der grönländischen Küste beispielsweise verringerte die Breite der Fahrrinne von 160 Seemeilen auf rund die Hälfte. Bekannte Minenfelder vor der isländischen Küste reduzierten sie noch weiter. Dies bedeutete, dass der BISMARCK und der PRINZ EUGEN nur wenig Manövrierspielraum blieb, falls sie in ein unvermeidbares Gefecht gerieten.

Generaladmiral Schniewind hingegen bevorzugte die daneben befindliche Lücke zwischen Island und den Färöer-Inseln, da diese eine 230 Seemeilen breite Fahrrinne bot. Lütjens bezweifelte jedoch, dass er diese Wasserstraße ohne Feindberührung und Kampfhandlungen würde durchqueren können, da ihm bekannt war, dass dort häufig stark bewaffnete Seestreitkräfte patrouillierten und zudem die britische Abfangkampfgruppe dort vor ihm eintreffen konnte. Die dritte Möglichkeit in Form einer Durchfahrt zwischen den Färöer-Inseln und Shetland galt als zu gefährlich, da dieses Gewässer sich innerhalb der Reichweite britischer Luftstreitkräfte befand und darüber hinaus zu nahe an Scapa Flow lag.

Großadmiral Raeder und Generaladmiral Schniewind überließen schließlich Lütjens die wichtige taktische Entscheidung, wo der Durchbruch erfolgen sollte. Nachdem dieser alle Möglichkeiten gegeneinander abgewogen hatte, entschied er sich für die Dänemarkstraße. Um 19:30 Uhr an jenem Abend lichtete die BISMARCK daher ihre Anker und fuhr den Korsfjord hinauf, wo sie sich mit der PRINZ EUGEN und den Begleitzerstörern zusammenschloss. Auf der Weiterfahrt durchfuhren die Schiffe zuerst den Hjeltefjord und schließlich den breiteren Fedjefjord. Gegen 22:00 Uhr passierten sie den Hellisøy-Leuchtturm und erreichten danach das Nordmeer. Zu jenem Zeitpunkt, als sie sich bereits auf dem sicheren offenen Meer befanden, überflogen britische Suchflugzeuge den nun leeren Korsfjord.

Zwei Stunden später, gegen Mitternacht, nachdem die Schiffe die Küstengewässer ganz verlassen hatten, drehten sie auf einen nördlichen Kurs und erhöhten ihre Fahrt auf 24 Knoten. Gegen 4:20 Uhr am frühen Morgen des 22. Mai 1941, einem Dienstag, erreichte die Kampfgruppe den Breitengrad, auf welchem die Färöer-Inseln lagen. Nun wurden die Begleitzerstörer entlassen und erhielten den Befehl, nach Trondheim zur Betankung zu laufen. Die BISMARCK und die PRINZ EUGEN waren nun auf sich alleine gestellt. Lütjens behielt den bisherigen Kurs bei, ließ die Geschwindigkeit jedoch auf 27 Knoten erhöhen, sodass beide Schiffe gegen 14:00 Uhr den nördlichen Polarkreis knapp oberhalb des Breitengrades der isländischen Nordküste erreichten. Sie setzten ihren Nordkurs weiter fort, um die Sichtung durch britische Suchflugzeuge zu vermeiden, welche von Island aus operierten. Als sie sich kurz nach 23:00 Uhr auf dem Breitengrad der Insel Jan Mayen befanden, ließ Lütjens nach Westen drehen und Kurs auf den nördlichen Bereich der Dänemarkstraße nehmen. Obwohl sich der deutsche Tanker WEISSENBURG dort in der Nähe befand, entschied sich Lütjens, keine Zeit durch eine erneute Treibstoffergänzung zu verlieren – er war fest entschlossen, den sogenannten engen »Flaschenhals« der Dänemarkstraße zu durchqueren, bevor die Royal Navy ihre dort operierenden Überwachungskreuzer durch schlagkräftigere Seestreitkräfte ergänzen konnte.

Am gleichen Abend überflogen britische Suchflugzeuge erneut den Korsfjord, um nun endgültig festzustellen, dass die Ankerplätze der deutschen Schiffe leer waren. Am 22. Mai stach Vizeadmiral Tovey daher gegen 22:00 Uhr mit seinem Flaggschiff KING GEORGE V, dem Flugzeugträger VICTORIOUS sowie fünf Leichten Kreuzern und sechs Zerstörern in See. Am frühen Abend noch hatte ein deutsches Aufklärungsflugzeug nach seinem Erkundungsflug über Scapa Flow gemeldet, dass die Schlachtschiffe und der Träger dort noch vor Anker lagen. Diese Nachricht wurde an Admiral Lütjens weitergeleitet, als er den Kurswechsel nach Westen anordnete. Der deutsche Befehlshaber muss zu jenem Zeitpunkt zuversichtlich gewesen sein, dass sein Auslaufen unbemerkt geblieben war und er die Dänemarkstraße erreichen konnte, ohne dort auf die britischen Großkampfschiffe zu treffen. Unbekannt war ihm jedoch, dass Vizeadmiral Holland gerade den Befehl erhalten hatte, auf Höhe des Breitengrades 62° Nord auf den Südteil des Hvalfjörður zuzuhalten. Dadurch konnten seine beiden Schiffe besser auf mögliche Sichtungen östlich und westlich von Island reagieren. Vizeadmiral Tovey plante, im Südosten auf Lauerstellung zu gehen, um die Wasserstraßen auf beiden Seiten der Färöer-Inseln abzusichern.

Ein Radarbedienmann der Royal Navy an seiner Anlage an Bord eines britischen Kreuzers im Jahre 1941. Da die britische Radartechnologie der deutschen überlegen war, waren Wake-Walkers Kreuzer durch diesen Vorteil in der Lage, die BISMARCK aus sicherer Entfernung zu beschatten.

Der nächste Tag – Freitag, der 23. Mai – begann mit schlechtem Wetter in Form eines starken Windes aus nordöstlicher Richtung sowie rauer See.

Das Unternehmen »Rheinübung« begann am 18. Mai 1941. Dieses Bild entstand zwei Tage darauf, als die BISMARCK und die PRINZ EUGEN mit ihren Begleitzerstörern Skagen, die nördlichste Spitze Dänemarks, passierten. Die Aufnahme stammt von einem der Minenräumer, die dort mit der Kampfgruppe zusammentrafen, um diese sicher durch den Minengürtel zu eskortieren, welcher den Zugang zum Skagerrak versperrte.

Diese Bedingungen waren Admiral Lütjens und seinen Schiffen willkommen, da die daraus resultierende schlechte Sicht das Risiko einer Sichtung durch britische Suchflugzeuge, die von Island aus operierten, verringerte. Im Jahre 1940, als die deutsche Wehrmacht Dänemark einnahm, besetzten alliierte Truppen Island, welches zum damaligen Zeitpunkt zu Dänemark gehörte. Die Häfen am Hvalfjörður (außerhalb von Reykjavik) sowie Akureyri an der Nordküste und Seyðisfjörður auf der Ostseite dienten als Betankungsstützpunkte für britische Kriegsschiffe, während alliierte Suchflugzeuge in Reykjavik stationiert waren. Somit war die Insel zu einer alliierten Bastion geworden, die den deutschen Zugang zum Atlantik versperrte. Da Lütjens dies bewusst war, handelte er mit größter Vorsicht. Während sich seine Schiffe der grönländischen Küste näherten, ordnete er kurz vor 14:00 Uhr einen Kurwechsel nach Südwesten von 266° auf 240° an, um das nun größer werdende Risiko, auf Packeis zu treffen, zu verringern.

Um 18:00 Uhr fuhr die deutsche Kampfgruppe schließlich in die Dänemarkstraße ein. In dieser gab es eine lediglich 30 Seemeilen breite Fahrrinne zwischen dem Packeis und den britischen Minenfeldern. Zu jenem Zeitpunkt befand sich Konteradmiral Wake-Walkers Flaggschiff HMS NORFOLK bereits dort, während die HMS SUFFOLK nach ihrer Betankung noch auf dem Rückweg dorthin war. Da die beiden Kreuzer die Warnmitteilung erhalten hatten, dass die BISMARCK einen Durchbruchversuch wagen konnte, waren ihre Ausguckposten in Alarmbereitschaft versetzt worden. Da es nebelig war und nun auch langsam dunkel wurde, verschlechterten sich die Voraussetzungen für ein Seegefecht. Um 19:11 Uhr erfasste die Radarstation (Funkmessortungsanlage) der BISMARCK schließlich zwei Kriegsschiffe auf ihrer Steuerbordseite. Sofort eilten die Bedienmannschaften an die Geschütze. Elf Minuten darauf sichtete ein Ausguck an Bord der SUFFOLK einen Schweren Kreuzer und wenige Augenblicke später ein Schlachtschiff. Diese Nachricht wurde sofort an die NORFOLK gefunkt und dann an die britische Admiralität weitergegeben, jedoch auch von den Funkern der BISMARCK aufgefangen.

Nach der Identifizierung des deutschen Schlachtschiffes ließ Captain Ellis seine SUFFOLK abdrehen, sodass sie im Nebel verschwand. Dieses Manöver war eine reine Vorsichtsmaßnahme, da ein artilleristischer Schlagabtausch mit der BISMARCK selbstmörderisch gewesen wäre. Die Sichtung der deutschen Schiffe war höchstwahrscheinlich deshalb durch einen Ausguck erfolgt, weil das Radar der SUFFOLK zu Aussetzern neigte. Schließlich konnte sich die NORFOLK mit Konteradmiral Wake-Walker und Captain Phillips an Bord mit der SUFFOLK zusammenschließen, sodass beide Kreuzer aus der Distanz heraus mit der deutschen Kampfgruppe Fühlung halten konnten. Dann, um 20:30 Uhr, sichtete die BISMARCK die

Auch diese Aufnahme der BISMARCK entstand von einem der Minenräumer aus und zeigt sie, wie sie einem anderen Minenräumer durch den nun freien Zugang zum Skagerrak auf dem Weg zum Grimstadfjord folgte.

Die im Grimstadfjord vor Anker liegende BISMARCK kurz nach der Übermalung ihres zickzackförmigen Ostseetarnanstrichs. Die dunklen Stellen am Rumpf deuten darauf hin, dass die Farbe bei der Aufnahme dieses Fotos noch nicht vollständig getrocknet war.

NORFOLK durch eine Lücke im Nebel in einer Entfernung von sechs Seemeilen. Als das Schlachtschiff das Feuer eröffnete und fünf Salven auf den Kreuzer schoss, zog sich dieser in den Nebel zurück und verschleierte sich zusätzlich mit seinem eigenen Raucherzeuger. Nach dieser gefährlichen Konfrontation hielten die beiden britischen Schiffe einen Sicherheitsabstand zu ihren deutschen Gegnern und verließen sich als Fühlungshalter auf ihre Radare.

Interessanterweise stellte diese Begegnung den ersten Einsatz der Artillerie der BISMARCK in einem Ernstfall dar. Da die durch den Abschuss der schweren Geschütze erzeugte Luftdruckwirkung das vordere Radar (Funkmessortungsgerät) der BISMARCK beschädigte, fiel dieses aus. Daher konnte das Schlachtschiff nur noch Ziele erfassen, die sich an achtern befanden. Trotzdem war Lütjens nicht unzufrieden: Er hatte den Überwachungsschirm der britischen Kreuzer durchdrungen und war sich daher sicher, dass nun nichts mehr zwischen seiner Kampfgruppe und der Weite des Nordatlantiks stand.

Zu jenem Zeitpunkt war ihm noch nicht bekannt, dass die britischen Schiffe nur noch rund 300 Seemeilen von ihm entfernt waren, als die Sichtungsmeldung der SUFFOLK bei Vizeadmiral Holland eintraf. Nach einem kurzen Blick auf die Seekarte war die Situation klar: Die BISMARCK und die PRINZ EUGEN befanden sich nördlich der HOOD und der PRINCE OF WALES auf einem südwestlichen Kurs entlang des Packeises durch die Dänemarkstraße. Da Holland nun mit einer Fahrt von 27 Knoten nach Nordwesten steuern ließ, würden seine Schiffe kurz nach Tagesanbruch eine Position erreichen, von der aus sie die deutsche Kampfgruppe abfangen konnten. Um 21:00 Uhr ordnete Holland einen Kurswechsel auf 295° sowie die Erhöhung der Geschwindigkeit an. Eine Stunde später entließ er seine Zerstörer, da diese bei der rauen See nicht mehr mithalten konnten. Sie folgten daher so gut, wie es ihnen möglich war.

Obwohl die Schiffe beider Seiten nun mit hoher Fahrt aufeinander zuliefen, erwarteten bzw. suchten nur die Briten das Gefecht bei Tagesanbruch. Die Royal Navy wusste jedoch nicht, dass nun nicht mehr die BISMARCK mit ihrem defekten vorderen Funkmessortungsgerät, sondern die PRINZ EUGEN zur Aufklärung nach vorne die deutsche Kampfgruppe anführte. Dieser »Nummernwechsel« war von den Fühlung haltenden britischen Kreuzern nicht bemerkt worden, doch wäre diese Information von enormer Bedeutung für den Verlauf des bevorstehenden Gefechts gewesen. Um 22:00 Uhr änderte die BISMARCK ihren Kurs um 180°, um Jagd auf ihre beiden Verfolger zu machen. Da diese jedoch auf Distanz blieben, war das Schlachtschiff gezwungen, wieder auf seinen vorherigen Kurs zu gehen.

Matrose Newell, ein Ausguck der HMS SUFFOLK, war der erste Mann an Bord von Wake-Walkers Aufklärungsgruppe, der die BISMARCK bei deren Versuch sichtete, die Dänemarkstraße am Abend des 23. Mai 1941 unbemerkt zu passieren. Die Sichtung des deutschen Schlachtschiffes war möglich, weil sich eine Lücke im Nebel bei einer Entfernung von sieben Seemeilen auftat. Captain Ellis drehte daraufhin sofort ab und konnte seinen Kreuzer so in diesem Nebel verstecken.

Das Gefecht in der Dänemarkstraße

Während der Nacht ließ Vizeadmiral Holland auf einen westlichen Kurs von 240° für den Fall drehen, dass die deutsche Kampfgruppe ihren Kurs änderte. Als die Besatzungen auf seinen beiden Schiffen ihre Gefechtsstationen um 04:00 Uhr besetzten, hatten die zivilen Techniker an Bord der PRINCE OF WALES die ganze Nacht durchgearbeitet, um die noch vorhandenen mechanischen Probleme an deren 35,6-cm-Geschütztürmen zu beheben. Bei Tagesanbruch des 24. Mai 1941, einem Samstag, spähten die britischen Ausgucke durch die nachlassende Dunkelheit nach Norden – der Richtung, aus der die deutschen Schiffe kommen würden. Um 05:37 Uhr sichtete die HOOD auf ihrer Steuerbordseite Rauchfahnen am nördlichen Horizont. Der britische Verband lief nun einen Kurs von 240° bei einer Fahrt von 28 Knoten. Auf der BISMARCK hatte die Unterwasserhorchanlage jedoch bereits vorher die Schraubengeräusche von zwei schnellfahrenden Schiffen erfasst, die von Südosten anliefen. Um 05:29 Uhr hatte auch der vordere Feuerleitstand der BISMARCK bereits die britischen

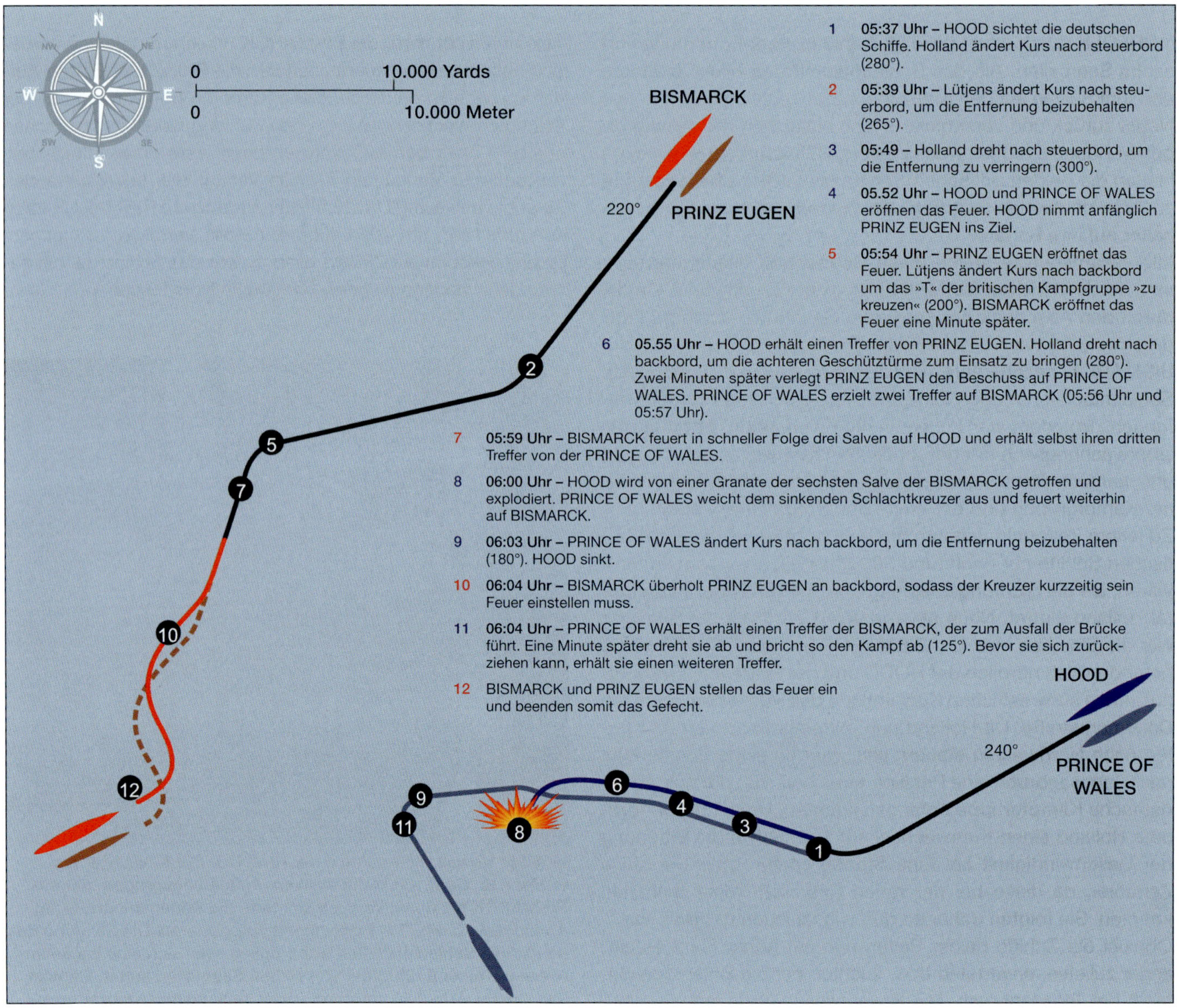

Das Gefecht in der Dänemarkstraße. (Roy Scorer)

Rauchfahnen am südöstlichen Horizont gesichtet. Der Grund, warum den Deutschen die Gegnersichtung acht Minuten früher gelang als den Briten, war dem Umstand geschuldet, dass sich die Konturen der HOOD und der PRINCE OF WALES von dem langsam aufhellenden Himmel abhoben.

Obwohl beide Kampfgruppen noch rund 15 Seemeilen voneinander entfernt waren, waren die Gefechtsstationen auf allen Schiffen bereits besetzt. Durch die unvermeidbare Präsenz der beiden britischen Kreuzer waren die deutschen Besatzungen sogar gezwungen gewesen, die ganze Nacht hindurch ihre Gefechtsstationen besetzt zu halten.

Insgesamt befanden sich nun drei Schiffsverbände in den Gewässern der Dänemarkstraße, auch wenn sich die zwei Kreuzer zu weit achtern der BISMARCK befanden, um in den bevorstehenden Kampf einzugreifen. Bei der deutschen Kampfgruppe agierte die PRINZ EUGEN als Führungsschiff vor der BISMARCK, bei der britischen die HOOD vor der PRINCE OF WALES. Als sich die Gegner einander näherten, liefen die britischen Schiffe auf südwestlichem Kurs, während sich die deutschen Einheiten ihnen aus nördlicher Richtung in einem nahezu rechten Winkel näherten. Dies bedeutete, dass Hollands Schiffe – falls sie ihren gegenwärtigen Kurs beibehielten – das sogenannte »Crossing of the T« (»Kreuzen des T«) vollziehen konnten. Dieses ermöglichte es ihnen, alle ihre Geschütztürme seitlich auf den Gegner richten und abfeuern zu können, während auf deutscher Seite nur die PRINZ EUGEN mit ihren vorderen Geschützen zurückschießen konnte, weil die dahinter fahrende BISMARCK von ihr behindert wurde. Admiral Lütjens blieb dennoch unberührt, da die ihn beratenden Artilleriefachleute die näherkommenden Schiffe lediglich für Leichte Kreuzer hielten.

Der ehrwürdige Schlachtkreuzer HMS HOOD friedlich vor Anker liegend in Scapa Flow. Dieser großzügig große Liegeplatz diente der britischen Home Fleet in Kriegszeiten als Stützpunkt.

Die Hauptbewaffnung des Schlachtkreuzers HOOD bestand aus acht 38-cm-Geschützen mit einer theoretischen Reichweite von 15 Seemeilen (ca. 28 Kilometer), die in der Praxis jedoch nur 12,5 Seemeilen (ca. 23 Kilometer) betrug. Das Schlachtschiff PRINCE OF WALES verfügte über zehn schwächere 35,6-cm-Geschütze, deren Türme zudem von mechanischen Problemen geplagt wurden, die ihren Kampfwert

Das britische Schlachtschiff HMS PRINCE OF WALES in Colombo, Ceylon (heute Sri Lanka) gegen Ende November 1941 auf seinem Weg nach Singapur. Sechs Monate zuvor – kurz nach seiner Indienststellung – hatte es im Gefecht mit der BISMARCK gestanden und dieses mit bedingt einsatzfähigen Geschütztürmen überstanden.

Eine seltene Farbfotografie der HMS HOOD, die kurz vor Kriegsausbruch entstand. Der Schlachtkreuzer war eine elegante und beeindruckende Erscheinung, doch seine schöne Linienführung verdeckte die Tatsache, dass sein Panzerschutz sträflich unzureichend im Vergleich zu dem auf modernen Großkampfschiffen wie der BISMARCK war.

Vizeadmiral Lancelot Holland (1887–1941) war laut der Kommandostruktur der Befehlshaber des Schlachtkreuzergeschwaders, welches zur Home Fleet gehörte. In der Praxis diente er jedoch als Vizeadmiral Toveys Stellvertreter. Er war erst kürzlich aus dem Mittelmeer zurückgekehrt und hatte gerade seine Flagge auf der HMS HOOD gehisst, als er aus Scapa Flow auslaufen musste, um die BISMARCK abzufangen.

schmälerten. Vizeadmiral Holland wusste, dass bei abnehmender Entfernung die Trefferwahrscheinlichkeit seiner Artillerie zunahm. Wichtiger war jedoch, dass sein Flaggschiff somit auch weniger verwundbar wurde, denn bei großen Gefechtsentfernungen flogen die Granaten in einem großen und weiten Bogen auf ihr Ziel zu und schlugen schließlich in einem fast senkrechten Winkel auf diesem ein. Bei einer Distanz von weniger als neun Seemeilen war dieser Flugbogen weitaus flacher, sodass die Granaten eher den seitlichen Gürtelpanzer eines Kriegsschiffes als die weniger geschützte Deckpanzerung trafen. Im Wissen, dass der Horizontalschutz der HOOD recht schwach war, entschied sich Holland, die Entfernung zum Gegner schnellstmöglich zu verringern.

Um 05:37 Uhr ordnete er eine Drehung von 40° nach steuerbord an, um seine Schiffe auf einen neuen Kurs von 280° zu bringen. Die deutsche Kampfgruppe hingegen hielt ihren bisherigen Kurs von 222° in südwestlicher Richtung sowie ihre Formation mit der PRINZ EUGEN vorne und der BISMARCK dahinter bei. Als Lütjens bemerkte, dass die feindlichen Schiffe einen Kurswechsel auf ihn zu machten, musste ihn dies beunruhigt haben, da er wusste, dass nur große Kriegsschiffe dies wagten. Zudem mussten seine Geschützmannschaften inzwischen festgestellt haben, dass der Gegner mit einer Fahrt von 28 Knoten lief. Da in der Royal Navy nur die drei Schlachtkreuzer HOOD, RENOWN und REPULSE sowie die Schlachtschiffe der KING-GEORGE-V-Klasse diese Geschwindigkeit erreichten, standen Lütjens nun zwei Kriegsschiffe gegenüber, die ähnlich schnell und schlagkräftig wie die BISMARCK waren. Daher blieb ihm keine andere Wahl, als zu kämpfen. Obwohl sich die Besatzung bereits auf Gefechtsstation befand, ertönte nun der Gefechtsalarm. Zwei Minuten nach Hollands Kurswechsel tat Lütjens dies ebenfalls und ließ seine Schiffe 33° nach steuerbord auf einen neuen, weniger spitzen Kurs von 265° drehen. Somit befanden sich beide Kampfgruppen zwar noch auf einem konvergierenden Kurs, jedoch hatte sich die Geschwindigkeit der gegenseitigen Annäherung verlangsamt, wodurch Lütjens mehr Reaktionszeit gegeben war.

Nachdem Hollands Geschützmannschaften an Bord der HOOD die deutsche Kursänderung registriert hatten, ordnete er als Reaktion darauf um 05:49 Uhr einen weiteren Kurswechsel an, dieses Mal um 20° nach steuerbord auf 300°. Der nun eingeschlagene spitzere Winkel der gegenseitigen Annäherung ermöglichte den britischen Schiffen jedoch, nur ihre vorderen Geschütze auf den Feind richten zu können. Somit befanden sich die beiden Kampfgruppen nun in der umgekehrten Situation wie zum Zeitpunkt der ersten Sichtung. Nun »kreuzten« die HOOD und die PRINCE OF WALES das »T« ihrer deutschen Gegner, sodass Lütjens alle Geschütze auf seinen Schiffen zum Tragen bringen konnte. Als sich die Distanz um 05:52 Uhr auf zwölf Seemeilen verringert hatte, eröffnete die HOOD mit ihren beiden vorderen Geschütztürmen das Feuer

In diesem dramatischen Gemälde kann die HMS PRINCE OF WALES die sinkende HMS HOOD nur mit Mühe umfahren. Besatzungsmitglieder des Schlachtschiffes, die den Untergang sehen konnten, erinnerten sich später, dass sie in jenem Moment starr vor Schreck waren.

auf das feindliche Führungsschiff. Obwohl Vizeadmiral Holland seinen beiden Schiffen befohlen hatte, das vordere Feindschiff zu beschießen, ignorierte Captain Leach an Bord der PRINCE OF WALES diese Order und ließ statt dessen eine Minute später das zweite Schiff beschießen, da sein Artillerieoffizier dieses korrekterweise als die BISMARCK identifiziert hatte. Da die beiden deutschen Schiffe über eine bemerkenswert ähnliche Silhouette verfügten, war es sehr schwer, diese voneinander zu unterscheiden. Doch bereits nach der ersten Salve erkannte auch der Artillerieoffizier auf der HOOD den Fehler, sodass Holland den Zielwechsel auf die BISMARCK anordnete. Aus unbekannten Gründen dauerte es jedoch einige wertvolle Minuten, bis die Weiterleitung dieses Befehls erfolgte.

Während die ersten Salven der PRINCE OF WALES weit hinter dem Heck der BISMARCK im Wasser einschlugen, erwiesen sich die beiden Salven der HOOD auf die PRINZ EUGEN als zu kurz. Als die Besatzungen auf den deutschen Schiffen die Größe der Wassersäulen sahen, die durch die Granataufschläge im Wasser verursacht wurden, hatten sie keine Zweifel mehr, dass sie sich im Gefecht mit Großkampfschiffen befanden. Um 05:55 Uhr erteilte Lütjens schließlich die Feuererlaubnis. Da die Entfernung nun elf Seemeilen betrug, waren die feindlichen Schiffe und ihre Rauchfahnen mit bloßem Auge erkennbar.

Die PRINZ EUGEN eröffnete ihr Feuer zuerst und beschoss die HOOD. Obwohl ihre 20,3-cm-Geschütze nicht über eine solche Durchschlagskraft wie die Artillerie der anderen drei Schiffe verfügte, hoffte Kapitän Brinkmann, dem Gegner zumindest durch Steilfeuer Schäden zuzufügen. Bei der Entfernung von elf Seemeilen benötigen die Granaten eine Flugzeit von rund 50 Sekunden bis zum Ziel, doch wurden keine Treffer verzeichnet. Die zweite Salve war jedoch dermaßen präzise, dass eine 20,3-cm-Granate zwischen dem achteren Schornstein und dem Großmast in eine Flak-Munitionskammer an Bord der HOOD einschlug und so einen kleinen Brand verursachte.

Nachdem die BISMARCK ihr Feuer eröffnet hatte, erwies sich ihre erste Salve auf die HOOD als etwas zu kurz. Da sich die Gefechtsentfernung zwischen den beiden Kampfgruppen rasch verringerte, mussten die Feuerleitbedienmannschaften auf beiden Seiten laufend Nachjustierungen vornehmen, um die exakte Schussweite zu ermitteln. Um 05:56 Uhr konnte die PRINCE OF WALES schließlich einen Treffer auf der BISMARCK erzielen, als eine 35,6-cm-Granate auf deren Backbordrumpfseite im Vorderschiff vor dem Gürtelpanzer einschlug. Diese durchdrang den Schiffskörper und trat auf der Steuerbordseite wieder aus. Dieser Treffer verursachte ein kleinesÖlleck sowie einen leichten Wassereinbruch. Da die Geschützführung der HOOD weniger präzise war, verfehlten ihre vierte, fünfte und sechste Salve die PRINZ EUGEN. Um 05:55 Uhr befahl Holland einen weiteren Kurswechsel – dieses Mal 20° nach steuerbord auf einen neuen Kurs von 280°. Damit hoffte

Im Laufe des Gefechts in der Dänemarkstraße am Morgen des 24. Mai 1941 entstanden von der PRINZ EUGEN aus mehrere Fotos der BISMARCK. Während des Kampfes befand sich der Kreuzer meistens vor dem Schlachtschiff und war somit in einer guten Position, um die Rolle der BISMARCK in deren erstem Gefecht zu dokumentieren.

Oben: Während des Gefechts in der Dänemarkstraße überholte die BISMARCK, nachdem sie die HOOD versenkt hatte, die PRINZ EUGEN auf deren Backbordseite. Diese Aufnahme der BISMARCK entstand während des Überholvorgangs, als sie mit ihren schweren Geschützen auf die PRINCE OF WALES schoss. Das Aufblitzen der Geschütze erzeugte eine derartige Helligkeit, dass der Fotograf seine Kamerablende fast schließen musste, um die Aufnahme nicht überzubelichten. Das Resultat war ein relativ dunkles Foto.

Mitte: Der Schlachtkreuzer HMS HOOD war das einzige Schiff seiner Klasse und seit 1920 im Dienst. Obwohl Schlachtkreuzer über die gleiche Bewaffnung wie Schlachtschiffe verfügten, erkauften sie ihre höhere Schnelligkeit durch die Reduzierung ihres Panzerschutzes. Nachdem sich die Schwächen dieses Konzepts während der Skagerrakschlacht 1916 gezeigt hatten, erhielten die verbliebenen Schlachtkreuzer HMS REPULSE und HMS RENOWN später eine Verstärkung ihrer Panzerung, um die Anforderungen, die an moderne Schlachtschiffe gestellt wurden, erfüllen zu können. Die HOOD hingegen erhielt diese Aufwertung nicht. Dennoch war sie im Jahre 1941 noch ein schlagkräftiges Kriegsschiff, dessen seitlicher Gürtelpanzer als ausreichender Schutz bei einem Gefecht gegen die BISMARCK über kürzere Entfernungen galt. Ihre Achillesferse war jedoch ihre schwache Deckpanzerung, die besonders empfindlich gegen steil einschlagende Granaten war.

Unten: In diesem von der PRINZ EUGEN aus aufgenommenen Foto sind die Salven, die von der deutschen Kampfgruppe abgefeuert wurden, als Einschläge bzw. Wassersäulen bei den gegnerischen Schiffen sichtbar: Während sich die HOOD rechts neben den beiden Wassersäulen befand, ist die Position der PRINCE OF WALES durch die Rauchwolke aus ihren Schornsteinen weiter links erkennbar. Zu jenem Zeitpunkt während des Gefechts betrug die Entfernung zwischen den Kombattanten rund zehn Seemeilen.

er, der deutschen Kampfgruppe den Weg weiter zu versperren, da er die Sorge hatte, dass sein Gegner an ihm vorbei in den Atlantik entkommen konnte. Trotz dieses Kurswechsels war die daraus resultierende Drehung der beiden britischen Schiffe nicht weit genug, um ihre achteren Geschütztürme in Schussposition zu bringen. Die Gefechtsentfernung hatte sich inzwischen auf zehn Seemeilen verringert.

Um 05:57 Uhr feuerte die PRINZ EUGEN, die alle 30 Sekunden eine Salve verschießen konnte, zwei weitere Salven auf die HOOD, doch beide verfehlten ihr Ziel. Die BISMARCK hingegen soll einigen Berichten zufolge mit einer 38-cm-Granate ihrer dritten Salve den Hauptfeuerleitstand der HOOD getroffen haben – britische Augenzeugen bestritten dies jedoch. Falls diese Granate nicht traf, so verfehlte sie ihr Ziel zumindest knapp. Die HOOD feuerte nun eine weitere Salve auf die PRINZ EUGEN, verfehlte diese jedoch erneut. Unterdessen traf eine Salve der BISMARCK die PRINCE OF WALES mittschiffs unterhalb ihrer Wasserlinie und verursachte dort einen leichten Wassereinbruch u.a. in Kesselraum 2. Lütjens wies nun die PRINZ EUGEN an, ihr Feuer ebenfalls auf die PRINCE OF WALES zu richten, von der er glaubte, dass es sich um Toveys Flaggschiff KING GEORGE V handelte. Somit konzen-

Oben: Von der HOOD abgefeuerte Granaten bei ihrem Einschlag im Wasser gefährlich nahe hinter dem Heck der PRINZ EUGEN einige Minuten nach Gefechtsbeginn. Die HOOD eröffnete ihr Feuer auf das vordere Schiff im Glauben, dass dies die BISMARCK war. Es dauerte jedoch mehrere wertvolle Minuten, bis man diese Fehler bemerkte und korrigierte.

Mitte: Die BISMARCK in einer Distanz von etwa 1.200 Metern hinter der PRINZ EUGEN gegen 05:57 Uhr am 24. Mai 1941 aufgenommen, als das Schlachtschiff die HOOD in einer Entfernung von rund zehn Seemeilen beschoss.

Unten: Dieses um 06:01 Uhr von der PRINZ EUGEN aus aufgenommene Bild zeigt die Explosion der HOOD. Zwei Rauchsäulen markierten die Position, an der sie auseinandergerissen wurde. Während die kleine Rauchsäule links wahrscheinlich von der Explosion des Hecks stammte, wurde die größere Rauchsäule rechts durch die Detonation der weiter in Richtung Bug befindlichen Hauptmagazine erzeugt. Die kleineren Rauchwolken ganz links markierten die Position der PRINCE OF WALES. Die HOOD befand sich während ihrer Explosion schätzungsweise 8,6 Seemeilen vom Fotografen entfernt.

trierte sich die BISMARCK nun auf den Schlachtkreuzer, der von deutscher Seite inzwischen zweifelsfrei als HOOD identifiziert worden war. Lütjens signalisierte nun Brinkmann, die Geschwindigkeit zu verringern, damit die BISMARCK die PRINZ EUGEN überholen konnte, ohne dass sich das Feuer beider Schiffe kreuzte oder überschnitt.

Da sich die Gefechtsentfernung zwischen den beiden Kampfgruppen weiterhin rasch verringerte, war die HOOD nur noch wenige Minuten davon entfernt, ihre »Verwundbarkeitszone«, in der sie dem Risiko eines vernichtenden Treffers durch steil einschlagende Geschosse auf ihre dünne Horizontalpanzerung ausgesetzt war, zu verlassen. Um ihre achteren Geschütze zur Wirkung bringen zu können, ordnete Holland um 05:59 Uhr einen erneuten Kurswechsel von 20° nach backbord auf einen neuen Kurs von 260° an. Nun feuerte die BISMARCK in schneller Folge ihre dritte, vierte und fünfte Salve – mit einem zeitlichen Abstand von 30 Sekunden – auf den britischen Schlachtkreuzer ab. Nachdem die dritte bereits deckend gewesen war, waren die Artillerieoffiziere der BISMARCK nun sicher, dass sie sich auf die exakte Entfernung des Gegners eingeschossen hatten: Die dritte Salve traf das Wasser mehr oder weniger in dem Moment, als der Schlachtkreuzer nach backbord drehte. Die vierte und fünfte Salve verfehlten die HOOD ebenfalls und schlugen genau neben ihrer Steuerbordseite mittschiffs im Wasser ein – exakt an der Stelle, wo sie gewesen wäre, wenn sie nicht in eine Drehung gegangen wäre. Die nächsten von der HOOD, der PRINCE OF WALES und der PRINZ EUGEN abgefeuerten Salven verfehlten ebenfalls alle ihre Ziele. Um 06:01 Uhr erreichte die sechste Salve der BISMARCK schließlich die HOOD. In diesem Moment befand sich der 262,3 Meter lange, ehrwürdige Schlachtkreuzer noch in der Drehung, sodass sein Heck sich genau an die Stelle be-

Nach der Vernichtung der HOOD konzentrierten die deutschen Schiffe ihr Feuer auf die PRINCE OF WALES. Dieses von der PRINZ EUGEN aus aufgenommene Bild zeigt die BISMARCK beim Beschuss der PRINCE OF WALES in der Schlussphase des Kampfes, kurz bevor Letztere das Gefecht abbrach. Die Wassersäule des Granataufschlags im Wasser hinter dem Heck der BISMARCK stammt von der vorletzten Salve des britischen Schlachtschiffes.

Die BISMARCK beim Beschuss der PRINCE OF WALES, während sie die PRINZ EUGEN gegen 06:04 Uhr überholte. Nachdem diese Salve das britische Schlachtschiff am Unterteil ihres achteren Schornstein getroffen hatte, zog sich dieses zurück.

wegte, an der die deutschen Geschosse landeten. Eine der 38-cm-Granaten traf die HOOD hinter ihrem Großmast nahe des achteren Geschützturms, durchschlug mit Leichtigkeit die dortige fünf Zentimeter starke Deckpanzerung und explodierte in einem Magazin ihrer 10-cm-Geschütze. Obwohl der exakte Ablauf dieses verhängnisvollen Moments sich wahrscheinlich nie ganz aufklären lassen wird, brachte diese Explosion das Hauptmagazin des Geschützturms »X« (achtern) zur Entzündung, sodass auch dieses explodierte und diesen Turm in einer gewaltigen Feuersäule aus seiner Barbette in die Luft sprengte sowie gleichzeitig das Achterschiff abriss. Wenig später folgte eine enorme Explosion mit einer noch weitaus größeren Säule aus Feuer und Rauch, die das gesamte Heck des Schlachtkreuzers verhüllte. Auf der PRINCE OF WALES, die sich achtern der HOOD befand, befahl Captain Leach eine sofortige Drehung nach steuerbord, um dem todgeweihten Schlachtkreuzer auszuweichen.

Wenig später begann der Schlachtkreuzer zu sinken. Bevor ein späterer Überlebender vom Außenbereich der Brücke das rettende Wasser erreichen wollte, drehte er sich noch einmal um und erblickte Vizeadmiral Holland, der noch immer auf seinem Stuhl saß – offensichtlich bereit, um mit seinem Schiff unterzugehen. Dann erhob sich das Achterschiff aus dem Wasser und verharrte für einen Augenblick in dieser Position. Der vordere Teil der HOOD, der aus rund drei Viertel des ganzen Schiffes bestand, bewegte sich aufgrund des noch vorhandenen Vorwärtsschwungs noch ein Stück weiter in die ursprüngliche Fahrtrichtung. Doch dann erhob auch er sich aus dem Wasser, sodass die beiden Teile des zerbrochenen Rumpfes für einen kurzen Moment ein riesiges »V« bildeten. Nur wenig später versanken das Vor- und das Achterschiff. Bereits drei Minuten nach dem tödlichen Treffer hatte die HOOD aufgehört zu existieren. Alles, was von ihr blieb, waren weit verstreute Wrackteile. Von ihrer 1.421 Mann starken Besatzung gab es nur drei Überlebende.

Das Schlachtschiff HMS PRINCE OF WALES der KING-GEORGE-V-Klasse vor der Küste der Orkney-Inseln. Dieses Foto entstand nach der Behebung der Schäden, die es durch den Beschuss der deutschen Schiffe erhalten hatte.

Die plötzliche Vernichtung der HOOD traf jeden mit Überraschung. An Bord der BISMARCK beschrieben Beobachter, dass der aus dem Schlachtkreuzer schießende Feuerball so groß und nah zu sein schien, dass man ihn fast berühren konnte. Die Besatzung der PRINCE OF WALES hingegen schien durch diese Katastrophe wie gelähmt zu sein. Nichtsdestotrotz war keine Zeit für eine Pause – schließlich war das Gefecht noch in vollem Gange. Da der Kreuzer NORFOLK die Tragödie aus der Distanz beobachtet hatte, meldete er diese schreckliche Nachricht an die britische Admiralität. Captain Leach und seine Männer an Bord der PRINCE OF WALES waren nun dem Beschuss beider deutscher Schiffe ausgesetzt. Die Gefechtsentfernung hatte sich inzwischen auf acht Seemeilen verringert. Um 06:02 Uhr lag eine Salve der PRINCE OF WALES auf die BISMARCK zwar deckend, führte jedoch zu keinem Treffer. Fast gleichzeitig erhielt das britische Schlachtschiff einen Treffer auf seiner Brücke, der fast alle Männer dort tötete. Captain Leach, der dem Tod entging, war zwar für einen Moment wie gelähmt, erkannte dann jedoch mit Schrecken, dass das Gefecht nun sehr ungleich war – nicht zuletzt, weil seine schwere Artillerie an Aussetzern litt: Nach dem Ausfall von zwei Rohren am vorderen Geschützturm sowie dem Totalausfall des achteren Turms hatte sich die Zahl der funktionsfähigen Geschützrohre auf vier reduziert. Leach war nun an einem Punkt angekommen, an dem er die Entscheidung traf, diesen ungleichen Kampf abzubrechen und sich nach Möglichkeit einem weiteren Beschuss zu entziehen.

Um 06:03 Uhr machte die PRINCE OF WALES daher eine harte Drehung nach backbord, um sich nach einer Wende von 160° von ihren Gegnern zu entfernen. Obwohl sie einen Rauchschleier legte, beschützte sie dieser nicht vor den deutschen Granaten: Mit ihrer neunten Salve konnte die BISMARCK zwei weitere Treffer auf dem britischen Schlachtschiff erzielen – den einen auf dem seitlichen Panzergürtel auf Wasserlinienhöhe, den anderen im Leitstand für die Mittelartillerie, welcher daraufhin ausfiel. Zudem erhielt die PRINCE OF WALES von der PRINZ EUGEN einen Treffer in ihrem Heck. Was das britische Schlachtschiff schließlich gerettet haben konnte, kann ein Ausguck auf der PRINZ EUGEN gewesen sein, der glaubte, die Laufbahnen von näher kommenden Torpedos kurz unter der Wasseroberfläche wahrgenommen zu haben. Daher drehten beide deutsche Schiffe sofort nach backbord auf einen Kurs von 270°. Dennoch erhielt die PRINCE OF WALES weitere Treffer: Während eine Granate der BISMARCK in ihre Aufbauten einschlug, traf ein Geschoss der PRINZ EUGEN erneut das Heck und ein weiteres einen Munitionsschrank für die Mittelartillerie, beide detonierten jedoch nicht. Nichtsdestotrotz entfernten sich nun die deutsche Kampfgruppe und das angeschlagene britische Schlachtschiff voneinander. Lütjens ging wenig später wieder auf seinen ursprünglich Kurs von 220°.

Um 06:09 Uhr befahl er seinen Schiffen, das Feuer einzustellen. Das zurückliegende Gefecht hatte gerade einmal siebzehn Minuten gedauert und mehr als 1.500 Männern das Leben gekostet.

Großbritannien hatte seinen ehrwürdigen Schlachtkreuzer HMS HOOD – das berühmteste und eleganteste Kriegsschiff der Royal Navy – in einem Kampf der Titanen verloren, an dessen Ende die BISMARCK triumphierte. Admiral Lütjens hatte jedes Recht auf ein Glücksgefühl, da er einen spektakulären Sieg errungen hatte.

Durch die Schadensberichte erfuhr er, dass zwei der Treffer der PRINCE OF WALES nicht mehr als leichte strukturelle Schäden verursacht hatten. Da ihre dritte Granate allerdings unterhalb der Wasserlinie der BISMARCK eingeschlagen war, hatte einer ihrer Treibstoffbunker auf der Backbordseite nun ein Leck. Die PRINZ EUGEN hingegen hatte das Gefecht ohne jegliche Treffer oder Schäden überstanden. Während die Kampfgruppe nun mit hoher Fahrt in den Nordatlantik lief, versuchte die Besatzung der BISMARCK die im Gefecht erlittenen Schäden zu beheben. Obwohl Kapitän Lindemann die angeschlagene PRINCE OF WALES verfolgen wollte, lehnte Admiral Lütjens dies ab – seine Aufgabe bestand in der Bekämpfung der feindlichen Versorgungsgeleitzüge und nicht in der Versenkung von Schlachtschiffen. Er ließ den Kurs auf 200° ändern und die PRINZ EUGEN die Führung übernehmen, damit die BISMARCK als stärkerer Artillerieträger die erneut Fühlung haltenden britischen Kreuzer auf Distanz halten konnte.

Die Verfolgung

Um 06:32 Uhr ließ Lütjens eine Meldung an das Hauptquartier der Gruppe Nord der Kriegsmarine in Wilhelmshaven funken. Diese lautete: »Ein Schlachtkreuzer – wahrscheinlich HOOD – versenkt. Ein anderes Schlachtschiff – KING GEORGE V oder RENOWN – beschädigt abgedreht«. Die nächste Nachricht ging an Generaladmiral Saalwächter der Gruppe West in Paris: »HOOD innerhalb von fünf Minuten während des Artilleriegefechts um 06:00 Uhr heute morgen vernichtet. KING GEORGE V hat nach Treffern abgedreht. Verringerung der eigenen Geschwindigkeit. Vordersteven tiefer wegen Treffer im Vorschiff«. Die Meldung an die Gruppe Nord wurde innerhalb einer halben Stunde durch folgende Positionsangabe ergänzt: »Habe ein Schlachtschiff ungefähr bei 63° Nord, 32° West versenkt«. Es war wichtig, diese beiden Befehlsstellen von der aktuellen Lage in Kenntnis zu setzen, da die Gruppe Nord die Operationen bis zur Dänemarkstraße dirigierte, während die Gruppe West die Einsätze im Atlantik von Paris aus überwachte. Interessanterweise teilte Lütjens die Informationen für die Schäden der BISMARCK lediglich der Gruppe West mit.

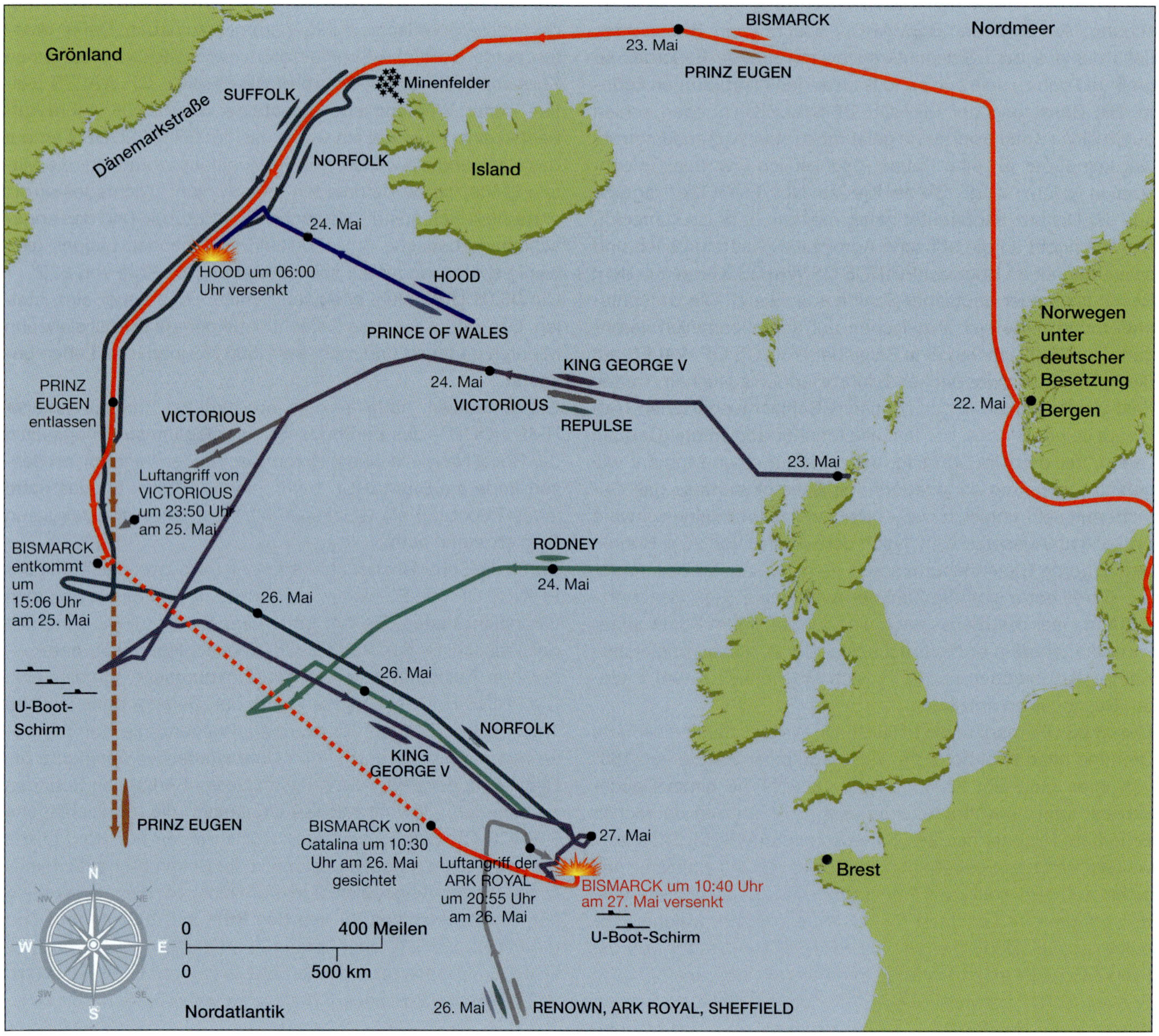

Unternehmen »Rheinübung« – die Verfolgung. (Roy Scorer)

Die BISMARCK von der PRINZ EUGEN aus nach dem Gefecht in der Dänemarkstraße aufgenommen. Ihr Vorschiff lag erkennbar tiefer im Wasser: eine 35,6-cm-Granate der PRINCE OF WALES hatte einen Treibstofftank getroffen und so einen Wassereinbruch in einer ihrer Abteilungen im Vorschiff verursacht.

Er wusste, dass der beträchtliche Ölverlust als Folge des Treibstoffbunkerlecks den Aktionsradius seines Schiffes im Atlantik einschränkte. Noch am Morgen nach dem Gefecht erhielt er die Schadensberichte von seinen beiden Kapitänen. Während die PRINZ EUGEN gänzlich unbeschädigt geblieben war, teilte Lindemann seinem Admiral mit, dass die BISMARCK insgesamt drei Treffer erhalten hatte, jedoch nur der im Vorschiff Anlass zur Sorge gab. Da das Vorschiff zum Teil mit Seewasser vollgelaufen war, lag der Bug nun um 3° tiefer als üblich. Zudem hatte die BISMARCK eine Schlagseite von 9° nach backbord und ihre Höchstgeschwindigkeit war auf 28 Knoten gesunken. Zum Ausgleich der Schlagseite ließ Lindemann einige leere Bunker im Achterschiff fluten. Als die Leckwehr es nicht schaffte, das in den Kesselraum 2 eindringende Wasser zu stoppen, erfolgte dessen Stilllegung. Am schwerwiegendsten war jedoch, dass das Treibstoffleck in Kombination mit der Beschädigung einiger Treibstoffleitungen von und zu den Bunkern im Vorschiff die Gesamttreibstoffkapazität um rund 1.000 Tonnen verringerte. Während sich Lindemann für die Rückkehr nach Bergen in Norwegen aussprach, lehnte Lütjens diese Idee ab. Stattdessen beschloss er nach Saint-Nazaire an der französischen Atlantikküste zu laufen.

Kurz nach 08:00 Uhr ließ Lütjens eine Nachricht direkt nach Berlin funken, in der er seine Absicht mitteilte, weiter nach Saint-Nazaire zu fahren, während die PRINZ EUGEN einen eigenständigen Kreuzerkrieg führen sollte. In anderen Worten ausgedrückt bedeutete dies, dass er plante, Brinkmanns Schweren Kreuzer zu entlassen, damit dieser den Einsatz fortführen und feindliche Geleitzüge bekämpfen konnte. Gleichzeitig sollte die BISMARCK alleine den französischen Hafen erreichen. Da dieser etwa 1.600 Seemeilen entfernt war, sollte die Fahrt dorthin rund 70 Stunden bei einer Geschwindigkeit von 24 Knoten dauern. Dieses bedeute, dass die BISMARCK angesichts des zusätzlichen Zeitaufwandes, der für das Abschütteln der Verfolger einzuplanen war, den sicheren Hafen vermutlich am frühen Dienstagmorgen, dem 27. Mai, erreichen konnte. Selbst bei einigen Verzögerungen hätte sie zu dem Zeitpunkt (nach 70 Stunden Fahrt) bereits einen Punkt innerhalb der Reichweite der deutschen Luftwaffe erreicht, an dem deren Flugzeuge dem Schlachtschiff ausreichend Luftunterstützung zum Schutz vor ihren Verfolgern bieten konnte. Während sich die deutsche Kampfgruppe mit hoher Fahrt südwärts auf einem Kurs von 220° bewegte, schloss sich die beschädigte PRINCE OF WALES den beiden Schweren Kreuzern NORFOLK und SUFFOLK an, um mit diesen die gegnerischen Schiffe aus einer sicheren Distanz von rund 15 Seemeilen weiter zu beschatten. Da jedoch erneut ein Nebel aufzog, war es nur durch Radar möglich, die Fühlung aufrechtzuerhalten. Der

Der Flugzeugträger HMS VICTORIOUS der ILLUSTRIOUS-Klasse nahm am 14. Mai 1941 seinen Dienst auf – nur wenige Wochen, bevor er den Befehl für einen Luftangriff seiner Flugzeuge auf die BISMARCK erhielt. Obwohl er bis zu 36 Maschinen mitführen konnte, befand sich während dieses Einsatzes nur ein Geschwader veralteter Torpedobomber vom Typ »Swordfish« mit unerfahrenen Nachwuchspiloten an Bord.

Die Großkampfschiffe von Admiral Toveys Home Fleet im Nordatlantik während ihres Versuchs, die BISMARCK abzufangen. Diese Aufnahme entstand vom Achterdeck seines Flaggschiffes, der KING GEORGE V, aus und zeigt den Schlachtkreuzer REPULSE (links) sowie den Flugzeugträger VICTORIOUS.

Vizeadmiral Sir John Tovey (1885–1971) trug als Befehlshaber der britischen Home Fleet die Verantwortung, die BISMARCK unschädlich zu machen. Der Veteran der Skagerrakschlacht von 1916 war ein hochprofessioneller und von seinen Männern sehr respektierter Offizier. Das Geschick, mit dem er seine verstreuten Seestreitkräfte während der Jagd auf die BISMARCK befehligte, war vorbildlich.

hinter den Verfolgern fahrende Zerstörer ELECTRA konnte unterdessen drei Überlebende der HOOD retten und diese nach Island bringen. Die NORFOLK funkte in den folgenden Stunden regelmäßig alle relevanten Neuigkeiten über die deutsche Kampfgruppe an Vizeadmiral Tovey, der sich mit seinem Verband von Nordosten her näherte, um den Gegner abzufangen. Nun erfolgte eine Neueinteilung der zur Verfügung stehenden britischen Seestreitkräfte.

Die drei bei Island operierenden Leichten Kreuzer erhielten die Order, zur Dänemarkstraße zu laufen für den Fall, dass die deutschen Schiffe kehrt machten und denselben Weg zurück nahmen, den sie zuvor gekommen waren. An jenem Morgen erhielten das Schlachtschiff RODNEY und drei Zerstörer den Befehl, ihren Geleitzug zu verlassen und auf einen östlichen Kurs zu gehen, um an der Jagd auf die deutsche Kampfgruppe teilzunehmen. Während die Kreuzer EDINGBURGH und GLOUCESTER die Order erhielten, Vizeadmiral Tovey zur Seite zu stehen, versetzte Vizeadmiral Somerville seine in Gibraltar stationierte Force H in Alarmbereitschaft, um für den Fall bereit zu sein, dass er die BISMARCK abfangen musste. Sein Verband bestand aus dem Flugzeugträger ARK ROYAL, dem Schlachtkreuzer RENOWN sowie dem Leichten Kreuzer SHEFFIELD.

Um 14:40 Uhr war Tovey klar geworden, dass es unwahrscheinlich war, mit seinem Verband die BISMARCK noch einzuholen. Er schickte daher den schnelleren Flugzeugträger VICTORIOUS in der Hoffnung voraus, dass dieser der BISMARCK nahe genug kam, um einen Luftangriff gegen sie zu starten. Angesichts der sehr beschränkten Reichweite und Leistungsfähigkeit der Fairey »Swordfish« musste der Träger auf eine Entfernung von etwa 80 Seemeilen zum deutschen Schlachtschiff aufschließen. Weiter südwestlich signalisierte Admiral Lütjens Kapitän Brinkmann, dass er die Entlassung seines Kreuzers beabsichtige. Seine Nachricht lautete: »BISMARCK wird während eines Regenschauers auf einen westlichen Kurs abdrehen. PRINZ EUGEN soll Kurs und Geschwindigkeit halten – es sei denn, sie ist gezwungen, auch abzudrehen. Ansonsten soll das Abdrehen drei Stunden nach BISMARCKs Kursänderung erfolgen. Danach Entlassung zur Auftankung durch BELCHEN oder LOTHRINGEN, dann Durchführung von unabhängigem Kreuzerkrieg. Ausführung bei Signal *HOOD*«.

Um 18.39 Uhr setzte er seinen Plan in die Tat um. Nach der Übermittlung des Signals *HOOD* führte die BISMARCK plötzlich einen Kurswechsel von 180° durch, der ihre britischen Verfolger völlig überraschte, und tauchte dann aus einer Nebelbank nur neun Seemeilen entfernt von der SUFFOLK wieder auf. Als das Schlachtschiff sogleich das Feuer auf den Kreuzer eröffnete, war dieser zum Abdrehen gezwungen. Als die PRINCE OF WALES und die NORFOLK zur Unterstützung der SUFFOLK ebenfalls das Feuer eröffneten, zog sich die BISMARCK wieder zurück. Obwohl die SUFFOLK über das leistungsstärkste Radar der drei britischen Schiffe verfügte, war ihre Besatzung durch diesen Zwischenfall dermaßen abgelenkt, dass Kapitän Brinkmann an Bord der PRINZ EUGEN nun seine Chance zum Entkommen erhielt. Er ließ die Geschwindigkeit seines Kreuzers erhöhen und setzte sich unbemerkt ab. Als er drei Stunden später sein Schiff drehen ließ und die britischen Schiffe umrundete, gelang ihm sein endgültiges Entkommen ohne die erneute Erfassung durch den Gegner. Es war ein brillant ausgeführtes Manöver – als die Abenddämme-

Oben: Ein Torpedobomber vom Typ Fairey »Swordfish«. Der Fleet Air Arm der Royal Navy setzte Flugzeuge dieses Musters auf seinen Flugzeugträgern VICTORIOUS und ARK ROYAL ein. Durch ihre niedrige Höchstgeschwindigkeit von nur 124 Knoten waren diese schwerfälligen Doppeldecker langsamer als die meisten damaligen torpedotragenden Flugzeuge. Während ihre Reichweite 455 Seemeilen betrug, konnten sie bis zu fünfeinhalb Stunden in der Luft bleiben.

Mitte: Der britische Flugzeugträger ARK ROYAL stellte den entscheidenden Faktor in Vizeadmiral James Somervilles Force H dar, welche in Gibraltar stationiert war. Laut ihres Entwurfs konnte sie 60 Flugzeuge mitführen, die sich aus einer Mischung von »Albacore«-Jagdflugzeugen und »Swordfish«-Torpedobombern zusammensetzten.

Unten: Die BISMARCK auf ihrem Südkurs nach Ende des Gefechts in der Dänemarkstraße am 24. Mai 1941. Diese Aufnahme entstand bei rauer See vom Achterdeck der PRINZ EUGEN aus. Es gilt als das letzte Foto des Schlachtschiffes, welches ein Besatzungsmitglied des Kreuzers aufnahm.

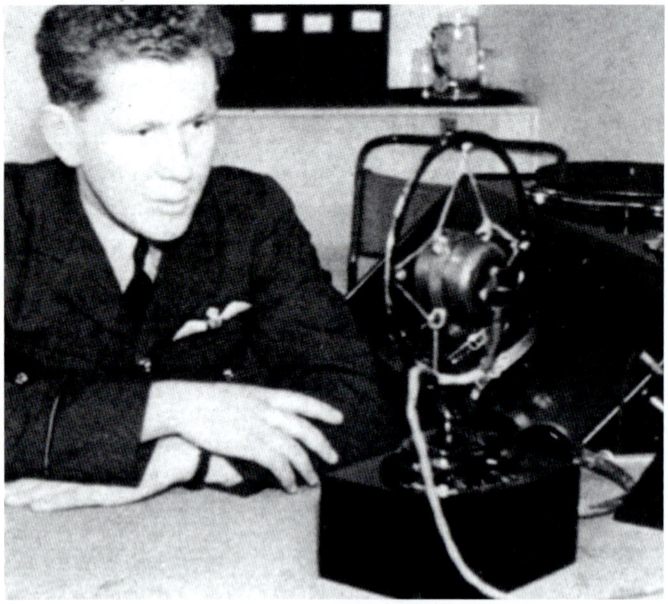

Nach der Versenkung der BISMARCK beschrieb Flying Officer Dennis Briggs vom Royal Air Force Coastal Command seine Sichtung des Schlachtschiffes in einem Radiointerview mit der BBC. Er schilderte, wie sein Copilot, Ensign Smith, durch die Wolken hindurch ein Objekt ausmachte und sie auf eine niedrigere Flughöhe von 2.000 Metern hinuntergingen, um einen besseren Blick auf dieses zu bekommen. Als sie die Sichtung über Funk meldeten, eröffnete die BISMARCK das Feuer auf sie, sodass sie nicht länger Fühlung halten konnten.

rung anbrach, fuhr die BISMARCK alleine der zunehmenden Dunkelheit entgegen.

Lütjens meldete die erfolgreiche Entlassung der PRINZ EUGEN um 19:14 Uhr. Kurz vor 21:00 Uhr schickte er eine weitere Nachricht nach Paris, in der er seine Absicht mitteilte, aufgrund Treibstoffmangels direkt nach Saint-Nazaire zu fahren. Ihm war unbekannt, dass der Träger VICTORIOUS unter dem Kommando von Capatin Bovell zu jenem Zeitpunkt bereits fast eine Position für den Start eines Luftangriffes erreicht hatte. Ein solcher Einsatz war sehr gefährlich – schon aus dem Grund, weil die meisten Flugzeugbesatzungen völlig unerfahren waren oder die See dermaßen rau war, dass der Start und die Landung sehr riskant waren. Der Umstand, dass der Angriff bei Dunkelheit erfolgen musste, machte das Vorhaben umso gewagter und daher gefährlicher für die Männer in ihren »Swordfish«.

Um 22:10 Uhr hoben neun »Swordfish«-Torpedobomber von der VICTORIOUS ab und flogen unter dem Kommando von Lieutenant Commander Esmonde in Richtung BISMARCK. Zunächst nahmen sie jedoch Kurs auf Konteradmiral Wake-Walkers Kreuzer, um von diesen weiter zum deutschen Schlachtschiff geleitet zu werden, welches sich 14 Seemeilen weiter südlich befand.

Als Flying Officer Dennis Briggs vom Royal Air Force Coastal Command und sein Copilot von der US Navy die BISMARCK am Morgen des 26. Mai 1941 orteten, eröffnete diese das Feuer auf ihr Flugboot vom Typ »Catalina«. Diese wichtige Sichtung bot den Briten zumindest eine kleine Chance, das Schlachtschiff abzufangen, bevor es das sichere Frankreich erreichen konnte.

Vizeadmiral Somervilles Kampfgruppe, die Force H, auf See. Im Vordergrund ist sein Flaggschiff RENOWN, dahinter der Träger ARK ROYAL sichtbar. Das Schiff oben links ist der Leichte Kreuzer SHEFFIELD. Obwohl die Feuerkraft des Schlachtkreuzers RENOWN nicht ausreichte, um die BISMARCK stoppen zu können, war das Radar der SHEFFIELD zumindest leistungsstark genug, um den Kurs des deutschen Schlachtschiffes zu verfolgen. Darüber hinaus leitete es die Flugzeuge der ARK ROYAL während ihres entscheidenden Angriffes präzise zur Position der BISMARCK.

Oben links: Das Flugdeck der ARK ROYAL in Betrieb in der Zeit vor dem Zweiten Weltkrieg. Der Start der rund 15 »Swordfish«-Doppeldecker und die Bildung einer Formation mit diesen in der Luft erwies sich als recht zeitaufwändig. Aus diesem Grund war am 26. Mai 1941 nur noch Zeit für die Durchführung eines letzten hastig geplanten Luftangriffes vor Anbruch der Dunkelheit, da die Flugzeuge nach dem abgebrochenen ersten Einsatz zunächst zur Neubetankung und -bewaffnung zurückkehren mussten.

Oben rechts: Nach der Beschädigung ihrer Ruderanlage durch den Torpedo einer »Swordfish« steuerte die BISMARCK einen sehr unbeständigen Kurs. Kapitän Lindemann tat, was er konnte, um dies durch den Einsatz der Schiffsschrauben zu ändern. Diese kurz nach der Morgendämmerung am 27. Mai 1941 entstandene Aufnahme zeigt jedoch, dass es ihm unmöglich war, sein Schiff auf einem geraden Kurs zu halten.

Ein »Swordfish«-Torpedobomber auf dem Rückflug zu seinem Träger. Die Fähigkeit der Royal Navy zur Durchführung eines zweiten Luftangriffes am Abend des 26. Mai 1941 waren dem Geschick und der Professionalität der Besatzung der ARK ROYAL zu verdanken. Die Männer schafften es rechtzeitig, die Flugzeuge neu zu betanken, zu bewaffnen und die 45,7-cm-Torpedos mit neuen Zündern an deren Vorderstück zu versehen.

Der britische Leichte Kreuzer HMS SHEFFIELD war mit zwölf 15-cm-Geschützen und mit mehreren Torpedos bewaffnet. Obwohl diese Armierung für die meisten Einsätze auf See ausreichend war, gehörte der Kampf gegen ein Schlachtschiff nicht dazu. Dank ihrer leistungsstarken Radarausstattung konnte sie jedoch am 26. Mai mit der BISMARCK Fühlung halten und so deren Kurs, Position und Geschwindigkeit über Funk melden.

Der folgende Angriff wurde von der Besatzung der neutralen USCGC MODOC der US Coastguard beobachtet, welche von den »Swordfish« auf deren Weg zum Ziel überflogen wurde. Um 23:33 Uhr begannen die Flieger von Nordosten aus mit ihrem Angriff, indem sie sich in zwei Gruppen aufteilten und die BISMARCK von beiden Seiten aus attackierten. Während das Schlachtschiff sofort einen Zickzackkurs steuerte, legte seine Flak einen Gürtel aus Geschossen um seinen Rumpf. Da die »Swordfish« mit je einem Torpedo unter ihren Rümpfen nur eine Höchstgeschwindigkeit von 80 Knoten erreichten, brauchten ihre Besatzungen eiserne Nerven, als sie diesem Beschuss ausgesetzt waren. Tatsächlich erwies sich ihre mangelnde Schnelligkeit als ein Vorteil: Da die deutschen Flak-Bedienmannschaften auf die Langsamkeit der angreifenden Flugzeuge zunächst nicht eingestellt waren, explodierten die meisten Luftabwehrgeschosse aufgrund falsch vorausberechneter Entfernungsmesswerte vor ihnen in der Luft. Schließlich griffen auch die schweren Geschütze der BISMARCK in den Abwehrkampf ein. Diese feuerten ihre Granaten bei einer sehr niedrigen Rohrstellung dann so ab, dass sie beim Auftreffen auf der Wasseroberfläche große Wassersäulen erzeugten, in die die britischen Flugzeuge reinfliegen und dann abstürzen sollten.

Erstaunlicherweise wurde nur eine einzige »Swordfish« von der deutschen Flak getroffen, doch auch sie überstand den Angriff und schaffte es zurück zum Träger VICTORIOUS. Obwohl einer der abgeworfenen 45,7-cm-Torpedos die BISMARCK auf ihrer Steuerbordseite traf, erlitt das Schiff keine wesentlichen Beschädigungen. Dennoch kam ein Besatzungsmitglied – Oberbootsmann Kirchberg – ums Leben, während sechs weitere verletzt wurden. Kirchberg war das erste Kriegsopfer an Bord der BISMARCK. Da sich das Leckwehrsegel, welches das Loch im Vorschiff dicht halten sollte, während der Steuermanöver zum Ausweichen der britischen Torpedos gelöst hatte, drang nun wieder Wasser in den Rumpf ein, sodass eine vorläufige Stilllegung des Kesselraums 2 erfolgte. Die BISMARCK musste daher für eine Stunde ihre Geschwindigkeit auf 16 Knoten verringern, konnte ihre Fahrt jedoch bereits gegen 01:00 Uhr wieder auf 20 Knoten erhöhen. Obwohl alle Flugzeuge auf der VICTORIOUS wieder landen konnten, war ein »Fulmar«-Jagdflugzeug, welches als Signalgeber aufgestiegen war, gezwungen, eine Notwasserung zu machen, bei der beide Besatzungsmitglieder ums Leben kamen. Die anderen Flieger der VICTORIOUS mussten sich daher glücklich geschätzt haben, noch am Leben zu sein.

Um 01:30 Uhr näherte sich die PRINCE OF WALES der BISMARCK bis auf eine Distanz von zehn Seemeilen und eröffnete kurzeitig das Feuer auf diese, um den Druck auf das deutsche Schlachtschiff aufrechtzuerhalten. Dann ließ sie sich wieder zurückfallen und ging zusammen mit den beiden Kreuzern NORFOLK und SUFFOLK auf einen Zickzackkurs, was den Anschein erweckte, als wären sie sich der deutschen U-Boote in diesen Gewässern bewusst. Diese Situation eröffnete Lütjens die Chance, auf die er gewartet hatte: Um 03:00 Uhr, als die SUFFOLK während ihres Zickzackkurses nach backbord drehte, erhöhte die BISMARCK plötzlich ihre Fahrt auf 27 Knoten und drehte nach steuerbord ab. Um 03:36 Uhr hatte der Kreuzer den Radarkontakt zum deutschen Schlachtschiff verloren, welches in Richtung Westen entkommen war. Da Lütjens nun erwartete, dass die Briten fächerartig nach ihm suchten, lief er zunächst in einem Bogen nach Norden und ging schließlich auf einen Nordostkurs. Er kreuzte hierbei die Fahrtstrecke

der britischen Schiffe 20 Seemeilen achtern von diesen, bevor er auf einen neuen Kurs von 130° ging. Seine Verfolger hatten nun komplett den Kontakt zu ihm verloren, sodass die BISMARCK nun die rettende französische Küste ansteuern konnte.
Ab Tagesanbruch des 25. Mai, einem Sonntag, führten die Flugzeuge der VICTORIOUS eine ausgedehnte Suche nach dem deutschen Schlachtschiff durch, während britische Schiffe diese mit ihrem Radar unterstützten. Es schien, als hätte sich die BISMARCK in Luft aufgelöst – für fast 24 Stunden hatten die Briten keine Ahnung, wo sie sich befand. Die Anspannung war groß, als Tovey und die Admiralität versuchten, sich in Lütjens hineinzuversetzen, um seine nächsten Schritte vorauszusagen. Falls das Schlachtschiff beschädigt war, war es möglich, dass es sich auf dem Weg nach Saint-Nazaire befand – dem einzigen französischen Hafen, der über ein Trockendock verfügte, in welches die BISMARCK hineinpasste. Andererseits konnte sie auch weiterhin irgendwo auf dem Nordatlantik unterwegs sein. Kapitän Lindemann ließ unterdessen von seinen Männern einen künstlichen Schornstein errichten, der die feindlichen Aufklärungsflugzeuge bezüglich der Schiffsidentität irritieren sollte.
Schließlich machte Admiral Lütjens einen schwerwiegenden Fehler, als er um 09:30 Uhr die Funkstille brach und einen langen Lage- und Schadensbericht an die Gruppe Nord sowie an Berlin senden ließ. Da die Briten die Funksignale auffingen, fanden sie heraus, dass die BISMARCK sich nun südöstlich von Toveys Flaggschiff befand.
Die britische Admiralität erkannte nun, wie verzweifelt die aktuelle Lage für sie war. Da Tovey sich zu weit westlich befand, war es sehr unwahrscheinlich, dass er die BISMARCK noch abfangen konnte. Nachdem Wake-Walkers Kreuzer bereits gezwungen waren, nach Island zur Treibstoffauffüllung zurückzukehren, standen die VICTORIOUS und die PRINCE OF WALES kurz davor, das gleiche tun zu müssen. Schon früh an jenem Morgen hatte die Force H die Order erhalten, von Gibraltar aus nach Norden zu laufen, während die RODNEY und der Leichte Kreuzer EDINGBURGH sich Toveys Flaggschiff KING GEORGE V von Westen her näherten. Der Schwere Kreuzer DORSETSHIRE kam aus südwestlicher Richtung heran. Da sich zu jenem Zeitpunkt sieben transatlantische Geleitzüge auf See befanden, fiel die Entscheidung, diese nach Möglichkeit um das weite Suchgebiet herumzuleiten, in dem die Briten das deutsche Schlachtschiff vermuteten. Was als Suche begonnen hatte, war nun zu einer regelrechten Jagd geworden – auch wenn die BISMARCK selbst bei Einbruch der Dunkelheit noch immer unentdeckt war.
Dies änderte sich am Montagmorgen, dem 26. Mai. Ganz früh an diesem Vormittag waren zwei Flugboote vom Typ PBY »Catalina« von Loche Erne in Nordirland aus gestartet, um bei der Suche nach der BISMARCK zu helfen. Um 10:52 Uhr sichteten Flying Officer Briggs und sein amerikanischer Copilot Ensign Smith ein Kriegsschiff und näherten sich diesem, um einen besseren Blick auf es zu erhalten. Als dieses das Feuer eröffnete, identifizierten sie es als die BISMARCK und meldeten ihre Sichtung über Funk. Zu jenem Zeitpunkt lief das Schlachtschiff zur Treibstoffersparnis mit einer Fahrt von 20 Knoten auf einem Kurs von 130°. Bei der britischen Admiralität war man sich schnell bewusst, dass Tovey die BISMARCK nicht abfangen konnte, wenn man ihre Geschwindigkeit nicht verlangsamte. Die weiter nördlich stehende Flottille von fünf Zerstörern unter dem Kommando von Captain Vian war ebenfalls zu weit entfernt. Da sich jedoch die Force H 150 Seemeilen

Jede Fairey »Swordfish« konnte einen einzelnen 45,7-cm-Torpedo vom Typ Mark XII tragen. Diese aus dem Jahre 1937 stammende Waffe hatte ein Gewicht von 702 Kilogramm, eine Reichweite von 1.370 Metern sowie eine Höchstgeschwindigkeit von 40 Knoten. Der Sprengkopf bestand aus 176 Kilogramm TNT.

Die HMS RODNEY war aufgrund ihres hohen zitadellenartigen Turmaufbaus sowie der drei davor platzierten Geschütztürme ein eher plump aussehendes Schlachtschiff.

östlich der BISMARCK befand, war sie in einer Position für einen Abfangversuch. Nichtsdestotrotz war Vizeadmiral Somervilles Flaggschiff RENOWN artilleristisch der BISMARCK zu weit unterlegen, um sie ins Gefecht gegen diese zu schicken. Daher blieben nur noch die zerbrechlichen »Swordfish«-Torpedobomber an Bord des Trägers ARK ROYAL als letztes Mittel für einen Abfangversuch übrig.

Somerville ließ die RENOWN auf einen Parallelkurs 120 Seemeilen nördlich zur BISMARCK gehen und schickte die SHEFFIELD näher an diese heran, um sie auf dem Radar zu erfassen. Die ARK ROYAL erhielt den Befehl, dem deutschen Schlachtschiff möglichst so nahe zu kommen, um einen Luftangriff auf dieses starten zu können. Kurz vor 15:00 Uhr hoben fünfzehn »Swordfish« unter dem Kommando von Lieutenant Commander Stewart-Moore von ihrem Träger ab. Um 16:10 Uhr sichteten die Flugzeuge ein einzelnes Kriegsschiff und gingen in den Tiefflug für einen Torpedoangriff. Unglücklicherweise attackierten sie nun die SHEFFIELD anstelle der BISMARCK und bemerkten ihren Fehler erst, nachdem die Bomber ihre Torpedos bereits abgeworfen hatten. Glücklicherweise erlitt das Schiff keine Treffer, sodass die Flugzeugbesatzungen lediglich mit einem Schamgefühl zur ARK ROYAL zurückkehren mussten. Nach der Landung erfolgte sofort die Neubetankung sowie die Bewaffnung mit neuen Torpedos, da wegen der bald eintretenden Dunkelheit nur noch Zeit für einen letzten Luftangriff blieb. Als die Flugzeuge erneut von ihrem Träger um 19:10 Uhr abhoben, befand sich die BISMARCK 100 Seemeilen weiter südöstlich. Es dauerte daher bis 20:40 Uhr bis zur Sichtung des Ziels. Dieses Mal handelte es sich in der Tat um das deutsche Schlachtschiff, welches die Angreifer mit schwerem Flak-Beschuss empfing.

Auch bei diesem Angriff teilten sich die Flugzeuge in zwei Gruppen, um die BISMARCK von beiden Seiten zu torpedieren. Die aus fünf »Swordfish« bestehende erste Angriffswelle attackierte das Schiff um 20:47 Uhr. Obwohl ein Torpedo dessen Backbordseite traf, verursachte dieser dort keinen ernsthaften Schaden. Das Flugzeug entging unterdessen unbehelligt dem deutschen Flak-Beschuss. Alle fünf von der zweiten Angriffswelle abgeworfenen Torpedos verfehlten ihr Ziel. Somit waren nur noch fünf »Swordfish« mit jeweils einem Torpedo für die dritte und damit letzte Angriffswelle übrig. Auch diese teilte sich in zwei Gruppen, sodass drei Flugzeuge von backbord und zwei von steuerbord aus die BISMARCK attackierten. Nachdem vier Torpedos wieder ihr Ziel verfehlt hatten, traf der letzte das Schlachtschiff im Heck auf der Steuerbordseite – kurz vor dem Ruder. Um den Torpedos während der Angriffe auszuweichen, hatte die BISMARCK häufige Kursänderungen durchführen müssen. Als der Torpedo ihr Ruder traf, befand sich dieses in einer Stellung von 15° nach backbord. Durch die Explosion verklemmte es sich und dessen Steuerungsraum lief voll Wasser.

Oben: Vizeadmiral Toveys Flaggschiff HMS KING GEORGE V war ein Schwesterschiff der PRINCE OF WALES mit ebenfalls zehn 35,6-cm-Geschützen. Obwohl dieses Kaliber etwas kleiner als das der BISMARCK war, verfügte das britische Schlachtschiff über zwei Rohre mehr. Zudem konnte es sich auf ein modernes Feuerleitsystem sowie Radar verlassen, sodass sie ein schlagkräftiger Gegner war.

Unten: Nachdem die Flugzeugbesatzungen der HMS VICTORIOUS eher erfolglos gegen die BISMARCK zum Einsatz gekommen waren, bewährten sie sich schließlich im Mittelmeer, wo der Träger eine wichtige Rolle bei den brutalen Geleitzugschlachten während der Unterstützung und Entlastung der von den Deutschen bedrängten Insel Malta einnahm. Das Bild zeigt sie während der Operation »Pedestal« im Jahre 1942. Die VICTORIOUS kam auch in der Arktis sowie im Pazifik zum Einsatz und erfreute sich einer langen Nachkriegsdienstzeit. Ihre Außerdienststellung erfolgte schließlich 1968.

Die fünfzehn »Swordfish« drehten ab und flogen zu ihrem Träger zurück – es schien schier unglaublich zu sein, dass keine von ihnen abgeschossen worden war. Währenddessen versuchte die Besatzung der BISMARCK, das Ruder zu reparieren. Das Schlachtschiff drehte sich nun langsam nach backbord. Kapitän Lindemann versuchte daraufhin, dieser Drehung durch den gefühlvollen Einsatz der Antriebsschrauben entgegenzuwirken, doch diese Maßnahme erwies sich als nur bedingt erfolgreich. Als die britischen Flugzeugbesatzungen zur ARK ROYAL zurückkehrten, hatten sie das Gefühl versagt zu haben, bis die SHEFFIELD meldete, dass die BISMARCK im Kreis nach backbord fuhr: Der Torpedo hatte die Achillesferse des deutschen Schlachtschiffes getroffen. Hätte sich die BISMARCK nicht in einer Drehung in jenem unheilvollen Moment befunden, wäre der Torpedo an ihrem seitlichen Gürtelpanzer abgeglitten und hätte nur einen minimalen Schaden verursacht. Stattdessen traf er ihre wahrscheinlich einzige empfindliche Stelle. Bevor dieser letzte Torpedo sein Ziel erreichte, befand sich die BISMARCK auf ihrem sicheren Weg nach Saint-Nazaire, da kein britisches Kriegsschiff in einer Position war, sie noch aufzuhalten. Nun war sie jedoch hilflos, während sich die Home Fleet ihr bedrohlich näherte.

Das Nachtgefecht

Vizeadmiral Tovey näherte sich mit seinen Schlachtschiffen KING GEORGE V und RODNEY sowie den Schweren Kreuzern NORFOLK und DORSETSHIRE von Norden her. Da er ein Gefecht bei Nacht vermeiden wollte, beschloss er, die BISMARCK erst nach Tagesanbruch anzugreifen. Er schätzte, dass seine Schiffe selbst bei einer wirtschaftlichen Marschgeschwindigkeit den Kampf gegen 10:00 Uhr abbrechen mussten, um noch rechtzeitig Scapa Flow zu erreichen, bevor ihnen der Treibstoff ausging. Um den Druck auf die BISMARCK während der Nacht aufrechtzuerhalten, befahl er Captain Vians 4. Zerstörerflottille, das deutsche Schlachtschiff im Schutz der Dunkelheit wiederholt anzugreifen und sich dann schnell zurückzuziehen. Seine Kampfgruppe bestand aus seinem Flaggschiff COSSACK, der MAORI, der ZULU, der SIKH sowie dem polnischen Zerstörer PIORUN.
Um 22:38 Uhr näherten sich die Schiffe der BISMARCK von beiden Seiten sowie von achtern. Als diese das Feuer eröffnete, zogen sie sich zunächst zurück. Nach 45 Minuten kamen sie erneut näher, um einen Torpedoangriff zu starten, mussten

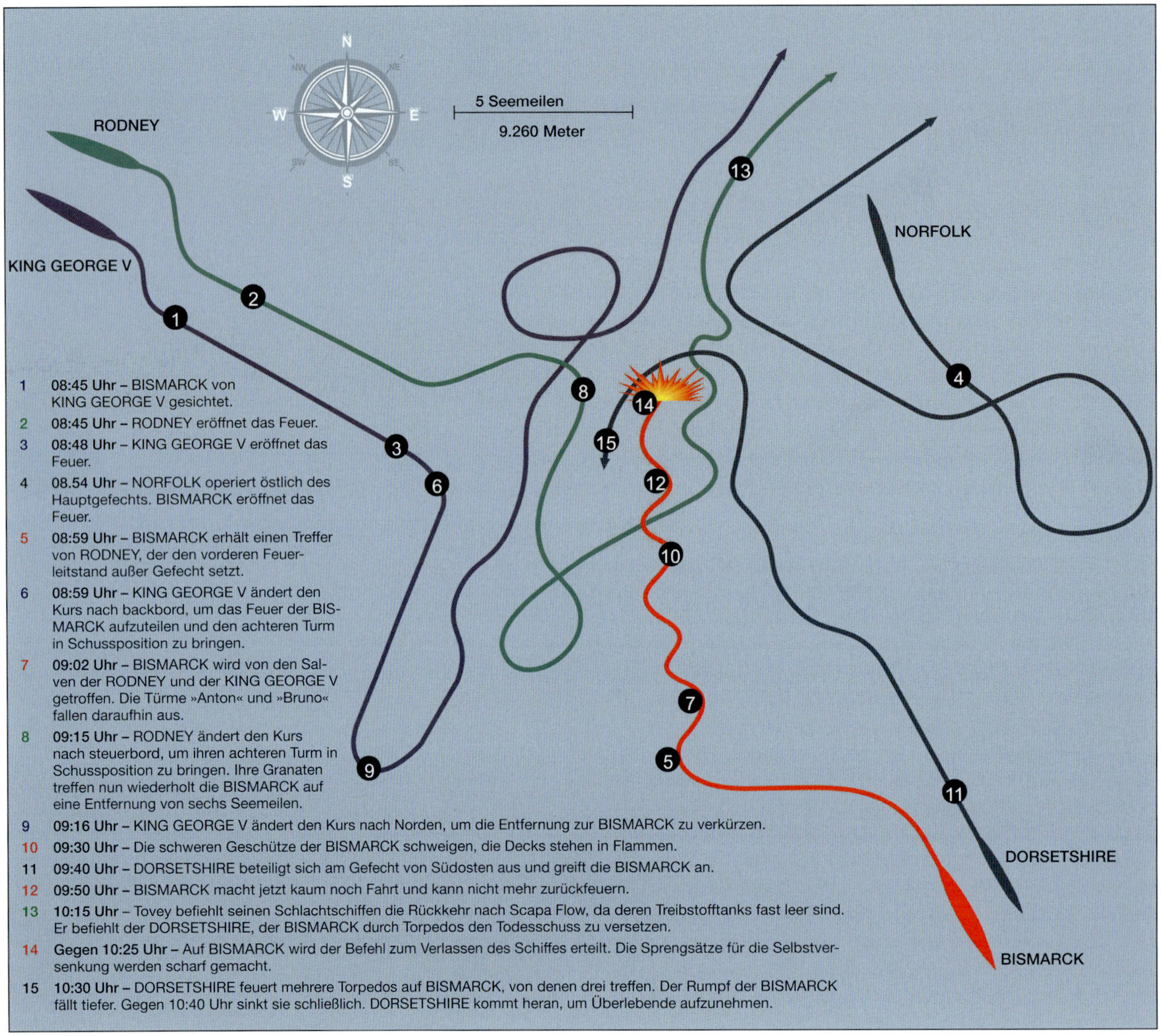

Der Endkampf der BISMARCK. (Roy Scorer)

Der Zerstörer HMS MAORI (F-24) nahm an den Angriffen auf die BISMARCK während der Nacht vom 26. auf den 27. Mai 1941 teil. Obwohl sie ihre vier mitgeführten Torpedos alle auf das deutsche Schlachtschiff abschoss, traf keiner von diesen. Sie hatte während dieses Einsatzes Glück, nicht versenkt zu werden, da ihr Kommandant später berichtete, dass der schwere Beschuss durch die BISMARCK sehr präzise war.

diesen jedoch aufgrund des präzisen Abwehrfeuers der BISMARCK abbrechen. Daraufhin befahl Vian seinen Zerstörern, weitere Angriffsversuche auf eigene Initiative durchzuführen. Um 01:20 Uhr begann die ZULU mit einem Torpedoangriff, konnte diesen jedoch wegen der schlechten Sichtverhältnisse nicht ausführen. Als die COSSACK, die MAORI und die SIKH ihre Torpedos schließlich auf das deutsche Schlachtschiff abschossen, meldeten zwar zwei der Zerstörer je einen Treffer, doch in Wirklichkeit hatten alle ihr Ziel verfehlt. Die Meldung angeblicher Treffer erfolgte wahrscheinlich deshalb, weil die BISMARCK um 01:48 Uhr für eine Stunde ihre Fahrt stoppte, um ihre Ruderanlage zu reparieren. Da die Zerstörer das Schlachtschiff die ganze Nacht hindurch beschatteten, waren dessen übermüdeten Besatzungsmitglieder gezwungen, durchgängig ihre Gefechtsstationen zu besetzen.
Da alle Versuche, das Ruder wieder instand zu setzen, erfolglos blieben, setzte sich die Gewissheit durch, dass die BISMARCK verloren war. Der Plan, dass eines der Arado-Wasserflugzeuge das Kriegstagebuch und die Abschiedsbriefe der Besatzung nach Frankreich fliegen sollte, wurde durch das schlechte Wetter zunichte gemacht. Obwohl das Schlachtschiff noch 500 Seemeilen von Saint-Nazaire entfernt war, versprach die Gruppe West, dass sie Schlepper, Treibstoff und Schutzflugzeuge entsenden würde – auch wenn es kaum möglich war, dass diese die BISMARCK noch rechtzeitig erreichen konnten. Kurz vor Mitternacht teilte Admiral Lütjens der Gruppe West über Funk den Umfang der Beschädigungen an seinem Schiff mit. Kurz vor 03:00 Uhr schickte er den folgenden Funkspruch an Hitler: »Wir kämpfen bis zum Letzten im Glauben an Sie, mein Führer, und im felsenfesten Vertrauen auf Deutschlands Sieg«. Dieser antwortete: »Ganz Deutschland ist bei euch«. Nun war allen Männern an Bord bewusst, dass sie ganz auf sich allein gestellt waren, dass der Feind unaufhörlich näherkam und dass bald ein Kampf auf Leben und Tod beginnen sollte.

Captain Philipp Vian (1894–1968) kommandierte die Zerstörer, welche die BISMARCK während der Nacht vom 26. auf den 27. Mai angriffen. Da er ein ausgezeichneter Zerstörerbefehlshaber war, setzte er seine Kampfgruppe an jenem Abend dermaßen gekonnt ein, dass die Besatzung der BISMARCK keinerlei Ruhe vor ihrem letzten Kampf gegönnt war.

»Götterdämmerung«

Bei Tagesanbruch des 27. Mai 1941, einem Dienstag, war der Himmel grau und die See unruhig bei Windstärke 8. Dennoch war die Sicht gut genug, sodass die NORFOLK um 07:53 Uhr die BISMARCK südöstlich in einer Entfernung von 16 Seemeilen sichten konnte. Nachdem diese Neuigkeit bei Vizeadmiral Tovey an Bord der KING George V eingetroffen war, sichteten die beiden Schlachtschiffe ihre Beute ebenfalls um 08:45 Uhr. Zu jenem Zeitpunkt befand sich die BISMARCK noch 12,5 Seemeilen entfernt auf einem ungefähren Kurs in Richtung Norden und machte zehn Knoten Fahrt. Die RODNEY änderte daraufhin leicht ihren Kurs, um ihren Abstand zur KING GEORGE V zu erhöhen. Wenig später, um 08:47 Uhr, eröffnete sie das Feuer mit ihren 40,6-cm-Geschützen. Diese erste Sal-

Das Schicksal der BISMARCK-Überlebenden

Nach dem Untergang der BISMARCK rettete der Schwere Kreuzer DORSETSHIRE 86 Überlebende, bevor die Rettungstätigkeit aufgrund einer angeblichen U-Boot-Sichtung, die sich später als falsch erwies, ein jähes Ende fand. Die britische Besatzung senkte Strickleitern, Wurfleinen und Kletternetze an der Bordwand bis zum Wasser hinab und half den deutschen Seeleuten, so gut sie konnte. Da zahlreiche Überlebende jedoch starke Verletzungen sowie Verbrennungen erlitten hatten und zudem ölverschmiert waren, hatten sie Probleme, sich an den Seilen festzuhalten oder an ihnen hochzuklettern. Als die DORSETSHIRE die Rettung abbrach und das Seegebiet verließ, befanden sich noch hunderte Schiffbrüchige im Wasser. Da der Zerstörer MAORI weitere 25 Überlebende aufnahm, betrug die Gesamtzahl der von der Royal Navy Geretteten 111 Mann. Einer von diesen, Maschinengefreiter Lüttich, erlag später seinen Verletzungen an Bord der DORSETSHIRE. Er hatte während des Endkampfes einen Arm verloren sowie schwere Verletzungen erlitten. Am 29. Mai erhielt er eine Seebestattung. Später tauchte das deutsche U-Boot U-74 zwischen den im Wasser treibenden Wrackteilen der BISMARCK auf und rettete drei Überlebende, die sich in einem Schlauchboot befanden. Am Abend konnte das deutsche Wetterbeobachtungsschiff SACHSENWALD zwei weitere Männer retten, die auf einem Gummifloss im Meer trieben. Sie und ihre von U-74 aufgenommenen Kameraden kehrten sicher nach Deutschland zurück.

Von den 110 Überlebenden, die von der Royal Navy gerettet worden waren, berichteten später alle, dass die Briten sie gut behandelten: Sie erhielten die gleichen Mahlzeiten wie die britischen Seeleute, die gleiche medizinische Betreuung sowie frische Kleidung und Zigaretten. Der ranghöchste Überlebende der BISMARCK, Kapitänleutnant Burkard Freiherr von Müllenheim-Rechberg, erhielt zunächst einen Whiskey, bevor er gegenüber Captain Martin an Bord der DORSETSHIRE gegen den Abbruch der Rettung seiner schiffbrüchigen Kameraden protestierte. Jahre später räumte er in seinen Memoiren ein, dass Martin keine andere Wahl hatte, als so zu handeln – letztendlich musste die Sicherheit seiner Besatzung und seines Schiffes für ihn Priorität haben. Am 30. Mai lief die DORSETSHIRE in Newcastle ein, wo die Überlebenden an Land gingen. Die MAORI fuhr unterdessen nach Leith bei Edinburgh, wo sie am gleichen Tag eintraf.

Die Männer der BISMARCK wurden nun der British Army übergeben, welche sie mit weniger Mitgefühl behandelte, als es die Männer der Royal Navy getan hatten. Nach der Überführung nach London per Bahn trafen die Überlebenden in einem Gefangenenlager in Knightsbridge ein. Von dort erfolgte die Verlegung in ein größeres Lager in Cockfosters im nördlichen London. Einige der Männer wurden im nahegelegenen Combined Services Interrogation Center verhört. Die Ergebnisse bildeten den Kern eines britischen Geheimdienstberichts über die Versenkung, welcher wertvolle Informationen über die BISMARCK beinhaltete. Danach erfolgte die Verlegung der Offiziere in ein Lager nahe Penrith. Im Frühjahr 1942 wurden alle BISMARCK-Überlebenden wieder vereint und über den Atlantik nach Kanada gebracht. Dort verbrachten sie den Rest des Krieges in Gefangenenlagern, bis 1946 ihre Repatriierung nach Deutschland erfolgte.

Dieses Gemälde des deutschen Malers Claus Bergen mit dem Titel *»Kranz im Norden«* entstand 1936. Es zeigt einen Gedenkkranz, der von einem deutschen U-Boot an jener Stelle dem Meer übergeben wurde, an der zwei Jahrzehnte zuvor die Skagerrakschlacht stattgefunden hatte. Obwohl dieses Gemälde einem anderen Ereignis gewidmet war, stellt es die Art des Gedenkens auf See ausgezeichnet dar, weil es keine Markierung an der Stelle gibt, an der ein Schiff mit seiner Besatzung verloren ging.

ve lag zu kurz. Mit Hilfe ihrer Schiffsschrauben drehte sich die BISMARCK, um alle ihre Geschütztürme zum Tragen zu bringen, und antwortete eine Minute später mit ihrer ersten Salve. Während auch die KING GEORGE V um 08:48 Uhr ihr Feuer eröffnete, tat die NORFOLK dies sechs Minuten später. Die BISMARCK war nun von Wassersäulen umgeben. Da sich die Gefechtsentfernung stetig verringerte, setzte schließlich eine 40,6-cm-Granate der RODNEY den Hauptartilleriestand der BISMARCK außer Gefecht. Da sich die Briten nun langsam einschossen, war dies nur der erste von zahlreichen weiteren Treffern auf dem deutschen Schlachtschiff.

Zum gleichen Zeitpunkt änderte die KING GEORGE V ihren Kurs nach steuerbord, sodass auch ihr achterer 35,6-cm-Turm das Feuer eröffnen konnte. Da mechanische Probleme den Turm »Y« während des gesamten Gefechts plagten, reduzierte dies auch die Schlagkraft einer Breitseite. Um 09:02 Uhr traf eine 40,6-cm-Granate den Turm »Bruno« auf der BISMARCK, sodass dieser komplett ausfiel, während Turm »Anton« zeitweise nicht funktionierte. Somit konnte das deutsche Schlachtschiff nur noch mit seinen beiden achteren Geschütztürmen zurückschießen. Da Brände auf dem Oberdeck ausgebrochen waren, war der Schiffskörper nun in Rauch gehüllt. Dennoch setzte sich die BISMARCK weiterhin zur Wehr, indem ihre achteren Geschütze unter Verwendung des hinteren Artillerieleitstandes zuerst Toveys Flaggschiff und dann die RODNEY beschossen. Um 09:15 Uhr setzte schließlich eine 35,6-cm-Granate der KING GEORGE V auch diesen letzten noch funktionsfähigen Leitstand außer Gefecht, sodass die Feuerleitung der achteren Geschütze von nun an nur noch durch die Entfernungsmesser (Basisgeräte) an den Türmen erfolgen konnte. Zwischenzeitlich hatten die beiden britischen Schlachtschiffe erneut ihren Kurs geändert, damit alle ihre Geschütze eine freie Schussbahn erhielten. Da die RODNEY nur noch sechs Seemeilen von ihrem Ziel entfernt war, war es schwer, die angeschlagene BISMARCK zu verfehlen.

Um 09:21 Uhr fiel auf dem deutschen Schlachtschiff der Turm »Dora« ebenfalls aus, als eine Granate in seinem rechten Geschützrohr explodierte. Währenddessen hatte die Bedienmannschaft von »Anton« fieberhaft versucht, dessen Geschütze wieder funktionsfähig zu machen. Nachdem dies gelungen war, eröffnete »Anton« um 09:27 Uhr erneut das Feuer. In den nächsten drei Minuten konnte der Turm zwar drei Salven auf den Gegner schießen, doch um 09:30 Uhr fiel er endgültig aus. Obwohl

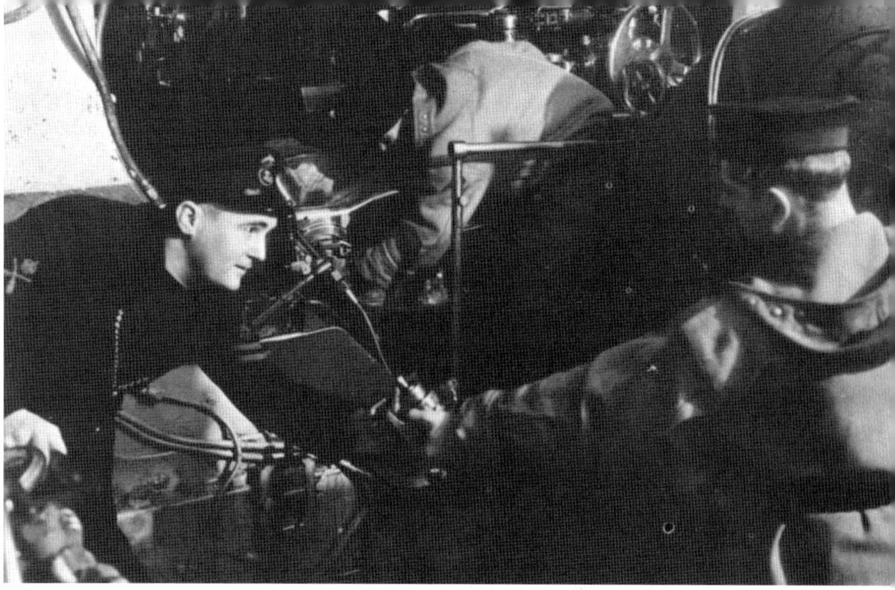

Die Artilleriebedienmannschaft in einem der drei schweren Geschütztürme an Bord der RODNEY.

Das letzte bekannte Foto der BISMARCK: Der Fotograf an Bord der DORSETSHIRE hielt jenen Moment fest, in dem sie zu sinken begann – kurz nachdem der Kreuzer seine Torpedos auf sie abgeschossen hatte. Die Position der BISMARCK ist durch die Rauchfahne und die Wassersäulen der Granateinschläge im Wasser sichtbar. Letztere stammten vermutlich von den beiden britischen Kreuzern, welche das deutsche Schlachtschiff zu jenem Zeitpunkt umkreisten.

Die RODNEY im Gefecht mit der BISMARCK am 27. Mai 1941. Durch die präzise Feuerleitung ihrer Granaten konnte sie nach zwölf Minuten ihren ersten Treffer auf dem deutschen Schlachtschiff erzielen. Während des Beschusses durch die RODNEY und die KING GEORGE V folgten zahlreiche weitere Treffer, welche die Geschütze der BISMARCK nacheinander zum Schweigen brachten. Das Gemälde stammt von Paul Wright.

zu jenem Zeitpunkt noch einige Geschütze der mittleren Artillerie mit ihren eingebauten Feuerleitsystemen schossen, stand die BISMARCK vom Vordersteven bis zum Heck in Flammen und war dem pausenlosen Beschuss ihrer Feinde nun praktisch wehrlos ausgesetzt. Beobachter berichteten später, dass das deutsche Schlachtschiff aussah, als leuchte es orange. Ab 09:40 Uhr beteiligte sich auch der Schwere Kreuzer DORSETSHIRE mit seinen 20,3-cm-Geschützen an dem laufenden Gefecht. Nichtsdestotrotz schwamm die BISMARCK noch immer. Während ihre Aufbauten durch den feindlichen Dauerbeschuss arg litten und mittlerweile in Flammen standen, beschützte ihr starker Gürtelpanzer den unteren Rumpf und bewahrte dessen wasserdichte Integrität. Um 09:45 Uhr machte die BISMARCK zwar noch immer etwas Fahrt, bewegte sich aber nur mit kaum wahrnehmbarer Geschwindigkeit grob in Richtung Norden. Während sich die RODNEY nur noch zwei Seemeilen vor ihrem Bug an backbord befand, standen die KING GEORGE V sechs Seemeilen an backbord sowie die NORFOLK und die DORSETSHIRE auf der Steuerbordseite. Es zeichnete sich nun ab, dass die BISMARCK nicht nur durch Artilleriebeschuss allein sinken würde. Tovey war sich bewusst, dass seine beiden Schlachtschiffe entweder bald das Gefecht abbrechen oder das Risiko eingehen mussten, dass ihnen auf dem Weg nach Scapa Flow der Treibstoff ausging. Daher musste die Versenkung der BISMARCK unbedingt in den nächsten Minuten erfolgen. Um 09:56 Uhr schoss die RODNEY einen Torpedo auf das deutsche Schlachtschiff ab, welcher sein Ziel traf und so zu dessen Leid noch beitrug. Trotzdem hielt die BISMARCK sich über Wasser.

Dieses Bild gehört zu der kleinen Zahl von Fotos, die während des Endkampfes der BISMARCK gemacht wurden. Es entstand gegen 10:05 Uhr vom Schweren Kreuzer HMS DORSETSHIRE aus und zeigt die RODNEY rechts sowie die vom Rauch verdeckte BISMARCK links.

Als Tovey um 10:15 Uhr seinen Schlachtschiffen schließlich den Abbruch des Kampfes befahl, sollte die DORSETSHIRE ihre Torpedos auf das deutsche Schlachtschiff abfeuern. Zu jenem Zeitpunkt hatte die NORFOLK bereits alle ihre Torpedos verschossen. Während sich die übrigen britischen Schiffe zurückzogen, näherte sich die DORSETSHIRE der BISMARCK, um ihr den Todesstoß zu versetzen. Bis heute hält die Debatte darüber an, was als Nächstes geschah. Obwohl der Kreuzer um 10:30 Uhr zwei Torpedos auf die BISMARCK abfeuerte, war auf dieser bereits 15 Minuten zuvor der Befehl zum Verlassen des Schiffes gegeben worden. Da Admiral Lütjens und Kapitän Lindemann bereits den Tod gefunden hatten, hatte der Erste Offizier, Fregattenkapitän Oels, diesen Befehl erteilt. Da er befürchtete, dass die BISMARCK – oder was von ihr noch übrig war – in die Hände der Briten fallen konnte, gab er gleichzeitig die Order zur Selbstversenkung. Zu diesem Zweck machte die Besatzung im Rumpf mehrere Sprengsätze mit Neun-Minuten-Zeitzündern bereit und öffnete die Schotten zur Erhöhung der Explosionsgewalt sowie die Flutventile. Oels starb schließlich durch eine Explosion, die durch den Treffer eines Torpedos der DORSETSHIRE verursacht wurde. Um 10:36 Uhr schoss der britische Kreuzer noch einen dritten Torpedo ab, welcher die BISMARCK auf ihrer Backbordseite traf. Eine Minute später bekam sie zunehmend Schlagseite nach backbord, sodass das Wasser bald bis zum Oberdeck reichte. Wenig später kenterte das Schlachtschiff. Als es zu sinken begann, zog es zahlreiche Besatzungsmitglieder mit sich, während noch hunderte Männer im Schiffsinneren gefangen waren. Um 10:40 Uhr verschwand die BISMARCK – der Stolz der deutschen Kriegsmarine – in den Fluten des Atlantiks. Ein riesiger Ölfleck und im Meer treibende Wrackteile waren alles, was von ihr übrig blieb. Da sich nun hunderte Überlebende im ölbedeckten Wasser befanden, näherten sich die DORSETSHIRE und die MAORI, um diese aufzunehmen.

Die Männer wurden entweder mit Seilen an Bord gehievt oder kletterten die Strickleitern an den Rümpfen der beiden Schiffe hoch. In jenem Moment sichtete ein Ausguck der DORSETSHIRE ein Objekt, welches er für ein Periskop im Wasser hielt. Captain Martin wusste, dass sich deutsche U-Boote zur Unterstützung der BISMARCK auf dem Weg in dieses Seegebiet befanden. Er hielt es für seine Pflicht, eher für die Sicherheit seiner Besatzung Sorge zu tragen, als den Männern der BISMARCK zu Hilfe zu kommen. Mit diesem Gedanken im Sinn gab er den Befehl, Fahrt aufzunehmen und lief zusammen mit der MAORI ab. Beide Schiffe hatten an diesem Morgen zusammen 111 Männer aus dem Meer gerettet. Einer von diesen erlag jedoch kurze Zeit später seinen schweren Verletzungen. Tragischerweise waren nach dem Ablaufen der britischen Schiffe hunderte Überlebende im Wasser ihrem Schicksal ausgeliefert. Innerhalb der nächsten 24 Stunden konnten das deutsche U-Boot U-74 sowie das Wetterbeobachtungsschiff SACHSENWALD zusammen weitere fünf Überlebende retten. Somit hatten von den rund 2.200 Besatzungsmitgliedern der BISMARCK 115 Mann den Untergang überlebt. Obwohl durch die Versenkung des deutschen Schlachtschiffes die HOOD gerächt und die britische Vormachtstellung auf See wiederhergestellt waren, hatte das Unternehmen »Rheinübung« auf beiden Seiten zahlreiche Menschenleben gekostet. Vizeadmiral Tovey, unter dessen Führung die BISMARCK bezwungen worden war, lieferte den bewegendsten Nachruf, indem er schrieb: »Die BISMARCK hat gegen eine überwältigende Übermacht einen äußerst tapferen Kampf geführt. Würdig der vergangenen Tage der Kaiserlichen Deutschen Marine ist sie mit wehender Flagge gesunken«.

Das Tagebuch eines Überlebenden

Während des Verhörs der Überlebenden im Lager in Cockfosters verfasste einer von ihnen ein Tagebuch mit allen Ereignissen des Einsatzes der BISMARCK. Diese Beschreibung erschien als ein vertraulicher Bericht der britischen Regierung unter dem Titel *»German Battleship BISMARCK: Interrogation of Survivors«*. Der Verfasser war der 25-jährige Maschinenmaat Wilhelm Gräf (1915–1975), der seinen Dienst im achteren Turbinenraum verrichtete und nach dem Untergang der BISMARCK von der DORSETSHIRE gerettet wurde. Kurioserweise berichtet er auch von Kampfhandlungen, die gar nicht stattgefunden haben. Zudem erwähnt er auch nicht die Treffer, die das Schiff erhielt, und bringt Ereignisse durcheinander. Da Gräf ein Ingenieur war, war er auf die Mitteilungen durch andere angewiesen, die sich näher am tatsächlichen Geschehen befanden. Dies erklärt die zahlreichen Fehler in seiner Darstellung. Interessanterweise hatte er seinen letzten Eintrag nur wenige Stunden vor dem zweiten Angriff der »Swordfish« am Abend des 26. Mai gemacht. Da Gräf seinen Dienst im Achterschiff nahe der Stelle versah, an welcher der Rudertreffer erfolgte, war er wahrscheinlich zu beschäftigt, um weitere Eintragungen in sein Tagebuch zu machen.

Am Montag, dem ***19. Mai 1941****, machten wir um 02:00 Uhr das Schiff im Hafen von Gotenhafen seeklar und gingen bei 27 Knoten Fahrt auf einen westlichen Kurs.*

Um 09:30 Uhr drehte das Schiff auf einen nördlichen Kurs in Richtung Bornholm (Dänemark). Um 11:30 Uhr erhöhten wir die Fahrt von neun auf zwölf Knoten bis zur Kieler Bucht. Dort befanden sich die folgenden Schiffe: BISMARCK, PRINZ EUGEN, zwei Minensuchboote sowie die Zerstörer FRIEDRICH ECKHOLT und HANS LODY. Um 21:00 Uhr passierte das Geschwader das Feuerschiff FEHMARNBELT. Ab diesem Punkt nahmen wir Kurs auf den Großen Belt.

Am Dienstagmorgen, dem ***20. Mai 1941****, verließen uns die Minensuchboote, während sich uns ein Zerstörer der »Narvik-Flottille« anschloss. Wir hielten den Kurs durch das Kattegat bis nach Skagen mit drei vorausfahrenden Minenräumern bei einer Fahrt von 17 Knoten.*

Um 13:45 Uhr erfolgte die Zerstörung von drei Treibminen durch Beschuss sowie der Alarm zur Schließung der wasserdichten Schotten. Nach diesem Einsatz verließen uns die Minensuchboote, sodass die drei Zerstörer als Schutz

Die BISMARCK vor Anker im norwegischen Grimstadfjord, nachdem ihre Besatzung mit der Übermalung des Tarnanstrichs begonnen hatte. Während die künstliche Bugwelle beibehalten wurde, erfolgte die Überstreichung der Heckwelle sowie eine Anpassung der dunklen Stellen an Bug und Heck an den mittelgrauen Rumpf. Die beiden Versorgungsschiffe sollten als Schutzschilde im Falle eines britischen Luftangriffes dienen.

für die BISMARCK und die PRINZ EUGEN fungierten.
Um 20:30 Uhr erfolgte die Aufstellung der Wachen.
Um 20:50 Uhr passierte unser Geschwader Kristiansand. Während die drei Zerstörer vorausfuhren, folgten in Kiellinie die BISMARCK und die PRINZ EUGEN.
Um 22:42 Uhr passierten wir das letzte deutsche Minenfeld. Zudem sichteten wir bei Bergen britische Aufklärungsflugzeuge.

Als die BISMARCK am 21. Mai 1941 im Grimstadfjord südlich von Bergen lag, überwachten deutsche Flugzeuge den ganzen Tag hindurch den Luftraum in diesem Gebiet, um das Schlachtschiff vor feindlichen Aufklärern und Luftangriffen zu beschützen. Rechts ist eine Messerschmitt Bf-110 über dem Fjord in niedriger Flughöhe sichtbar.

Am ***21. Mai 1941*** *erreichten wir die Gewässer vor Bergen an der norwegischen Küste.*
02:45 bis 08:30 Uhr – Schiff klar zum Gefecht.
Gegen 11:15 Uhr fuhren wir in einen Fjord südlich von Bergen und gingen in einer Entfernung von 500 bis 600 Metern vom Ufer vor Anker. Alarm. Feindliche Flugzeuge zwischen 13:30 Uhr und 13:45 Uhr. Das Wetter war so gut, dass wir es uns in Sportkleidung auf dem Vorschiff bequem machen konnten. Der Fjord war von Felsen umgeben.
18:30 Uhr – Wieder seeklar gemacht und um 19:45 Uhr ausgelaufen. Eine Stunde später erreichten wir die Zufahrt zum Sognefjord. Dort ließen wir den Lotsen an Land und gingen auf eine Fahrt von 24 Knoten.

22. Mai 1941
03:00 Uhr – Die Zerstörer verließen uns. Wir fuhren weiter auf einem nördlichen Kurs und kamen um 07:00 Uhr in die Sichtweite von Trondheim.
12:45 Uhr – U-Boot-Alarm. Weiterfahrt mit 24 Knoten während des gesamten Tages. Um 21:00 Uhr abends befanden wir uns auf der Position 68° Nord, 2° West.

23. Mai 1941
01:00 Uhr – Unser Kurs ist 266°. Durchfahrt durch die Dänemarkstraße zwischen Island und Grönland.
04:00 Uhr – Geschwindigkeit 27 Knoten. Unsere Position 180 Seemeilen nordöstlich von Island.
07:10 Uhr – Position 68° Nord, 11° West.
10:30 Uhr – Position 68° Nord, 15° 30‘ West.
12:30 Uhr – Zurückstellen der Uhr um eine Stunde.
12:40 Uhr – Kurs 250°, Geschwindigkeit 24 Knoten.
19:00 Uhr – Schiff klar zum Gefecht. Ein Kreuzer der LONDON-Klasse in Sicht. Dieser befand sich auf Parallelkurs mit

einer Geschwindigkeit von 24 Knoten. BISMARCK überholte ihn. Der Artillerieoffizier erhielt die Schussfreigabe und feuerte drei Salven ab. Der Kreuzer zog sich zurück, bis er außer Sicht war. Später befanden sich vier Kreuzer in der Nähe, von denen zwei das Feuer aufeinander eröffneten. Später waren die Kreuzer hinter uns und ein Periskop wurde gesichtet. Das U-Boot tauchte und die Kreuzer verschwanden aus unserer Sicht.
22:15 Uhr – Beendigung des Gefechts.
22:20 Uhr – Schiffsposition 66° Nord, 28° West.

24. Mai 1941
04:43 Uhr – Alarm und um 04:40 Uhr Feuereröffnung durch den Feind. Die erste Salve traf die HOOD und setzte diese in Brand. Nach der zweiten Salve explodierte das Schiff und sank innerhalb von sechs Minuten. Das zweite Schiff stand ebenfalls in Flammen und drehte ab.
05:00 Uhr – Feindflugzeuge. Der Gegner flog mit zehn Maschinen heran und versuchte uns zu täuschen, indem er unsere Erkennungssignale verwendete. Trotzdem erkannten wir sie und vertrieben sie.
Um 15:07 Uhr war die Schiffsposition 58° Nord, 36° West. Kurs 180°.
15:50 Uhr – Kurs 180°.
22:12 Uhr – Position 51° Nord, 36° West.
22:35 Uhr – 20 Torpedoflugzeuge, 18 Torpedos abgefeuert.

In dieser Frontalaufnahme der BISMARCK im Grimstadfjord sind der vorher dunkelgrau angestrichene Bug und das Heck bereits mit der mittelgrauen Farbe, die auch den restlichen Rumpf bedeckte, übermalt worden. Lediglich die künstliche weiße Bugwelle blieb vom vorherigen Tarnanstrich übrig.

25. Mai 1941
Schiffsposition 56° Nord, 35° West. Position 54° Nord, 34° West.
16:20 Uhr – Position 52° Nord, 28° West.
19:20 Uhr – 52° Nord, 27° West.
Am 25. Mai war der Feind ab Mittag außer Sicht.

26. Mai 1941
04:00 Uhr – Gefechtsstationen.
07:00 Uhr – Feindliches Geschwader in der Ferne gesichtet.
09:30 Uhr – Fliegeralarm.
10:26 Uhr – Sechs Torpedoflugzeuge.
12:00 Uhr – Auftauchen eines U-Bootes und Feuereröffnung auf dieses. Zweifel, ob es versenkt wurde.
13:30 Uhr – Britischer Fliegerbericht des W/T, dass sie von deutschen Jägern angegriffen wurden. Schiffsposition 48° Nord, 14° West.
16:30 Uhr – Kurs 120°.

Dieses Foto der BISMARCK im Grimstadfjord entstand am Nachmittag des 21. Mai 1941 von einem ihrer Versorgungsschiffe aus: Während das Heck bereits mit mittelgrauer Farbe übermalt war, verfügte der Bug noch über seinen dunkelgrauen Anstrich.

Die Beschädigungen an der BISMARCK (24. bis 26. Mai 1941)

Während des Gefechts in der Dänemarkstraße am 24. Mai 1941 erhielt die BISMARCK drei Treffer. Um 5:56 Uhr feuerte die PRINCE OF WALES eine Salve auf das 10,5 Seemeilen entfernte deutsche Schlachtschiff. Eine ihrer 35,6-cm-Granaten durchschlug das nur dünn gepanzerte Vorschiff auf der Backbordseite zwischen den wasserdichten Abteilungen XX und XXI auf Höhe des oberen Plattformdecks. Der an dieser Stelle der Bordwand verbaute Panzerschutz hatte eine Stärke von nur 60 Millimetern. Nachdem die Granate die Backbordpanzerung durchschlagen hatte, trat sie ohne zu explodieren auf der Steuerbordseite wieder aus.

Eine Minute später, um 5:57 Uhr, erzielte die PRINCE OF WALES einen weiteren Treffer auf der BISMARCK. Dieser erfolgte über die nun verkürzte Entfernung von 9,3 Seemeilen, da sich beide Kampfverbände aufeinander zu bewegten. Die Granate durchschlug die 170 Millimeter starke Panzerung unter dem dickeren Hauptpanzergürtel unterhalb der Wasserlinie und drang in die wasserdichte Abteilung XIV ein. Nachdem sie dort den Leerraum direkt hinter der Bordwand und den dahinter befindlichen Öltreibstoffbunker durchschlagen hatte, explodierte sie beim Aufprall auf das 45 Millimeter dicke Torpedoschott. Als dieses nachgab, strömte Wasser in die dahinter liegende Abteilung, in der sich Stromerzeugungsgeneratoren befanden. Die daneben angeordnete wasserdichte Abteilung XIII mit dem Kesselraum 2 erlitt ebenfalls einen leichten Wassereinbruch. Darüber hinaus verursachte dieser Treffer auch ein Leck in dem Öltreibstoffbunker, den es ohne zu explodieren durchschlagen hatte.

Um 5:59 Uhr feuerte die PRINCE OF WALES bei einer Gefechtsentfernung von nun 8,1 Seemeilen eine weitere Salve auf das deutsche Schlachtschiff ab, von der eine 35,6-cm-Granate das Bootsdeck vor dem Großmast in den achteren Aufbauten ohne zu explodieren traf und auf der Steuerbordseite ins Wasser fiel. Der einzige Schaden war ein zerstörtes Boot.

Auf der BISMARCK wurden die Leckwehr- und Schadensbehebungsmannschaften tätig, um die Gefechtsschäden zu ermessen. Der schwerwiegendste Treffer war der erste, da er das Volllaufen von zwei Abteilungen sowie ein Ölleck verursacht hatte. Durch den Wassereinbruch fiel der Bug um 3° tiefer als normal. Hinzu kam eine Schlagseite nach backbord um 9°, wodurch die oberen Teile der Blätter der Steuerbordschraube aus dem Wasser ragten. Lindemann ordnete daher zur Ausbalancierung die Flutung der leeren äußeren Steuerbordzellen in den Sektionen II und III im Heckbereich an. Diese Maßnahme stellte die ursprüngliche Trimmung des Schlachtschiffes wieder her, indem sich die Steuerbordseite des Hecks leicht absenkte. Insgesamt lag die BISMARCK zwar nun etwas tiefer im Wasser, doch ihre Schlagseite war ausgeglichen. Ein ernsteres Problem war der Verlust des Treibstofföls der Tanks im Bug und mittschiffs.

Es war schnell klar, dass der Ölverlust der BISMARCK ihre Fähigkeit für Einsätze über weite Entfernungen spürbar verringert hatte. Taucher wurden in die mit Wasser vollgelaufenen Abteilungen geschickt, um die dortigen Schäden zu untersuchen. Sie erhielten danach den Befehl, die Treibstofftanks, die sich vor den getroffenen Tanks befanden und fast 1.000 Tonnen an Öl beinhalteten, mit denen weiter achtern zu verbinden. Die gesamte Ölbunkermenge betrug 7.400 Tonnen. Falls es nicht gelang, diese Tanks an die anderen anzuschließen, war das in ihnen vorhandene wertvolle Öl praktisch verloren bzw. abgeschnitten. Insgesamt erfolgten zwei Versuche, an das Öl zu gelangen. Der erste sah vor, die Tanks mit denen hinter Sektion XIII zu verbinden, die mittschiffs und somit achtern des

Die britischen Torpedos vom Typ Mark XII, die von den »Swordfish« des Trägers ARK ROYAL abgeworfen wurden, waren so eingestellt, dass sie nach dem Aufschlagen auf der Wasseroberfläche auf eine entsprechende Tiefe sanken, um den Rumpf der BISMARCK unterhalb ihres Gürtelpanzers – 6 bis 7 Meter unterhalb ihrer Wasserlinie – zu treffen.

Granattreffers lagen. Als dieser erste Versuch misslang, erfolgte die Verlegung einer Ölleitung entlang des Oberdecks. Doch auch dies scheiterte, da sich diese Leitung nicht sicher an die Bugtanks anschließen ließ. Infolgedessen war eine nicht unbeträchtliche Menge des Öltreibstoffvorrats unbrauchbar geworden.

Weitere Probleme stellten die beiden Einschusslöcher auf der Backbordseite im Wasserlinienbereich der BISMARCK dar. Von diesen war das Loch mittschiffs das schwerwiegendere, da sich dahinter im Rumpf das eingeschlagene Torpedoschott befand, durch welches Wasser in die Maschinenräume geströmt war. Der Wassereinbruch machte schließlich die Deaktivierung von Kesselraum 2 notwendig und führte somit zu einer leichten Beeinträchtigung der Gesamtantriebsleistung. Um diese Probleme zu beheben, wollte Lindemann die Fahrgeschwindigkeit des Schiffes verlangsamen und für einen kurzen Zeitraum die leeren Steuerbordtanks fluten lassen, um so die Löcher auf eine Position oberhalb der Wasserlinie zu heben. Die Leckwehrmannschaft sollte dann die vollgelaufenen Abteilungen leerpumpen und diese Lecks mit Stahlplatten zuschweißen. Da sich dieses Vorhaben zur Abdichtung jedoch als zu schwierig erwies, spannte die Besatzung Leckwehrsegel und Hängematten über die Löcher und stopfte sie mit verschiedenen Füllmaterialien zu.

Obwohl Seeleute diese Methode seit Jahrhunderten anwenden, erschien sie bei der BISMARCK in gewisser Weise anachronistisch. Da diese Abdichtung eine sehr provisorische Reparaturlösung war, bestand kein Zweifel, dass das Schiff für eine vollständige Schadensbehebung einen Hafen anlaufen musste. Während Kapitän Lindemann sich für die Rückkehr nach Bergen und anschließend in die Ostsee aussprach, lehnte Lütjens dies zugunsten einer Fahrt nach Saint-Nazaire ab, um sein Gesicht zu wahren. Auch wenn das Gefecht in der Dänemarkstraße eine große Katastrophe für die Royal Navy gewesen sein mag, so hatten doch zwei der drei Treffer der PRINCE OF WALES auf der BISMARCK dem deutschen Schlachtschiff dermaßen nachhaltig geschadet, dass die Fortsetzung des Unternehmens »Rheinübung« aufgegeben wurde. Die beiden 35,6-cm-Granaten hatten eine Entwicklung von Ereignissen in Gang gesetzt, die schließlich zum Verlust der BISMARCK führen sollten.

Der entscheidende Torpedotreffer im Heck der BISMARCK erfolgte um 21:05 Uhr, nachdem die »Swordfish« ihren Torpedo aus einer Entfernung von rund 900 Metern auf die Steuerbordseite des Schlachtschiffes abgeschossen hatte.

Die Überlebenden der BISMARCK wurden nach ihrer Rettung durch den Zerstörer HMS MAORI in Leith bei Edinburgh an Land gebracht. Insgesamt konnte das Schiff 25 Männer aus dem Wasser holen. Wenig später erfolgte ihre Überstellung in die Obhut der British Army, welche angeblich nicht so ein Mitgefühl zeigte, wie es die Besatzungsmitglieder der MAORI getan hatten. Dies lag vermutlich daran, dass es eine gewisse Verbundenheit zwischen Seeleuten gab – trotz ihrer Gegnerschaft zueinander: Die Männer der MAORI wussten, dass auch ihr Schiff hätte versenkt werden können. Somit wären sie vielleicht als Schiffbrüchige gerettet und als Kriegsgefangene nach Deutschland gebracht worden.

Kapitel 3

Die Anatomie der BISMARCK

Bei ihrer Indienststellung war die 45.000 Tonnen große BISMARCK eines der größten sowie am stärksten bewaffneten und am besten geschützten Kriegsschiffe der Welt. Was sie von anderen Schlachtschiffen unterschied, war ihre anmutige moderne Linienführung, die Standkraft ihrer Konstruktion sowie die Wirksamkeit ihrer Waffensysteme. Sie war wahrlich ein Schiff ohnegleichen.

Die achteren Aufbauten der BISMARCK auf der Backbordseite. (Bundesarchiv)

Allgemeine Beschreibung des Schiffes

Ein jeder, der die BISMARCK zu Gesicht bekam, machte eine Anmerkung zu ihrer anmutigen Erscheinung. Schließlich stellte sie weitaus mehr dar als eine reine Zusammensetzung technischer Einzelheiten. Wie alle Kriegsschiffe war sie ein Gesamtkunstwerk, dessen Größe sich nicht auf Dimensionen, die Kampfkraft oder das Antriebssystem beschränken ließ. Das vorliegende Buch unternimmt daher den Versuch, auf die Persönlichkeit der BISMARCK als Kriegsschiff einzugehen und

Als Ersatz für die beiden größeren Buganker befand sich ein kleiner Buganker unter dem Metallgräting. Dieses Bild zeigt auch den vorderen Flaggenstock.

ihre beeindruckende Erscheinung wiederzugeben. Zu diesem Zweck macht eine allgemeine Beschreibung ihrer technischen Kenndaten den Anfang.

Allgemeine Angaben

Kiellegung	01.07.1936
Stapellauf	14.02.1939
Indienststellung	24.08.1940
Bauwerft	Blohm & Voss, Hamburg
Verbleib	Im Gefecht am 27.05.1941 versenkt
Baukosten	71.642.000 Reichsmark

Verdrängung

Leer	38.968 metrische Tonnen
Konstruktion	45.952 metrische Tonnen
Voll	49.947 metrische Tonnen
Maximal	50.956 metrische Tonnen

Die BISMARCK vom Heck der PRINZ EUGEN aus gesehen, als sie ihre zweite Erprobung in der Ostsee im April 1941 absolvierte.

Die BISMARCK auf ihrer Jungfernfahrt am 15. September 1940 auf der Elbe unterwegs zur Nordsee. Obwohl sie während der Fahrt mit einem der Begleitschlepper kollidierte, entstanden keine ernsthafte Beschädigungen.

Abmessungen

Länge über alles	250,5 m
Länge in der Wasserlinie	241,55 m
Breite	36 m
Standardtiefgang (Entwurf)	9,33 m
Maximaler Tiefgang	10,2 m
Freibord (mittschiffs)	5,67 m
Seitenhöhe (Kiel bis Oberdeck)	15 m
Anzahl wasserdichter Abteilungen	22

Panzerschutz

Oberer Gürtel	145 mm
Hauptgürtel	320 mm
38-cm-Geschütztürme	130-360 mm
15-cm-Geschütztürme	20-120 mm
Oberdeck	50-80 mm
Panzerdeck	80-120 mm
Vorderer Leitstand	220-360 mm
Torpedoschotten	45 mm
Anzahl der geschützten wasserdichten Abteilungen	17 von insgesamt 22
Maximale Panzerstärke	380 mm (Gürtel), 110 mm (Deck)
Geschützter Bereich der Gesamtschiffslänge	170,7 m (70 Prozent der Gesamtlänge)
Gesamtgewicht der Panzerung	19.082 metrische Tonnen

Antrieb

Höchstgeschwindigkeit	30,1 kn
Höchstgeschwindigkeit (Konstruktion)	28 kn
Antriebssystem	Dampfturbinen
Turbinen	3 Getriebeturbinen von Blohm & Voss
Kessel	12 Hochdruckdampfkessel von Wagner
Schiffsschrauben	3 Dreiblattschrauben mit je 4,7 m Durchmesser
Ruder	2
Leistung	150.170 PS WPS
Leistung (Konstruktion)	138.000 WPS
Höchstwellendrehzahl	278 pro Minute
Reichweite	9.280 sm bei 16 kn, 8.525 sm bei 19 kn, 6.640 sm bei 24 kn, 4.500 sm bei 28 kn
Öltreibstoffkapazität	7.400 metrische Tonnen

Bewaffnung

Schwere Artillerie	8 x 38-cm-Geschütze SK-C/34 L52 in 4 Doppeltürmen
Mittlere Artillerie	12 x 15-cm-Geschütze SK-C/28 L55 in 6 Doppeltürmen
Leichte Artillerie	16 x 10,5-cm-Flugabwehrkanonen (Flak) SK-C/33 L65 in 8 Doppellafetten
Leichte Flugabwehr	16 x 3,7-cm-Flugabwehrkanonen (Flak) SK-C/30 L83 in 8 Doppellafetten 18 x 2,0-cm-Flugabwehrkanonen (Flak) MGC-38 L65 (10 auf Einzellafetten, 8 auf 2 Vierfachlafetten)

Gesamtansicht von oben (© Conway / Bloomsbury Publishing Plc)

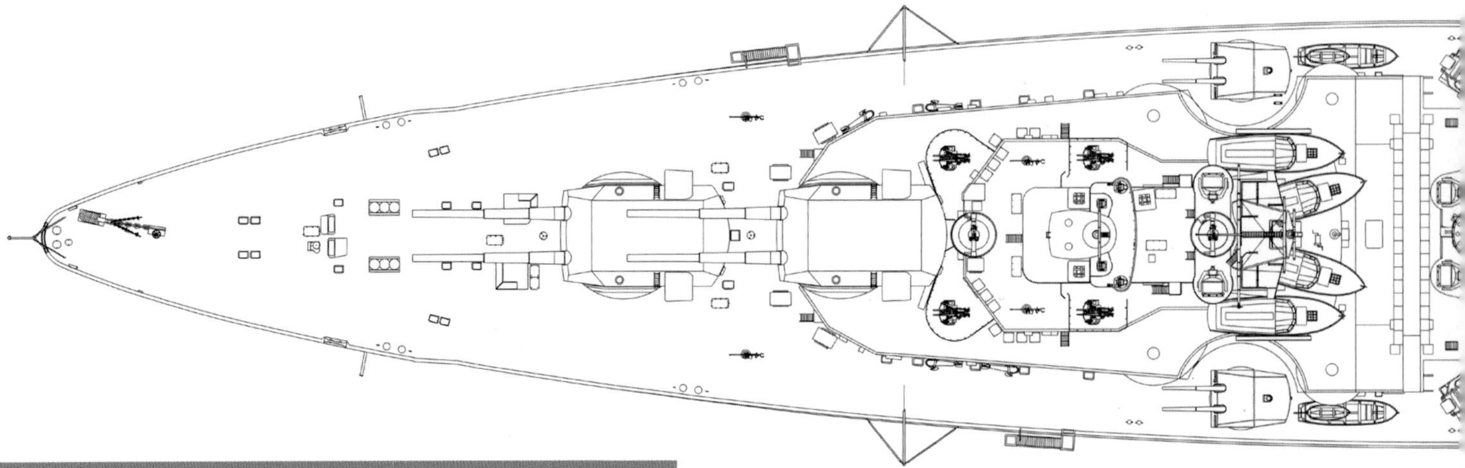

Flugzeuge

Flugzeugtyp	Insgesamt 4: 2 x Arado Ar-196A-2 Wasserflugzeuge 1 x Arado Ar-196A-3 Wasserflugzeug 1 x Arado Ar-196A-4 Wasserflugzeug
Katapulte	Insgesamt 2: Aufstellung an mittschiffs (16 m Länge, jedoch auf 24 m ausfahrbar)

Mess- und Feuerleitsysteme

Radar (Funkmessortung)	3 FuMG40G
Feuerleitent-fernungsmesser	5 x 10,5-m-Basisgeräte 1 x 7-m-Basisgerät 2 x 6,5-m-Basisgeräte 4 x 4-m-Entfernungsmesser (Typ SL-8) 2 x 3-m-Nachtentfernungsmesser

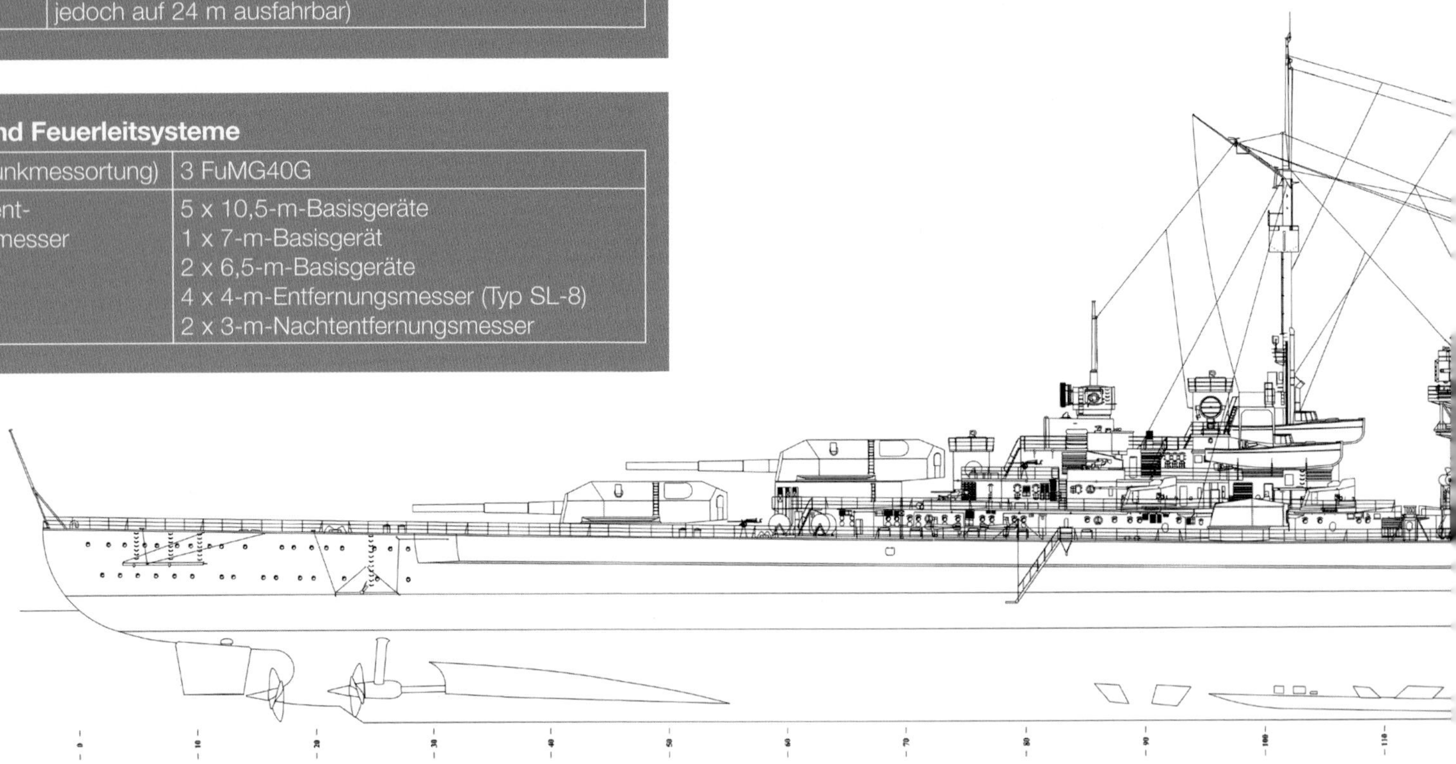

Gesamtansicht seitlich (© Conway / Bloomsbury Publishing Plc)

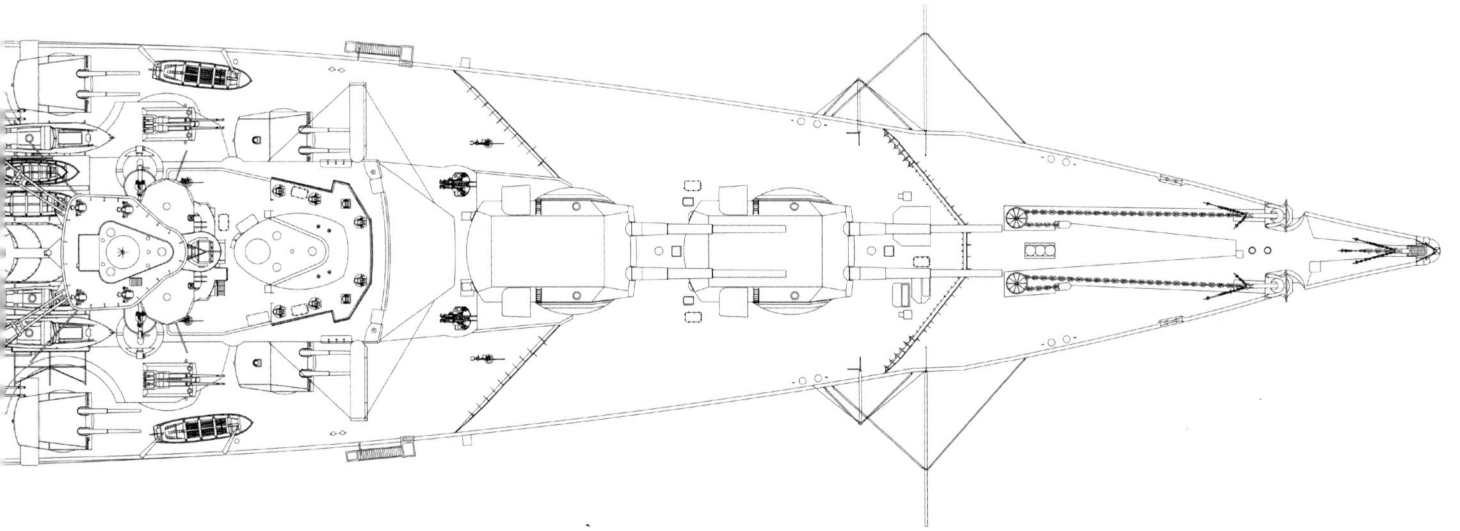

Sonstige Angaben

Sonstige Angaben	
Suchscheinwerfer	7
Kräne	4 (2 große, 2 kleine)
Boote	ca. 16
Anker	4 (3 am Bug, 1 am Heck)
Besatzung	ca. 2.200 Mann während des Unternehmens »Rheinübung«

Gesamtansicht Bug (© Conway / Bloomsbury Publishing Plc)

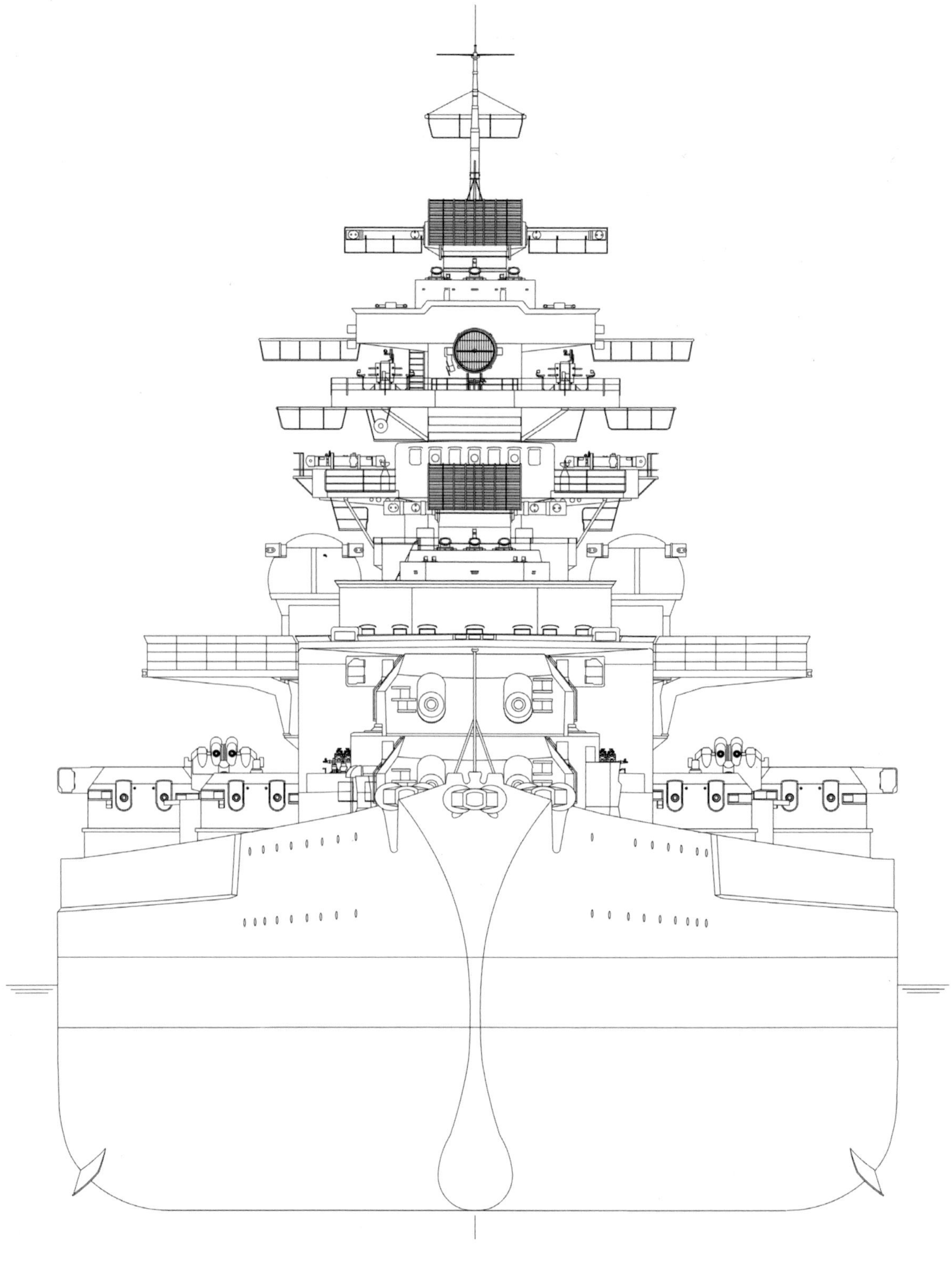

Gesamtansicht Heck (© Conway / Bloomsbury Publishing Plc)

Der elegante »Atlantikbug« (auch »Klipperbug«) der BISMARCK während ihrer Ausrüstung bei Blohm & Voss in Hamburg. Diese Aufnahme zeigt sie am Ausrüstungspier – ganz in der Nähe der Helling, von der ihr Stapellauf erfolgt war.

Übersicht

Die Besatzungsmitglieder der BISMARCK gingen über eine Gangway an Bord, welche die Lücke zwischen dem Schiff und dem Pier überspannte. Alternativ konnten die Männer ihr Schiff auch über eines der beiden Fallreeps betreten, welche am Rumpf angebracht waren. Während sich das Hauptfallreep nahe des backbord- oder steuerbordvorderen 15-cm-Geschützturmes befand, führte das zweite, welches in der Regel den Offizieren vorbehalten war, auf das Oberdeck bei Turm »Cäsar«. Die Anbringung eines dritten Fallreeps war ebenfalls möglich.

Nachdem man an Bord gekommen war, bot das Schiff dem Betrachter mit seinen zahlreichen Durchgängen, Niedergängen und Abteilungen zunächst ein eher verwirrendes Bild. Die Räumlichkeiten für die Besatzung befanden sich größtenteils unter dem Oberdeck. Während die Mannschaftsunterkünfte

Die BISMARCK am 15. September 1940 vor der Einfahrt des Kaiser-Wilhelm-Kanals, nachdem sie die Elbe runtergefahren war. Am Abend jenes Tages setzte sie ihre Geschütze zum ersten Mal in einem Ernstfall ein: Als das Schlachtschiff von britischen Bombern auf deren Weg nach Kiel überflogen wurde, eröffnete es das Feuer auf diese.

weiter vorne lagen, hatten die Offiziere ihre Kabinen achtern. Die Unteroffiziersquartiere befanden sich je nach Fachgebiet sowohl im Bug- als auch im Heckbereich. Die Ingenieure beispielsweise hatten ihre Unterkünfte in Richtung Achterschiff. Die Offiziersmesse befand sich unter dem Oberdeck unterhalb des Großmastes. Die Räumlichkeiten des Admirals und des Kapitäns verteilten sich sowohl auf die vorderen als auch auf die hinteren Aufbauten.

Auf den unteren Decks der BISMARCK befanden sich größtenteils Maschinen- und Anlagenräume, weiter vorne gab es jedoch auch verschiedene Lager- und Kühlräume. Den Bereich unterhalb der schweren Geschütztürme füllten deren Barbetten. Unter diesen befanden sich wiederum die Magazine und die Geschossumladeräume. Direkt unter den vorderen und achteren Aufbauten waren die Räumlichkeiten für die Dinge des täglichen Lebens untergebracht. Zu diesen zählten Waschküchen, eine Krankenstation, eine Apotheke, Verwaltungsbüros, verschiedene Arbeitsräume, Funkstationen, Werkstätten sowie Räume für die Leckwehr und Schadensbehebung. Die BISMARCK verfügte sogar über eine Schmiede, eine Schweißwerkstatt und ein Röntgenlabor.

In den achteren Aufbauten befanden sich die Kabinen für die hochrangigen Offiziere einschließlich des Admirals und des Kommandanten sowie Verwaltungsbüros für den Admiralsstab. Davor waren die Hangars platziert, die Raum für die vier Bordflugzeuge der BISMARCK boten. Vor dem Schornstein befanden sich die vorderen Aufbauten. Diese wurden vom Gefechtsmast (auch Brückenmast genannt), dem hochaufragenden Turmaufbau, dominiert, auf dessen Spitze sich ein Feuerleitstand, ein Entfernungsmesser sowie ein Radar (Funkmessortungsgerät) befanden. Auf den Aufbauten verteilt waren zudem weitere Befehls- und Leiteinrichtungen untergebracht. Zu diesen zählten die Luftnachrichtenzentrale, ein Wetterraum, eine Verbindungsdienststelle sowie die Tageskajüten für den Admiral und den Kommandanten. Weiter vorne, unterhalb des vorderen Feuerleitstandes und der Brücke, befanden sich weitere wichtige Abteilungen einschließlich des Horchanlagenraums, einer Funkstation und einer Kabine, wo die Bordkapelle musizieren bzw. üben konnte. Somit war die BISMARCK praktisch eine riesige schwimmende Stadt mit mehr als 2.000 Einwohnern und einer Vielzahl von Abteilungen und Stationen, von denen jede einen Zweck erfüllte. Insgesamt stellten sie und ihr Schwesterschiff TIRPITZ die größten Waffen dar, die Deutschland je gebaut hatte.

Die Rumpfkonstruktion

Bei der Konstruktion des Rumpfes der BISMARCK kamen Verfahren zum Einsatz, die seit Langem im deutschen Kriegsschiffbau Verwendung fanden. Die Stahlspanten begannen am Heck, ihre jeweilige Position im Schiffskörper war durch eine Durchnummerierung bis zum Bug markiert. Der Kiel, der zwi-

Gesamtansicht

Deckprofil – Innenräume

1 Barbette des 38-cm-Geschützturms »Dora«
2 Barbette des 38-cm-Geschützturms »Cäsar«
3 Barbette des 38-cm-Geschützturms »Bruno«
4 Barbette des 38-cm-Geschützturms »Anton«
5 Großmast
6 Fockmast
7 Ruderlagenanzeiger (Folgeanzeige und Nachtfahranzeiger)
8 Flakleitstand
9 10,5-m-Entfernungsmesser / FuMo-23 Funkmessortungsgerät
10 7,5-m-Entfernungsmesser / FuMo-23 Funkmessortungsgerät
11 Offiziersunterkünfte
12 Unteroffiziersunterkünfte
13 Rudermaschinenraum
14 Lagerräume
15 Ingenieursdeck
16 Mannschaftsbordküche
17 Ingenieurswaschräume
18 Unteroffiziersmesse / Zusatzlazarett
19 Ankleideraum für Gefechtskleidung
20 Lagerräume für Schießpulver und Kartuschen der 38-cm-Granaten
21 Lagerräume für 38-cm-Granaten
22 Achterer Artillerieleitstand
23 Signaldeck
24 Admiralsmesse
25 Lobby / Eingangsbereich
26 Bordflugzeughangar
27 Offiziersmesse
28 Zubereitungskammer für die Mahlzeiten der Offiziere
29 Schusterei
30 Ingenieursmesse
31 Aufbewahrungsraum
32 Funkraum
33 Scheinwerferbetriebsraum
34 Ingenieurswerkstatt
35 Werkstattlagerraum
36 Elektroingenieursraum
37 Flak-Rechnerstelle
38 Schweißerwerkstatt
39 Schmiedewerkstatt
40 Turbinenraum
41 Magazine für 3,7-cm- und 10,5-cm-Flak
42 Achtere Flak-Rechenstelle
43 Vormars mit Hauptartillerieleitstand
44 Luftnachrichtenzentrale
45 Scheinwerferbrücke bzw. -nock
46 Schornstein
47 Kommunikationszentrale
48 Admiralsbrücke
49 Wetternachrichtenraum
50 Admiralstageskajüte
51 Vorderer Artillerieleitstand

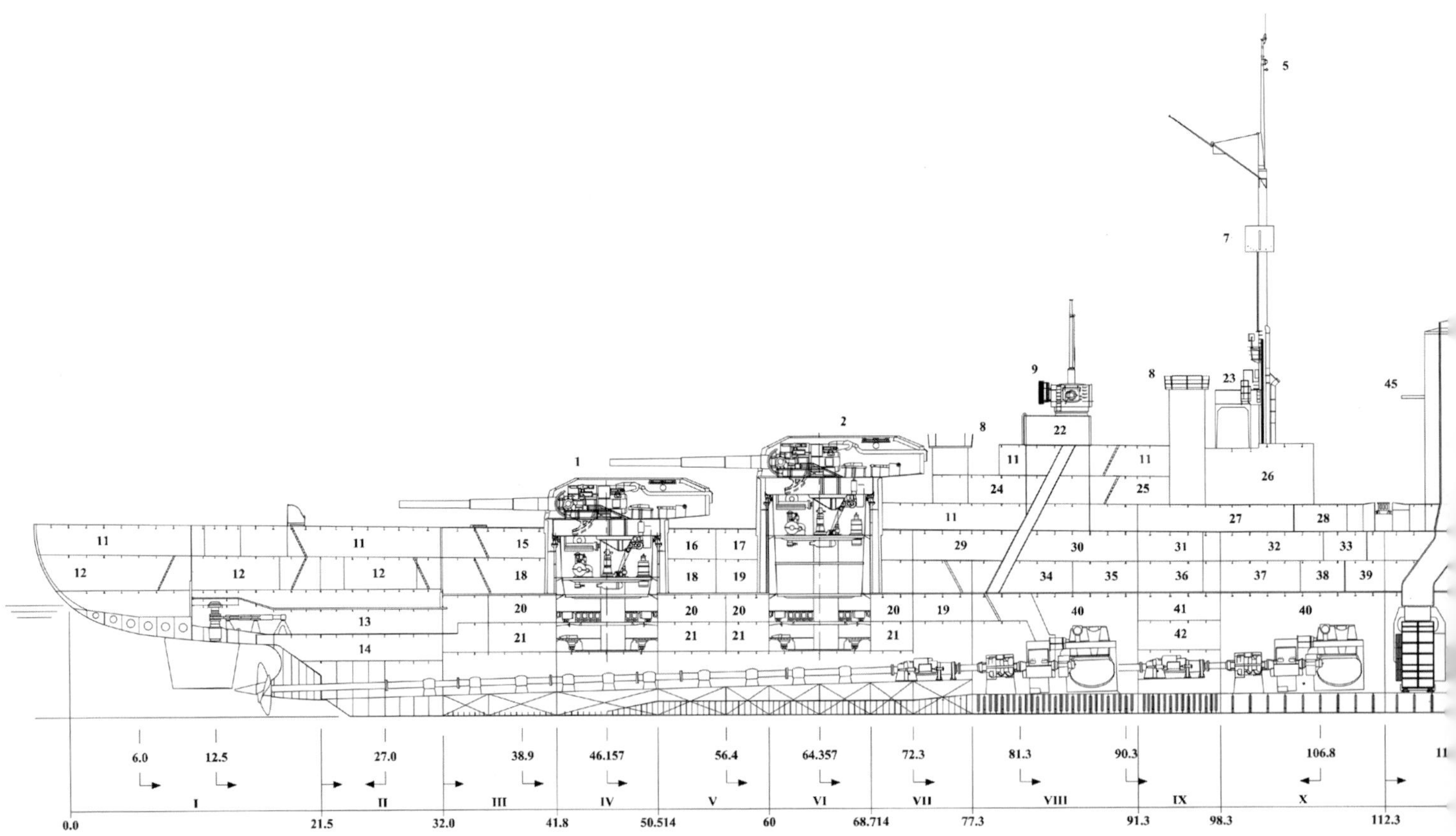

52 Gefechtsnachrichtenzentrale
53 Kartenhaus
54 Gepanzerte Brücke
55 Brücke
56 Akustischer Ortungsraum
57 Ultrakurzwellenraum (UKW)
58 Musizierraum
59 Signallagerraum
60 Lüfterraum
61 Kopierraum
62 Bereitschaftsraum für Artilleriebedienmannschaft
63 Munitionsausgaberaum
64 Apotheke
65 Vorratsraum für Bordlazarett
66 Röntgenraum
67 Krankenstation
68 Wäscherei- und Trocknerraum
69 Bäckerei
70 Vordere Zubereitungskammer für die Mahlzeiten der Mannschaften
71 Wäscherei
72 Vordere Kantine
73 Flak-Rechenstelle
74 Flak-Telefonschaltanlage
75 Lagerraum für Gasschutzausrüstungen
76 Kesselraum
77 Magazin für 10,5-cm-Flak
78 Leitstand
79 Vordere Flak-Schaltanlage
80 Magazin für 3,7-cm-Flak
81 Magazin für 10,5-cm-Flak
82 Hilfsmaschinenraum
83 Vordere Artillerieschaltanlage
84 Vordere Artillerieleitrechenstelle
85 Vorderer Gleichstrom-Schaltanlagenraum
86 Vorderer Kreiselkompassraum
87 Kompressorkühlraum
88 Unteroffizierswaschraum
89 Vorderer Mannschaftswaschraum
90 Zubereitungskammer für die Mahlzeiten der Unteroffiziere
91 Unteroffiziersmesse
92 Kühlraum
93 Kantinenvorratsraum
94 Verwaltungslagerraum
95 Mannschaftsmesse
96 Kartoffelvorratsraum
97 Sportgerätelagerraum
98 Ankerwindenmaschinenraum
99 Segeltuchmacherlagerraum
100 Bootsmannslagerraum
101 Leinenlager
102 Funkausrüstungslager
103 Schiffszimmererlagerraum
104 Ausfahreinrichtung für die Stenge der Bugschutzanlage

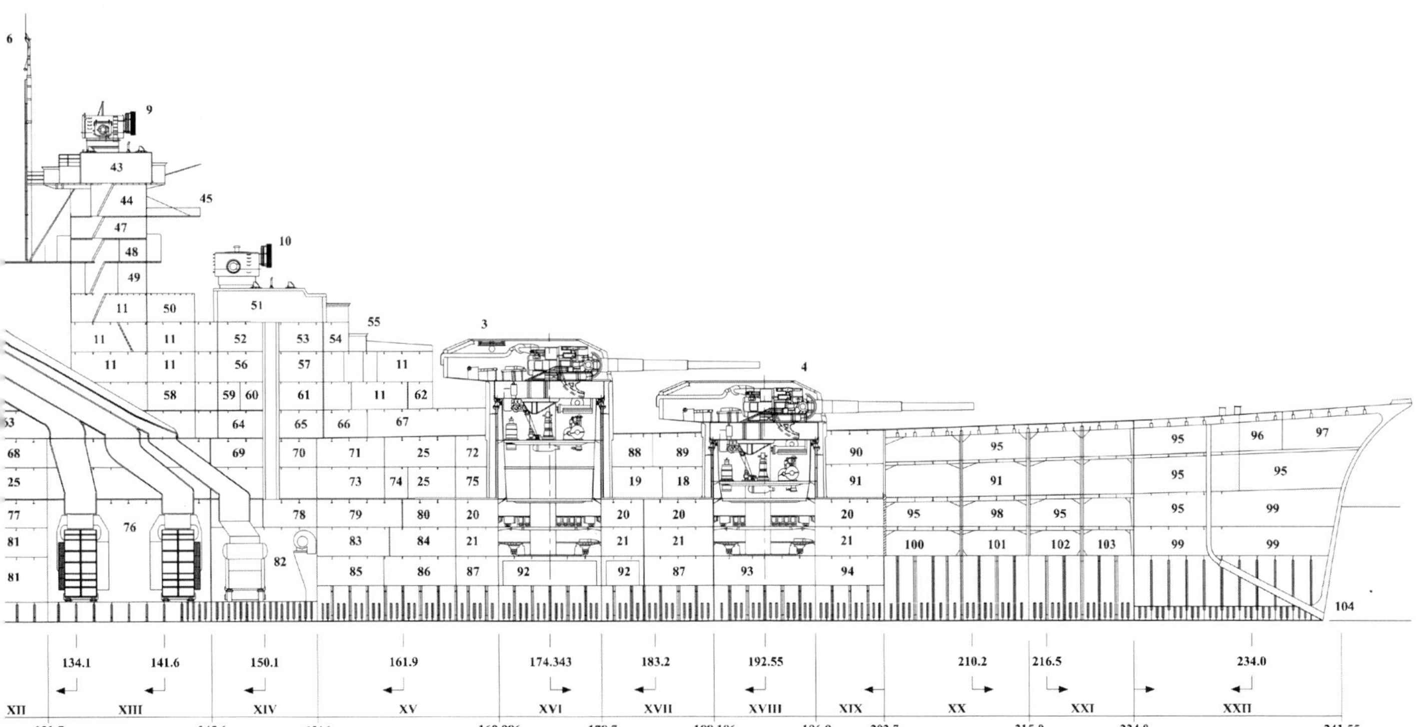

Oberdeck

1 Barbette des 38-cm-Geschützturms »Dora«
2 Barbette des 38-cm-Geschützturms »Cäsar«
3 Barbette des 38-cm-Geschützturms »Bruno«
4 Barbette des 38-cm-Geschützturms »Anton«
5 Barbette des 15-cm-Geschützturms »Backbord III«
6 Barbette des 15-cm-Geschützturms »Backbord II«
7 Barbette des 15-cm-Geschützturms »Backbord I«
8 Barbette des 15-cm-Geschützturms »Steuerbord III«
9 Barbette des 15-cm-Geschützturms »Steuerbord II«
10 Barbette des 15-cm-Geschützturms »Steuerbord I«
11 2-cm-Flak-Sockellafette
12 Bordkransockel
13 Heckflaggenstock
14 Heckankerklüse
15 Deckluke
16 Oberlicht
17 Klampen
18 Poller
19 Verholspill
20 Achteres Fallreep
21 Ausklappbare Spiere
22 Vorderes Fallreep
23 Wellenbrecher
24 Ausklappbare Spiere als Bootsanleger
25 Bugankerklüse
26 Flaggenstock für die Gösch

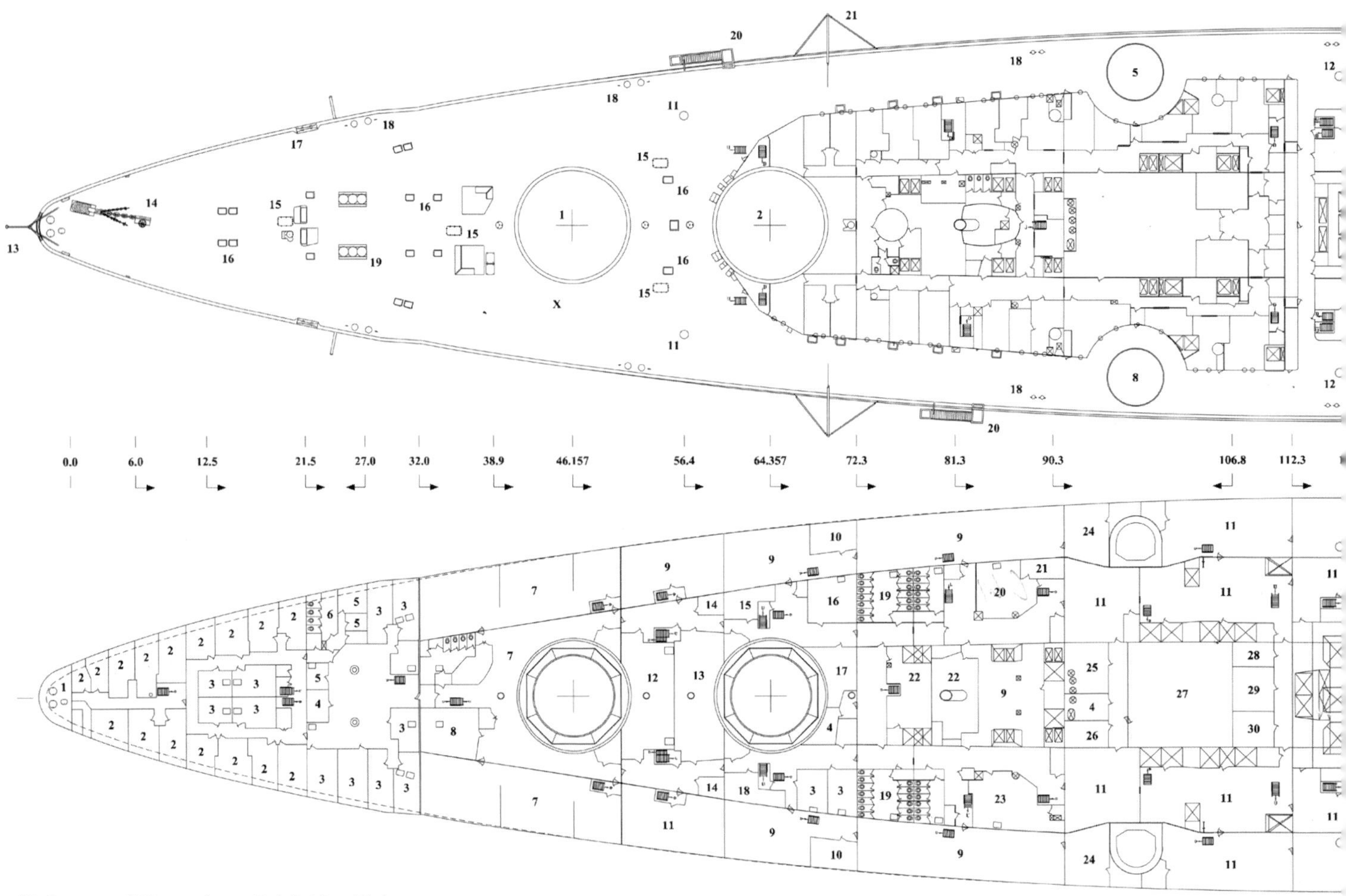

Batteriedeck

1 Raucherzeugerraum
2 Offiziersunterkünfte
3 Quartier für zwei Unteroffiziere
4 Aufbewahrungsraum
5 Unteroffizierswaschräume
6 Unteroffizierstoiletten
7 Ingenieursdeck
8 Mahlzeitenzubereitungskammer für Ingenieure
9 Ingenieursmesse
10 Treibstoffkontrollstelle
11 Mannschaftsmesse
12 Mannschaftsbordküche
13 Ingenieurswaschraum
14 Hängematenlagerraum
15 Achtere Zubereitungskammer für die Mahlzeiten der Mannschaften
16 Unteroffiziersbordküche
17 Poststelle für Wachoffiziere
18 Poststelle für Mannschaften
19 Mannschaftstoiletten
20 Achtere Kantine
21 Lagerraum
22 Schusterei
23 Mannschaftswaschraum
24 Quartier für Köche und Servierkräfte
25 Deckstauraum
26 Artilleriedienststelle
27 Funkraum C
28 Kartoffelvorratsraum
29 Scheinwerferbetriebsraum
30 Kartoffelverarbeitungsraum
31 Wäscherei und Trocknerraum
32 Waffenlagerraum
33 Spierenlagerraum
34 Bäckerei
35 Vordere Zubereitungskammer für die Mahlzeiten der Mannschaften
36 Bäckerei-Kühllager
37 Wäscherei
38 Spülmaschinen
39 Lobby / Eingangsbereich
40 Vordere Kantine
41 Vordere Mannschaftsbordküche
42 Unteroffiziersmesse
43 Zubereitungskammer für die Mahlzeiten der Unteroffiziere
44 Schiffszimmerei
45 Sportgerätelagerraum

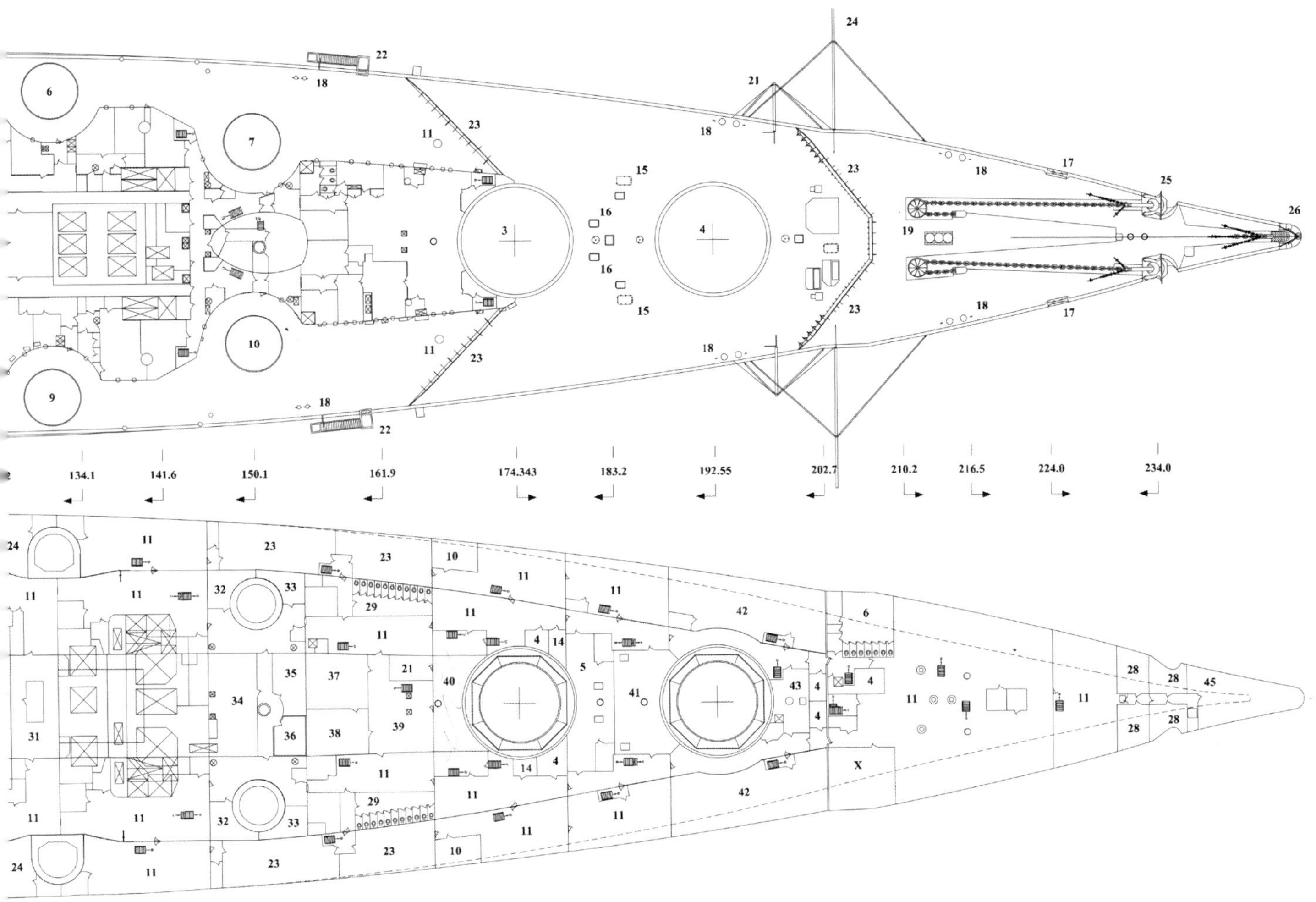

Hauptpanzerdeck

1 Barbette des 38-cm-Geschützturms »Dora«
2 Barbette des 38-cm-Geschützturms »Cäsar«
3 Barbette des 38-cm-Geschützturms »Bruno«
4 Barbette des 38-cm-Geschützturms »Anton«
5 Barbette des 15-cm-Geschützturms »Backbord III«
6 Barbette des 15-cm-Geschützturms »Backbord II«
7 Barbette des 15-cm-Geschützturms »Backbord I«
8 Barbette des 15-cm-Geschützturms »Steuerbord III«
9 Barbette des 15-cm-Geschützturms »Steuerbord II«
10 Barbette des 15-cm-Geschützturms »Steuerbord I«
11 Quartier für vier Unteroffiziere
12 Unteroffiziersmesse
13 Zubereitungskammer für die Mahlzeiten der Unteroffiziere
14 Quartier für zwei Unteroffiziere
15 Unteroffiziersquartiere
16 Ingenieursmesse
17 Unteroffiziersmesse / Zusatzlazarett
18 Aufbewahrungsraum
19 Ankleideraum für Gefechtskleidung
20 Mannschaftsmesse
21 Zentrale Leitstelle
22 Artilleriewerkstatt
23 Artillerielagerraum
24 Ingenieurswerkstatt
25 Werkstattlagerraum
26 Ingenieurslagerraum
27 Mannschaftsschreibstube
28 Elektroingenieurswerkstatt
29 Elektroingenieurslagerraum
30 Flak-Rechenstelle
31 Schweißerwerkstatt
32 Schmiedewerkstatt
33 Dienststelle
34 Heißwasserversorgungsraum
35 Pumpenmeisterlagerraum
36 Luftkompressorraum
37 Druckerei
38 Lagerraum für optische Geräte
39 Sportgerätelagerraum
40 Lüfterbetriebsraum
41 Lagerraum für Musikinstrumente
42 Hängemattenlagerraum
43 SVF-Raum
44 Flak-Rechenstelle
45 Flak-Telefonschaltanlage
46 Artillerierechenstelle
47 Artillerietelefonschaltanlage
48 Lagerraum für Verwaltungsdienststelle
49 Kartenraum
50 Lagerraum für Gasschutzausrüstungen
51 Lagerraum für Musikinstrumente

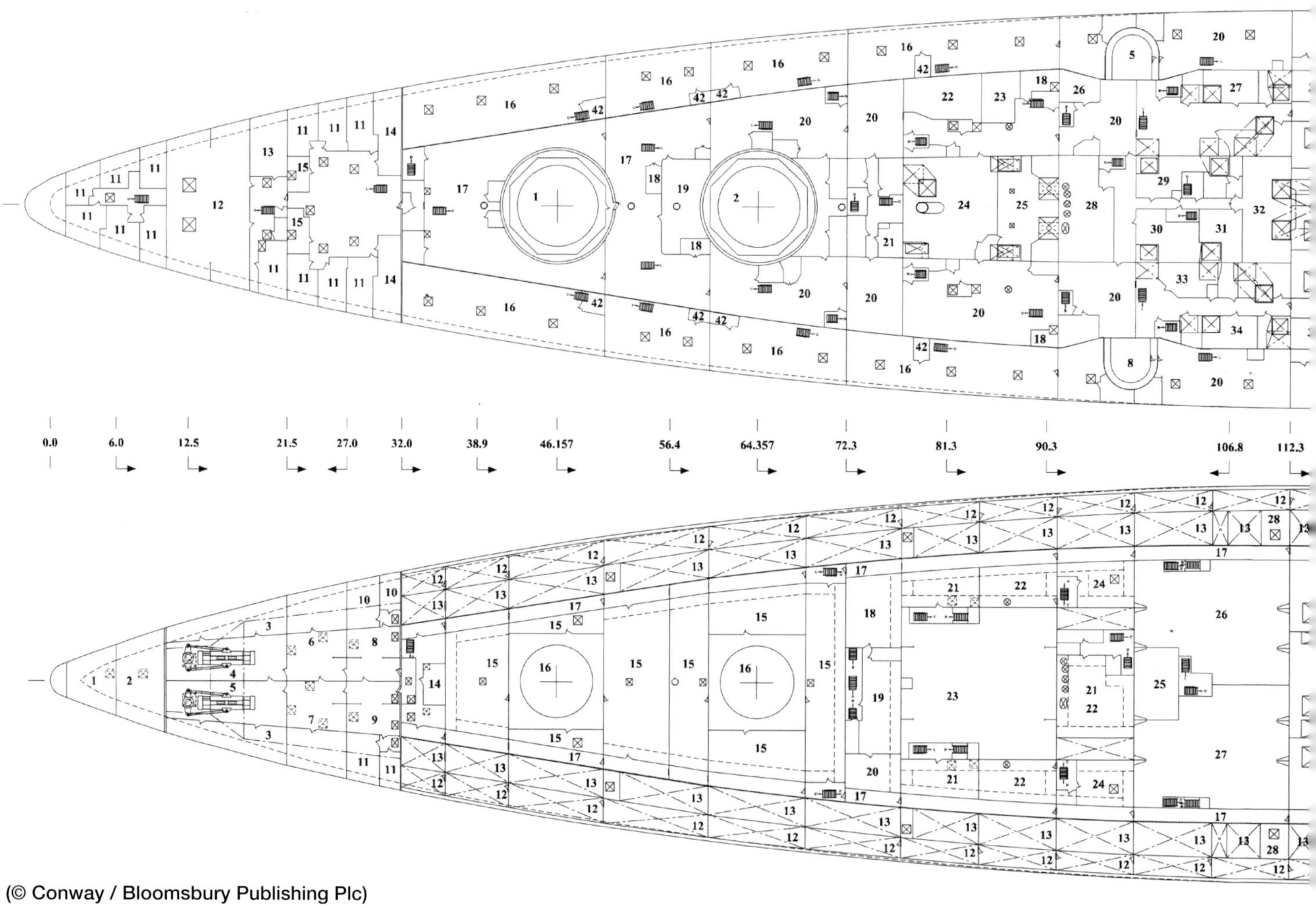

Oberes Plattformdeck

1 Lagerraum
2 Unteroffizierslagerraum
3 Leerraum
4 Rudergetrieberaum 2
5 Rudergetrieberaum 1
6 Rudermaschinenraum 2
7 Rudermaschinenraum 1
8 Handsteuerraum 2
9 Handsteuerraum 1
10 Admiralslagerraum
11 Kapitänslagerraum
12 Ballasttank / Trimmtank
13 Treibstofftank
14 Trockenlager
15 Lagerraum für Schießpulver und Kartuschen der 38-cm-Granaten
16 Umladerraum für die Treibladungen der 38-cm-Granaten
17 Durchgang
18 Achtere Artillerielrechenstelle
19 Reserveschaltplanraum für Artillerie
20 Achterer Artillerieverstärkerraum
21 Magazin für 3,7-cm-Flak
22 Magazin für 10,5-cm-Flak
23 Zentraler Turbinenraum
24 15-cm-Kartuschenraum
25 Maschinenplattform
26 Backbordturbinenraum
27 Steuerbordturbinenraum
28 Zugangsraum
29 Hochzelle
30 Backbordkesselraum 1
31 Mittlerer Kesselraum 1
32 Steuerbordkesselraum 1
33 Speisewassertank
34 Backbordkesselraum 2
35 Mittlerer Kesselraum 2
36 Steuerbordkesselraum 2
37 Umladeraum für die Treibladungen der 15-cm-Granaten
38 Leitstelle
39 Funkraum B
40 Vorderer Flak-Schaltanlagenraum
41 Vordere Flak-Leitzentrale
42 Transformatorraum
43 Mannschaftsmesse
44 Arrestzelle
45 Lagerraum

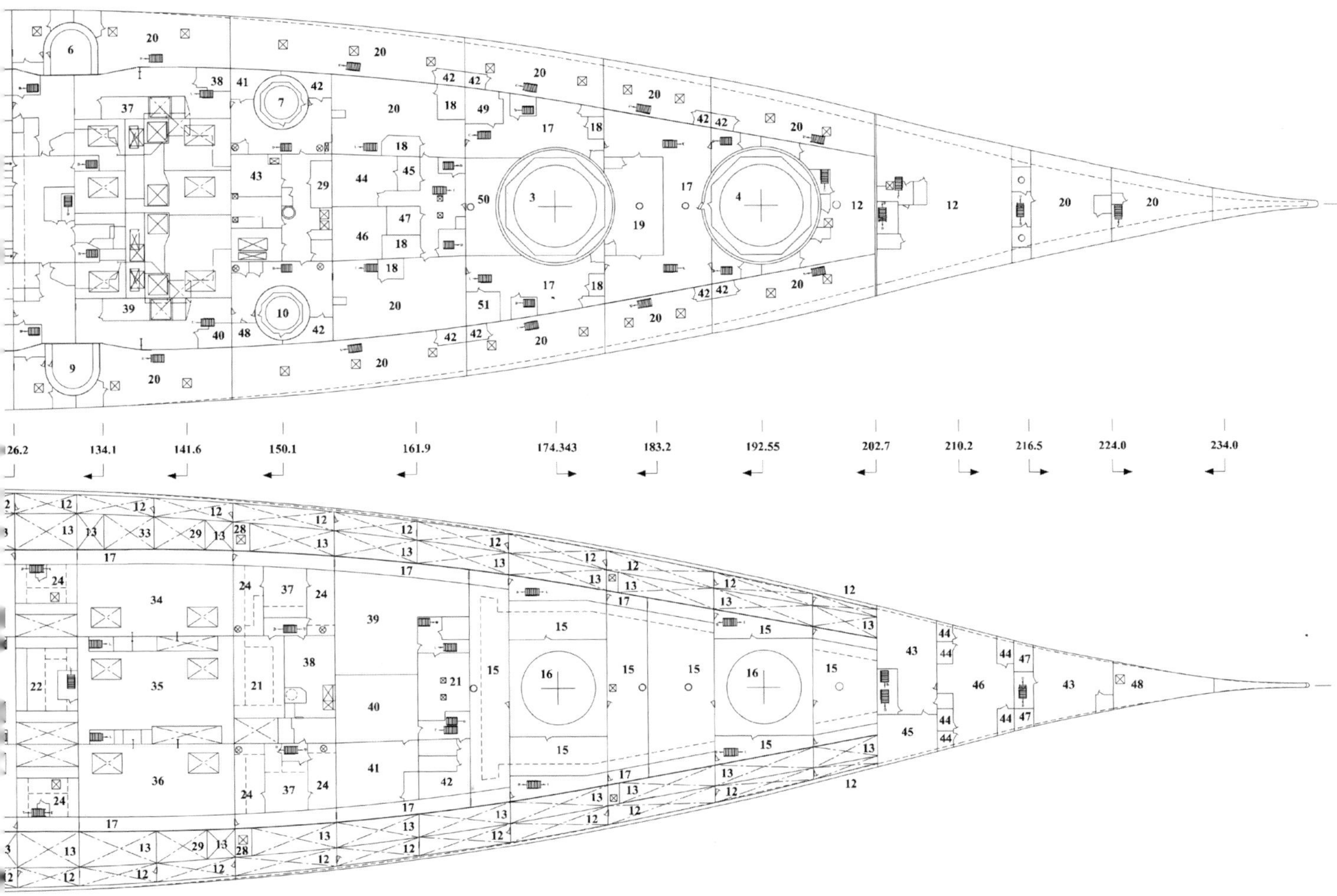

Mittleres Plattformdeck

1 Granatumladeraum für 38-cm-Geschützturm »Dora«
2 Granatumladeraum für 38-cm-Geschützturm »Cäsar«
3 Granatumladeraum für 38-cm-Geschützturm »Bruno«
4 Granatumladeraum für 38-cm-Geschützturm »Anton«
5 Ballasttank / Trimmtank
6 Offizierslagerraum
7 Treibstofftank
8 Farbenlager
9 Fleischlagerraum
10 Durchgang
11 Spirituosenlagerraum
12 Pumpenraum
13 38-cm-Granatenraum
14 Kantinenlagerraum
15 Flak-Schaltanlagenraum
16 Achterer Regulatorraum
17 Achterer Reserveschaltanlagenraum für Artillerie
18 Kühlanlagenraum
19 Zentraler Turbinenraum
20 Trockenlager
21 Kreiselkompassraum
22 Achterer Gleichstromschaltanlagenraum
23 Achterer zentraler Geschützübungsraum
24 15-cm-Granatenlagerraum
25 Achtere Flak-Rechenstelle
26 Backbordturbinenraum
27 Steuerbordturbinenraum
28 Backbordkesselraum 1
29 Zentraler Kesselraum 1
30 Steuerbordkesselraum 1
31 10,5-cm-Granatenraum
32 Backbordkesselraum 2
33 Zentraler Kesselraum 2
34 Steuerbordkesselraum 2
35 Hilfsmaschinenraum
36 Vorderer Reserveschaltanlagenraum für Artillerie
37 Brotlagerraum
38 Vorderer Schaltanlagenraum für Artillerie
39 Vordere Artillerieleitrechenstelle
40 Vorderer Artillerieverstärkerraum
41 Funkraum A
42 Farbenlager
43 Feuerwerkslagerraum
44 Kettenlager
45 Bootsmannslagerraum
46 Leinenlager
47 Funkausrüstungslager
48 Schiffszimmereilagerraum
49 Segeltuchmacherlagerraum

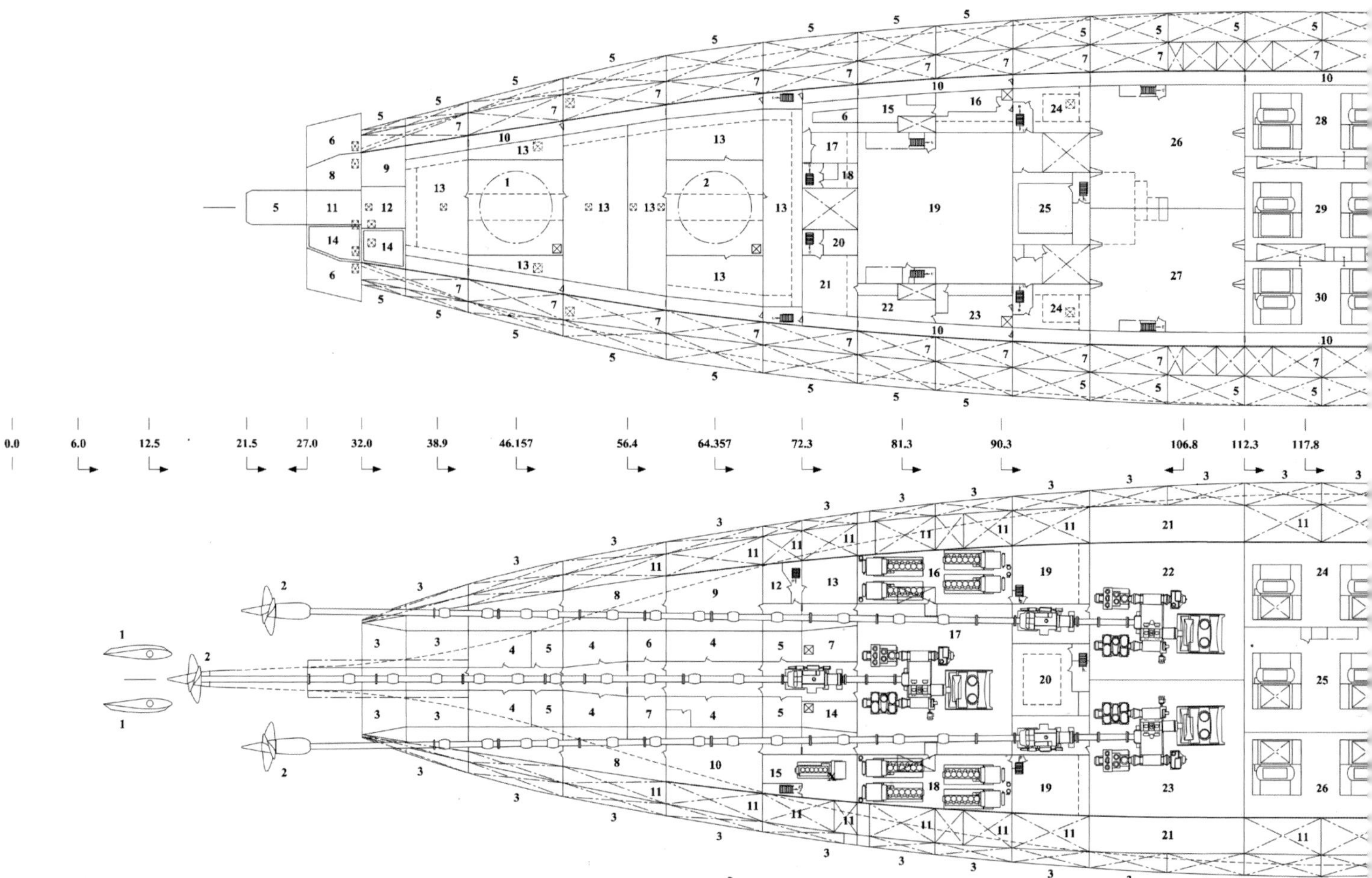

Unteres Plattformdeck

1 Ruder
2 Schiffsschrauben
3 Ballasttank / Trimmtank
4 Maschinenlagerraum
5 Pumpenraum
6 Pumpenraum für Süß- und Waschwasser
7 Treibstofflager
8 Wellentunnel
9 Kühlungsmaschinenraum
10 Treibstoffpumpenraum
11 Treibstoffbunker
12 Schadensbehebungszentrale
13 Lager für elektrische Aggregate
14 Artillerielagerraum
15 Dieselmotorraum
16 Stromgeneratorraum 1
17 Zentraler Turbinenraum
18 Stromgeneratorraum 2
19 Stromschaltanlagenraum
20 Achterer Flak-Schaltanlagenraum
21 Treibstoffbunker
22 Backbordturbinenraum
23 Steuerbordturbinenraum
24 Backbordkesselraum 1
25 Zentraler Kesselraum 1
26 Steuerbordkesselraum 1
27 15-cm-Granatenlagerraum
28 Backbordkesselraum 2
29 Zentraler Kesselraum 2
30 Steuerbordkesselraum 2
31 Stromgeneratorraum 4
32 Hilfsmaschinenraum
33 Stromgeneratorraum 3
34 Kühlraum
35 Ballastpumpenraum
36 Vorderer Gleichstromschaltanlagenraum
37 Vorderer zentraler Geschützübungsraum
38 Vorderer Kreiselkompassraum
39 Regulatorraum
40 Kühlkompressorraum
41 Bootsmannslagerraum
42 Brotlagerraum
43 Fleischlagerraum
44 Kantinenlagerraum
45 Bekleidungslagerraum
46 Lagerraum für Verwaltung

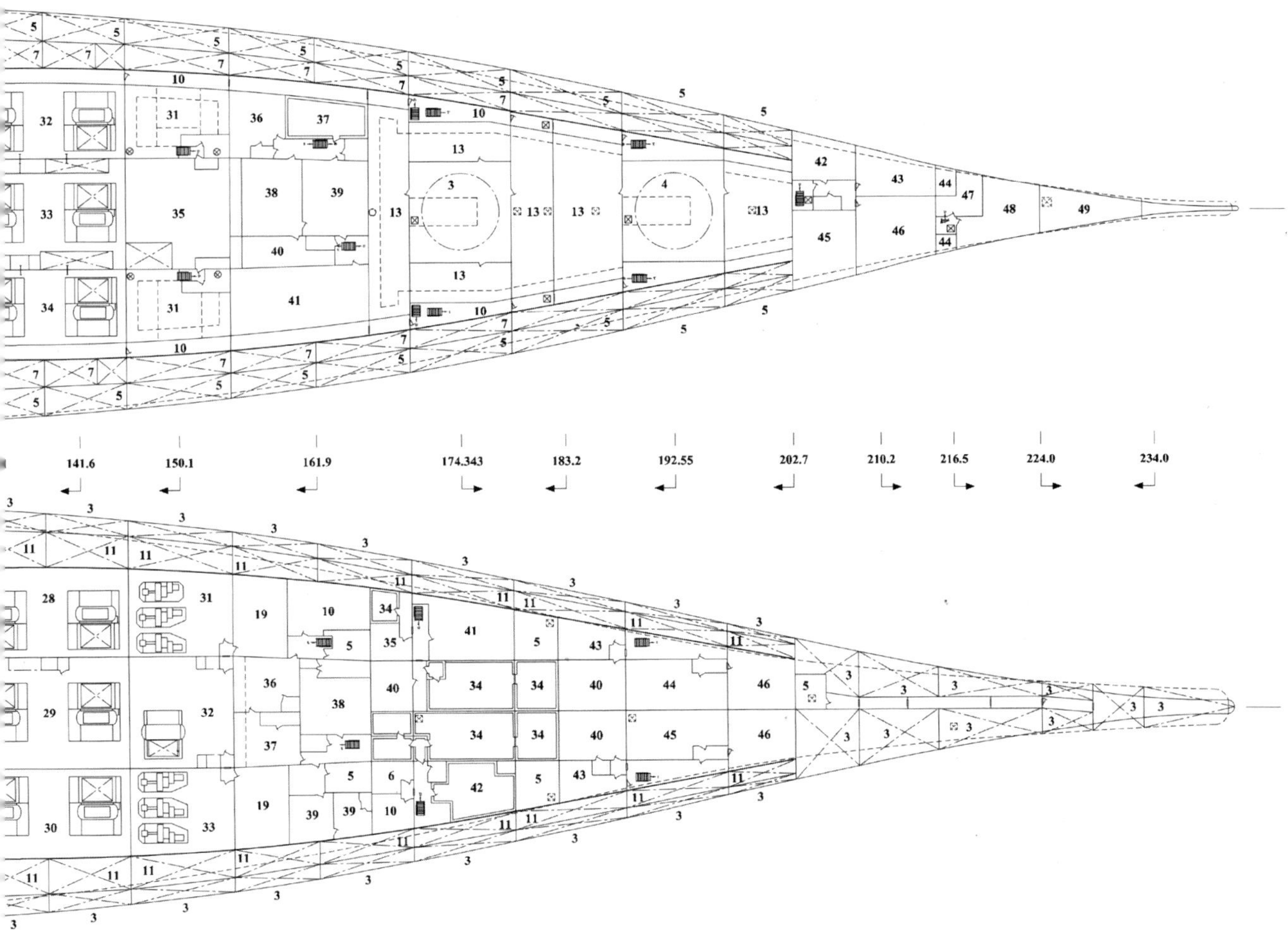

Für ihren Stapellauf erhielt die BISMARCK zwei Masten, an denen je eine Nationalflagge wehte, sowie je einen Flaggenstock an Bug und Heck. Hinzu kamen zahlreiche Wimpel. Die Schlepper standen bereit, um das Schlachtschiff an den Ausrüstungspier zu bringen.

schen den Spanten 47.6 und 154.6 in der Schiffsmittelachse verlief, bildete das eigentliche Rückgrat des Rumpfes. Der Vordersteven als das vorderste Bauelement der BISMARCK erhielt als Spant die Nummer 239. Zwischen den Spanten 154.6 und 224 verlief anstelle des Kiels ein Schott entlang der Schiffsmittelachse. Insgesamt unterteilten 24 querverlaufende wasserdichte Schotten den Rumpf in 22 Abteilungen. Diese waren ebenfalls vom Heck bis zum Bug in römischen Zahlen durchnummeriert.

Die wasserdichte Abteilung X, in der sich zwei Turbinenräume für den Antrieb der Backbord- und Steuerbordschraube befanden, war weiter vorne als Abteilung VII angeordnet, in welcher der mittelachsige Turbinenraum war.

Während die querverlaufenden wasserdichten Schotten auf Höhe der Spanten 41.8, 50.5, 60 und 68.71 zusätzlich das Gewicht der beiden achteren Geschütztürme »Cäsar« und »Dora« abstützten, nahmen die Schotten bei den Spanten 169.99, 178.7, 188.89 und 186.9 die Last von »Anton« und »Bruno« auf. Diese tragenden Schotten erstreckten sich vom Schiffsboden hinauf bis zur Unterseite des Panzerdecks. Sie reichten zu beiden Seiten jedoch nicht über das Torpedoschott hinaus, welches die Innenbereiche des Rumpfes von den äußeren Räumen trennte, in denen sich die Wasser- und Treibstofföltanks befanden. Zwischen diesen Tanks (Bunkern) und der Rumpfaußenseite gab es noch einen Hohlraum, welcher als Absorptionsbereich für Torpedos diente.

Die BISMARCK bei ihrer Rückkehr zur Werft Blohm & Voss im Dezember 1940. Dort machte sie an ihrem alten Anlegeplatz fest und erhielt einen auf die Ostsee abgestimmten Tarnanstrich. Danach war es den meisten Besatzungsmitgliedern gestattet, über Weihnachten heimzufahren.

Das Torpedoschott erstreckte sich vertikal vom Doppelboden des Schiffes hinauf bis zum Oberdeck. Zudem bot es auch zu einem gewissen Grad einen Splitterschutz für die beiden achteren 15-cm-Geschützbarbetten. Zwei weitere längsverlaufende Schotten zwischen den Türmen »Bruno« und »Cäsar« boten zusätzlichen Schutz. Diese erstreckten sich vertikal vom Panzerdeck hinauf zum Oberdeck.
Die BISMARCK verfügte über einen Doppelboden, der an seinem Anfangspunkt bei Spant 46.157 eine Stärke bzw. Tiefe von 120 Zentimetern hatte. Diese nahm bis Spant 72.3 auf 170 Zentimeter zu und blieb dann bis Spant 154.6 gleich. Von dort verjüngte sie sich dann wiederum leicht auf 150 Zentimeter. Der äußere Rumpf selbst hatte an seinen Seiten eine Stärke von 1,6 bis 2,6 Zentimetern. Die Bilge verlief zwischen den Spanten 88.8 und 141.1 und erreichte mittschiffs ihre größte Stärke bzw. Tiefe von einem Meter.
Der Schiffskörper bestand aus längs- und vertikalverlaufenden Spanten. Außer den bereits beschriebenen Horizontalspanten befanden sich auf jeder Rumpfseite parallel zum Kiel neun Längsspanten. Diese unterteilten das Schiff in der Länge anstatt in der Breite. Ihre Nummerierung erfolgte ebenfalls in römischen Zahlen sowie nach der jeweiligen Schiffsseite, sodass sich »Backbord I« und »Steuerbord I« jeweils am nahesten am Kiel befanden. Der Längsspant VII auf beiden Seiten des Schiffes verband die wasserdichten Schotten zwischen den Spanten 21 und 202.7 und somit die beiden äußeren Enden der gepanzerten Zitadelle. Zusätzlich trennte das Schott in der Längsachse die Turbinenräume 2 und 3 voneinander, welche die Backbord- und Steuerbordwelle antrieben, in die wasserdichte Abteilung X zwischen Spant 98.3 und 112.3. Dieses Schott reichte vertikal vom inneren Doppelboden bis hinauf zum Panzerdeck. Im Falle eines Torpedo- oder Granattreffers im Turbinenraum sollte es verhindern, dass mehr als eine Turbine beschädigt wurde.
Oberhalb ihres Panzerdecks war die BISMARCK in 34 querverlaufende Schotten aufgeteilt, deren Höhe je nach Position im Rumpf variierte.

Die Schutzeinrichtungen

Die Prinzipien, nach denen der Entwurf und die Anordnung des Panzerschutzes erfolgten, gingen auf jene Grundsätze zurück, welche die deutsche Marine vor dem Ersten Weltkrieg festgelegt hatte. Nach der Kiellegung der ersten Linienschiffe (Schlachtschiffe) der BAYERN-Klasse im Jahre 1913 fand die Indienststellung von zwei der insgesamt vier Einheiten 1916/17 statt und somit zu spät, um an der Skagerrakschlacht teilzunehmen. Wie bei den anderen deutschen Großkampfschiffen bestand auch ihr Panzerschutz aus Panzerstahlplatten vom

Eine an der Bordwand der BISMARCK angebrachte Stahlplatte während der Ausrüstungsphase. Diese 32 Zentimeter starke Platte war die erste von vielen, die schließlich den Hauptgürtelpanzer des Schlachtschiffes bildeten. Die Herstellung dieser spezialgehärteten Platten erfolgte aus einer neuen Stahlsorte namens »Krupp cementiert« (KC) mit nahezu unerreichter Widerstandsfähigkeit.

Typ »Krupp cementiert« (KC). Diese bildeten einen Panzergürtel, der sich vom Vor- bis zum Achterschiff erstreckte, ohne jedoch auch den Bug und das Heck zu bedecken. Dieser »Gürtel« war in der Zitadelle am stärksten, welche vor den vorderen schweren Geschütztürmen begann und hinter den achteren Türmen endete. Während die Panzerstärke der Zitadelle 35 Zentimeter betrug, erhielten die Geschützbarbetten sowie der vordere Feuerleitstand ein ähnliches Maß an Schutz.
Die Schlachtschiffe der SCHARNHORST-Klasse verfügten über eine ähnliche Anordnung, auch wenn ihre Panzerstärken und deren Platzierung geringfügig vom ursprünglichen Schema der BAYERN-Klasse abwichen. Das Argument für die Bei-

Die Anbringung des äußeren Panzergürtels erfolgte nach dem Stapellauf der BISMARCK, da dessen enormes Zusatzgewicht den Ablauf des Schiffskörpers von der Helling ins Wasser beträchtlich erschwert hätte. Diese Aufnahme entstand im Frühjahr oder im Frühsommer 1939 und zeigt die beinahe abgeschlossene Anbringung des Panzergürtels am Rumpf.

Während des Frühjahres und Sommers 1939 setzte sich die Anbringung des Panzergürtels fort. Dessen Panzerplatten bedeckten insgesamt nur rund 70 Prozent des Rumpfes zwischen den vorderen und achteren 38-cm-Geschütztürmen. Die Bereiche am Bug und Heck waren daher wesentlich schwächer gepanzert. Nach der Anbringung der Panzerplatten erfolgte der Einbau der Geschütztürme sowie parallel die Errichtung der Aufbauten. Gegen Ende des Sommers waren die wichtigsten Elemente bereits an ihrem Platz. In dieser Aufnahme lässt der links sichtbare 250-Tonnen-Kran der Werft die BISMARCK fast schon klein aussehen.

behaltung dieses Konzepts ergab sich aus dem geplanten Einsatzgebiet. Die neuen Großkampfschiffe sollten höchstwahrscheinlich im Nordatlantik und Nordmeer sowie möglicherweise in den Gewässern der Nord- und Ostsee zum Einsatz kommen. Dies bedeutete, dass die Sicht – besonders während der Wintermonate – vermutlich eingeschränkt war, sodass die meisten Seegefechte voraussichtlich über Entfernungen von weniger als 9,5 Seemeilen (15 Kilometer) stattfanden. Da diese Gefechtsentfernung nahezu identisch war mit jener, die auch für die BAYERN-Klasse vorgesehen war, blieben die Entwurfskriterien praktisch unverändert. Folglich legten die Konstrukteure größeren Wert auf den seitlichen Panzergürtel zum Schutz vor Granaten aus relativ geringer Distanz als auf die Deckpanzerung, welche einen Schutz vor steil einschlagenden Geschossen aus größerer Entfernung bot.

Die Konstruktion der BISMARCK erfolgte generell nach dem gleichen Schema. Der Unterschied bestand jedoch im Material, da bei ihrem Bau verbesserte und spezialgehärtete Stahlpanzerplatten vom Typ »Krupp cementiert, Neue Art« (KC n/A) Verwendung fanden. Tests nach dem Krieg zeigten, dass dieses neue Material dem älteren »Krupp cementiert« sowie dem Panzerstahl auf den meisten anderen Schlachtschiffen jener Zeit überlegen war. Der Gürtelpanzerschutz der BISMARCK erstreckte sich auf beiden Rumpfseiten von Spant 32 bis zu Spant 202.7 und somit bis kurz vor die vorderen Geschütztürme sowie bis kurz hinter die achteren Türme. Seine Stärke variierte ober- und unterhalb des Hauptgürtelbereichs. Die schwere Artillerie und ihre Barbetten, die mittlere Artillerie sowie die Feuerleitstände waren zusätzlich gepanzert. Der untere Teil des seitlichen Panzergürtels hatte eine Stärke von 32 Zentimetern und reichte bis zur Wasserlinie, die sich 9,2 Meter oberhalb des Kiels befand. Unterhalb der Wasserlinie verjüngte sich der Gürtel auf 17 Zentimeter. Zwischen Panzergürtel und Schiffswand befand sich eine 60 Zentimeter dicke, mit spezialgehärteten Bolzen befestigte Teakholzschicht. Oberhalb des Hauptgürtels war der Zitadellgürtel angeordnet, dessen Panzerung bis zum Oberdeck hinauf reichte. An dieser Stelle fand ebenfalls der neue Stahl vom Typ »Krupp cementiert, Neue Art« (KC n/A) mit einer Stärke von 14,5 Zentimetern Verwendung. An den beiden äußeren Enden des Hauptgürtels befand sich ein zusätzlicher leichterer Panzerschutz, welcher sich vorne bis zum Bug mit einer Stärke von sechs Zentimetern und achtern bis zum Ruderraum mit einer Stärke von acht Zentimetern erstreckte.

Die Deckpanzerung bestand aus Stahl mit der Bezeichnung »Wotan hart« (Wh). Wie bei den meisten Schlachtschiffen jener Zeit befand sich auch das Panzerdeck der BISMARCK unterhalb des Oberdecks und bedeckte auf Höhe der Wasserlinie die ganze Breite des Rumpfes. Der Rand, an dem das Panzerdeck auf den vertikalen Gürtelpanzer traf, war in einem Winkel von 22° zu den Schiffsaußenseiten hin abgeschrägt, sodass der Gürtel und das Deck unterhalb der Wasserlinie ineinander übergingen. Diese »schildkrötenartige« Anordnung war ein gängiges Konstruktionsmerkmal großer deutscher Kriegsschiffe, da es ein zusätzliches Maß an Schutz gegen Granaten bot: Falls diese Geschosse den Panzergürtel durchschlugen, trafen sie unmittelbar danach auf eine zusätzliche und stark gepanzerte Fläche. Die Kombination dieser beiden Schutzvorrichtungen machte das Schlachtschiff nahezu unverwundbar durch den Beschuss aus geringen Entfernungen.

Das Panzerdeck hatte fast durchgängig eine Stärke von acht Zentimetern. Während diese mittschiffs auf 9,5 Zentimeter zunahm, war sie über den Magazinen elf Zentimeter stark. Die zu beiden Seiten abgeschrägten äußeren Enden, die wegen ihres Winkels von 22° an einen Schildkrötenpanzer erinnerten, hatten ebenfalls eine Stärke von elf Zentimetern. Rund um die Magazine erhöhte sich diese schrägstehende Panzerung auf zwölf Zentimeter. Die Ausdehnung des Panzerdecks entsprach der Länge der gepanzerten Zitadelle. Die daran anschließenden Bereiche wie der Bug und das Heck waren ebenfalls mit einem Panzerschutz versehen, welcher jedoch weniger stark ausgeprägt war. Der Bug verfügte als Schutz über einen relativ dünnen Splittergürtel mit einer Stärke von zwei Zentimetern. Im Achterschiff jedoch hatte die Deckpanzerung zum Schutz der Ruder und der Schiffsschrauben eine Stärke von elf Zentimetern. Die Schutzwirkung dieser horizontalen Panzerung erhöhte sich durch zusätzliche dünne Schichten der Deckbeplankung auf dem Oberdeck, welche eine Gesamtdicke von fünf bis acht Zentimetern erreichten, sowie durch das Batteriedeck mit einer Stärke von zwei Zentimetern. Zusammen bilden diese Einrichtungen ein hervorragendes Maß an Schutz vor steil einschlagenden Granaten.

Der Panzergürtel und das Panzerdeck umschlossen die Zitadelle, welche die in ihr befindlichen Bereiche vor Steilfeuer sowie vor seitlichem Beschuss direkt gegen den Rumpf schützen sollte. Die wasserdichten Querschotten bei Spant 32 und Spant 202.7 bildeten die äußeren Enden der Zitadelle. Während das vordere dieser beiden Schotten (Spant 202.7) eine Stärke von 14,5 Zentimetern hatte, war das hintere (Spant 32) 22 Zentimeter dick. Beide Schotten verjüngten sich jedoch auf zehn Zentimeter bis zur Höhe der oberen Zitadelle genau unter dem Oberdeck. Innerhalb der Zitadelle reichte die Stärke der wasserdichten Querschotten von 11 bis 18 Zentimeter. Sie verjüngten sich jedoch ebenfalls an beiden Enden der gepanzerten Zitadelle auf zehn Zentimeter. Von den insgesamt 22 wasserdichten Schotten der BISMARCK befanden sich 17 innerhalb der Zitadelle und galten zudem als eigenständige Panzerschotten.

Das Schlachtschiff verfügte neben seinem Gürtelpanzer über weitere seitliche Schutzeinrichtungen. Ein inneres Torpedoschott erstreckte sich innen vom Panzergürtel über die gesamte Länge der Zitadelle von Spant 32 bis Spant 202.7. Dieses hatte eine Stärke von 4,5 Zentimetern und bestand aus der Stahlsorte »Wotan hart«. Es bildete einen Hohlraum zwischen dem Rumpfboden und dem Panzerdeck. Weitere Längsschotten teilten diesen Bereich in drei Abteilungen – zwei innere und einen äußeren – auf. Die längsverlaufenden Räume wurden wiederum durch gepanzerte Querschotten aufgeteilt, wodurch drei Reihen mit Abteilungen entstanden. Während die beiden inneren als Tanks bzw. Bunker für Speisewasser und den Öltreibstoff dienten, blieb der äußere leer. Dieser konnte jedoch mit Seewasser gefüllt werden, um im Falle von Wassereinbrüchen auf der gegenüberliegenden Seite die Schlagseite wieder auszugleichen (Gegenfluten).

Das Oberdeck verfügte über eine leichte Panzerung ebenfalls in Form der Stahlsorte »Wotan hart«. Diese erstreckte sich von Spant 10.5 bis Spant 224 und hatte eine Stärke von fünf Zentimetern. Im Bereich der schweren Türme »Bruno« und »Cäsar« sowie der Türme der mittleren Artillerie erhöhte sich die Panzerstärke auf acht Zentimeter. Die Deckpanzerung bildete die erste Schutzschicht für die Innenräume zwischen dem Oberdeck und dem Panzergürtel. Die Deckpanzerung war komplett vom Teakholzbelag des Oberdecks überdeckt.

Die schweren Geschütztürme selbst verfügten über eine extrem starke Stahlpanzerung vom Typ »Krupp cementiert, Neue Art« (KC n/A). Während die Frontseite eine Stärke von 36 Zentimetern hatte, waren die Seitenwände 22 Zentimeter und die

Das Achterschiff der BISMARCK im Herbst 1940. Der Panzergürtel war bereits angebracht, der achtere Geschützturm »Dora« eingebaut und die unteren Aufbauten fertiggestellt.

Rückseite 32 Zentimeter stark gepanzert. Die obere Hälfte der Seitenwände war nach innen abgewinkelt. Die ebenfalls nach innen abgeschrägte Frontseite der Türme oberhalb der Geschützrohre hatte eine Stärke von 18 Zentimetern, die Turmdecke bestand aus 13 Zentimeter dicken Stahlplatten. Die Barbetten verfügten über eine ebenfalls sehr starke Panzerung von 22 Zentimetern. Da die beiden inneren Türme, »Bruno« und »Cäsar«, die beiden äußeren Türme, »Anton« und »Dora«, überragten, waren auch ihre beiden Barbetten höher. Um den Bereich der Barbetten, der aus dem Oberdeck herausragte und bis unter die Geschütztürme reichte, besser zu schützen, war dieser 34 Zentimeter stark gepanzert.
Die Türme der mittleren Artillerie verfügten über einen schwächeren Panzerschutz. Während die Frontseite zehn Zentimeter dick war, betrug die Stärke der Seitenwände und der Rückseite jeweils acht Zentimeter. Die vorne abgeschrägte Turmdecke war hingegen nur vier Zentimeter stark gepanzert. Obwohl die Barbetten dieser sechs 15-cm-Geschütze nur zwei Zentimeter dick waren, boten ihnen der obere Panzergürtel mit seinen 14,5 Zentimetern und der Hauptpanzergürtel mit seinen 32 Zentimetern Stärke einen zusätzlichen Schutz.
Die Feuerleitstände verfügten ebenfalls über gute Schutzvorrichtungen. Der Hauptleitstand auf der Vormarsgalerie hatte nur eine leichte Seitenpanzerung von sechs Zentimetern und eine Deckenpanzerung von zwei Zentimetern, da die Verwendung von mehr Stahl die Topplastigkeit des Schiffes erhöht und damit dessen Stabilität beeinträchtigt hätte. Da die beiden anderen Leitstände sich weitaus tiefer befanden, erhielten diese einen stärkeren Panzerschutz. Der vordere Leitstand verfügte daher über 35 Zentimeter starke Seitenwände sowie über eine 22 Zentimeter dicke Decke. Der achtere Leitstand hatte eine 15 Zentimeter starke Seitenpanzerung und eine bis zu drei Zentimeter dicke Decke. Die Kommunikationsleitungen zwischen den Gefechtsstationen und den Geschützen waren durch einen gepanzerten Verbindungsschacht geschützt. Dieser war direkt mit der darunterliegenden Zitadelle verbunden, in der sich die Rechnerräume für die Artillerie befanden. Unterhalb des vorderen Leitstandes betrug der Panzerschutz des Schachtes 22 Zentimeter, unterhalb des achteren Leitstandes fünf Zentimeter. Die Kommunikationsleitungen führten aus der Zitadelle direkt in die Geschütztürme.

Die BISMARCK erhielt ihre drei bronzenen Schiffsschrauben im Trockendock neben dem Ausrüstungspier bei Blohm & Voss. Es war das Steuerbordruder (rechts), welches von einem Torpedo einer »Swordfish« getroffen wurde. Da sich das Ruder durch diesen Treffer nicht mehr aus der Backbordposition lösen ließ, war es dem Schlachtschiff unmöglich, einen sicheren französischen Hafen zu erreichen.

Der Antrieb

Obwohl der ursprüngliche Plan die Verwendung eines turboelektrischen Antriebs für die BISMARCK vorgesehen hatte, führte die Kombination aus praktischen Problemen und der Notwendigkeit zur Gewichtseinsparung letztendlich zum Einbau einer herkömmlichen Dampfturbinenanlage. In den Zwischenkriegsjahren hatte die Marine mehrere Versuche mit verschiedenen neuen Hochdruckantrieben mit günstigem Leistungsgewicht durchgeführt. 1937 erfolgte die Ausstattung von neuen Zerstörern mit Wagner-Wasserrohrkesseln, welche sich dermaßen gut bewährten, dass sie ebenfalls für den Antrieb der BISMARCK vorgesehen wurden.
Das Schlachtschiff erhielt daher insgesamt zwölf Wagner-Hochdruckwasserrohrkessel, die wie das Schiff selbst auch bei Blohm & Voss gebaut wurden. Diese erzeugten einen Dampfdruck von 70 kg/cm^2 bei einer Betriebstemperatur von 480° Celsius. Sie waren in sechs Räumen mit jeweils zwei Kesseln angeordnet. Drei der Räume befanden sich in der wasserdichten Abteilung XI und drei in der Abteilung XIII genau vor den beiden Turbinenräumen. Die drei Kesselräume in Abteilung XI erhielten die Bezeichnungen »Backbord 1«, »Mitte 1« sowie »Steuerbord 1«, die Kesselräume in Abteilung XIII folgelogisch »Backbord 2«, »Mitte 2« sowie »Steuerbord 2«. Zwischen diesen beiden Abteilungen befand sich die Abteilung XII mit den Hilfskesselräumen. Die Befeuerung aller Kessel an Bord erfolgte durch Saacke-Brenner.
Der von den Kesseln erzeugte Hochdruckdampf gelangte als Wärmeenergie in die Getriebeturbinen von Curtis, wel-

che ebenfalls von Blohm & Voss gebaut wurden. Diese teilten sich in drei Turbinensätze auf. Jeder verfügte über eine Hochdruck-, eine Nieder- und eine Mitteldruckturbine für die Vorwärtsfahrt sowie über eine Hochdruck- und eine Niederdruckturbine für die Rückwärtsfahrt. Jeder Turbinensatz erzeugte die Leistung für eine Antriebswelle. Im Gegensatz zu einigen anderen Schlachtschiffen jener Zeit erhielt die BISMARCK keine Marschturbine.

Jeder Turbinensatz war in einem eigenen Raum angeordnet. In Abteilung VIII befand sich der Turbinensatz für die mittlere Antriebswelle (Turbinenraum mittschiffs), davor in Abteilung X die beiden Sätze für die Backbord- und Steuerbordwelle (Turbinenraum Backbord und Steuerbord). Zwischen diesen beiden Abteilungen lag eine Leckwehr- und Schadensbehebungszentrale, zudem liefen durch diesen Raum der Backbord- und der Steuerbordwellentunnel. Bei einem kombinierten Turbinenantrieb wie bei der BISMARCK erfolgte die Erzeugung des Hochdruckdampfes in mehreren regulierbaren Leistungsstufen. Die Geschwindigkeit, mit welcher sich die Turbinenschaufeln drehten, war proportional zu der Geschwindigkeit, mit welcher der Hochdruckdampf in diese strömte. Wenn der Dampf jedoch unkontrolliert die Turbinen erreichte, rotierten dessen Schaufeln viel zu schnell, sodass die dabei entstehenden starken Vibrationen die gesamte Antriebsanlage beschädigten. Da die Hochdruckturbinen der BISMARCK über 40 Stufen, die Mitteldruckturbinen über 15 Stufen und die Niederdruckturbinen über neun Stufen verfügten, ließ sich die Rotationsgeschwindigkeit sehr gut regulieren. Bei den Hochdruckturbinen für die Vorwärtsfahrt kam ein Curtis-Turbinenrad zur Anwendung, das nach der Curtis Marine Turbine Company benannt war, welche dieses im Jahre 1906 hatte patentieren lassen. Die Hochdruckturbinen für die Rückwärtsfahrt, die ebenfalls über ein solches Rad verfügten, befanden sich innerhalb der größeren Mitteldruckturbinen für die Vorwärtsfahrt. Auf ähnliche Weise waren die Niederdruckturbinen für die Rückwärtsfahrt in die größeren Gehäuse der Niederdruckturbinen für die Vorwärtsfahrt integriert. Diese Turbinenanordnung, zusammen mit den dazugehörigen Kondensatoren und weiteren Aggregaten, funktionierte nur mit Hilfe eines schnell ansprechenden Reguliergetriebes, welches den Dampfdruck je nach Bedarf entsprechend regulierte.

Obwohl jede Turbine bei voller Leistung 46.000 Wellen-PS erzeugen konnte, war ihre Ausgangsleistung zur Vermeidung von Beschädigungen auf maximal 38.000 Wellen-PS abgeregelt. Die drei Turbinensätze trieben drei Wellen an, welche ihre Umdrehung auf je eine Schiffsschraube übertrugen. Aufgrund ihrer Getriebeübersetzung betrug die maximale Umdrehungszahl der drei Schiffsschrauben 278 Umdrehungen pro Minute, sodass die BISMARCK eine Höchstgeschwindigkeit von etwas mehr als 30 Knoten erreichte. Die üblichen Marschfahrtgeschwindigkeiten waren jedoch zum Zwecke der Treibstoffeinsparung deutlich geringer. Berechnungen zufolge konnten die Kessel nach einem Kaltstart in weniger als 20 Minuten ausreichend Dampf erzeugen, um die Turbinen mit Dampfdruck zu versorgen und so die Schrauben zum Drehen zu bringen.

Diese seltene, aber leicht unscharfe Farbaufnahme des Hecks der BISMARCK entstand während ihrer Ausrüstungsphase, als sie im Frühsommer 1940 im Schwimmdock 6 bei Bohm & Voss lag. Während das Steuerbordruder bereits eingebaut war, fehlte das zweite noch.

Elektrischer Strom kam an Bord der BISMARCK für eine Vielzahl von Aggregaten zum Einsatz. Hierzu zählten der Betrieb der Waffensysteme, der Belüftungen, der Kräne, der Beleuchtung sowie zahlreicher weiterer Anlagen an Bord. Die Stromerzeugung erfolgte durch vier Generatoren, von denen sich zwei in der wasserdichten Abteilung VIII, einer auf jeder Seite im mittleren Turbinenraum, befanden. Die beiden anderen Generatoren waren vor den Kesselräumen, in der ebenfalls wasserdichten Abteilung XIV, untergebracht. Zwischen diesen beiden Generatoren war der Hilfsmaschinenraum angeordnet.

In den E-Werken 1 und 2 in der Abteilung VIII befanden sich jeweils vier Dieselgeneratoren mit je 500 kW Leistung zur Gleichstromerzeugung. Während das E-Werk 3 auf der Steuerbordseite in der Abteilung XIV über drei 690-kW-Gleichstrom-Turbogeneratoren verfügte, besaß das E-Werk 4 auf der Steuerbordseite zwei 690-kW-Gleichstrom-Turbogeneratoren sowie einen 460-kW-Wechselstrom-Turbogenerator. Zusätzlich gab es einen Dieselmotorraum in der wasserdichten Abteilung VII rechts neben dem Steuerbordwellentunnel. In diesem befand sich ein einzelnes Sechs-Zylinder-Dieselaggregat vom Typ MWM RS 38 S der Motorenwerke Mannheim AG, welches 460 kW Wechselstrom erzeugen konnte. Bei Bedarf ließ sich diese Leistung für einen kurzen Zeitraum auf 550 kW steigern. Die Gesamtleitung aller Generatoren betrug 7.910 kW an elektrischem Strom bei 220 Volt.

Die BISMARCK im Querschnitt bei Abteilung XIII, vor dem Schornstein mit Blick nach achtern (Spant 162.2)

1 Schornstein
2 Splitterschutzhaube für Suchscheinwerfer geschlossen
3 Splitterschutzhaube für Suchscheinwerfer geöffnet
4 160-cm-Suchscheinwerfer
5 10,5-cm-Doppel-Flak (SK-C/33)
6 Flugzeughangar 3
7 Flugzeughangar 2
8 Dienststelle für Fähnriche
9 Bordfriseurladen
10 Kajüte (Unterkunft) für zwei Fähnriche
11 Mannschaftsmesse
12 Kesselentlüftungsschacht
13 Durchgang
14 Steuerbordkesselraum 1
15 Zentraler Kesselraum 1
16 Backbordkesselraum 1
17 Kessel

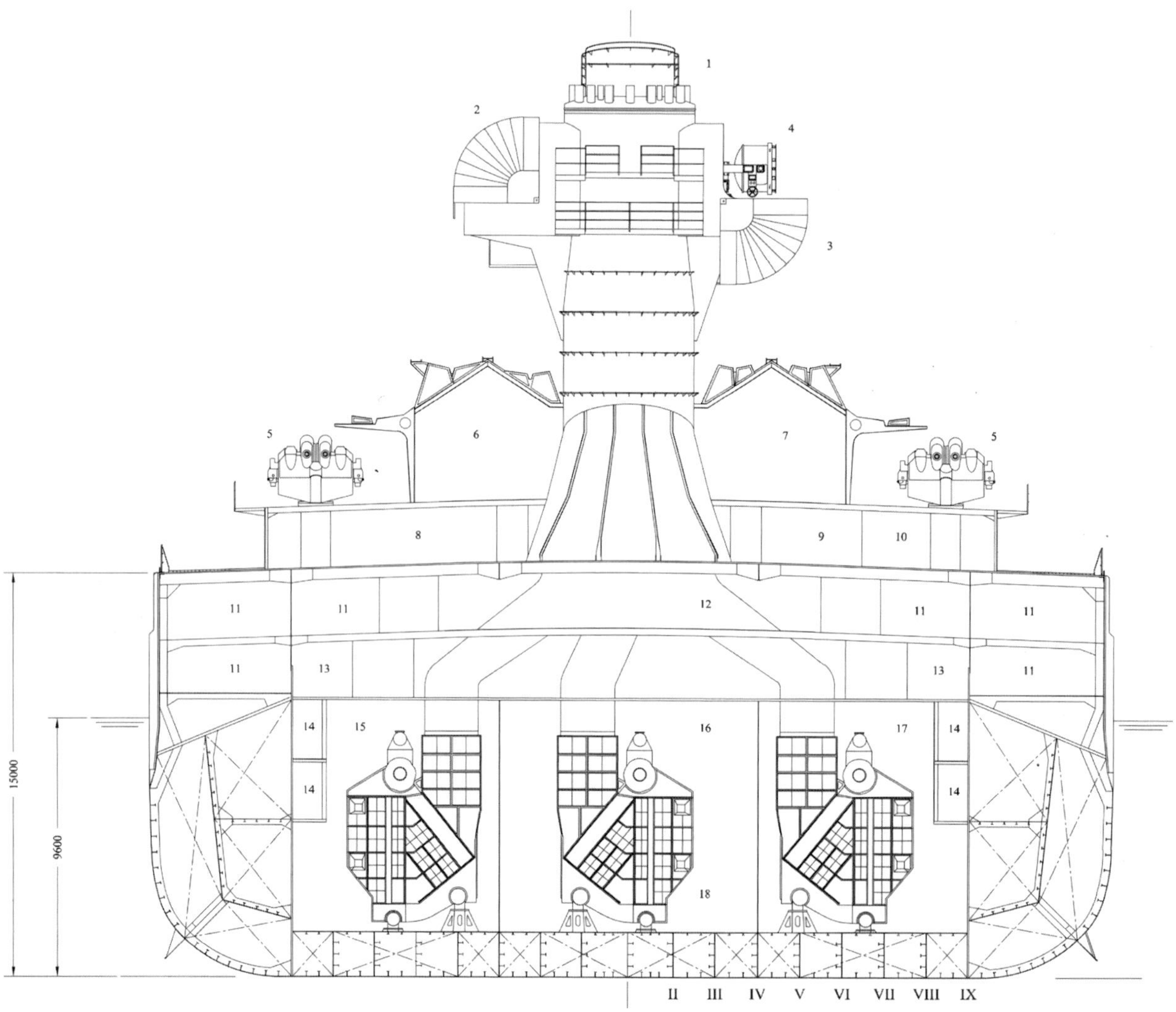

Querschnitt von Geschützturm »Anton« und dessen Barbette

1 Luftableitungsrohr
2 10,5-m-Entfernungsmesser (im Winter 1940/41 entfernt)
3 Verschluss
4 Laufrollen für Hauptmunitionsaufzug
5 Dezentrale Zielerfassungsoptik im Geschützturm
6 Ansetzer
7 Lademulde
8 Barbette
9 Stützzylinder
10 Hilfsmunitionsaufzug
11 Turmbetriebsaggregate
12 Schwenklager
13 Umladeraum für Treibladungen
14 Granatenanhebevorrichtung
15 Granatumladeraum
16 Höhenrichtkranz für Geschützrohr
17 Kugellagerschiene für Geschützturm
18 Antriebszahnrad und Zahnstange für Geschützrohrhöheneinstellung
19 Hydraulikmotor für den Aufzug
20 Hochdruckluftzylinder
21 Munitionshauptaufzug
22 Umlaufender Ringwagen für Treibladungen
23 Rollenring
24 Umlaufender Ringwagen für Treibladungen
25 Rollenring

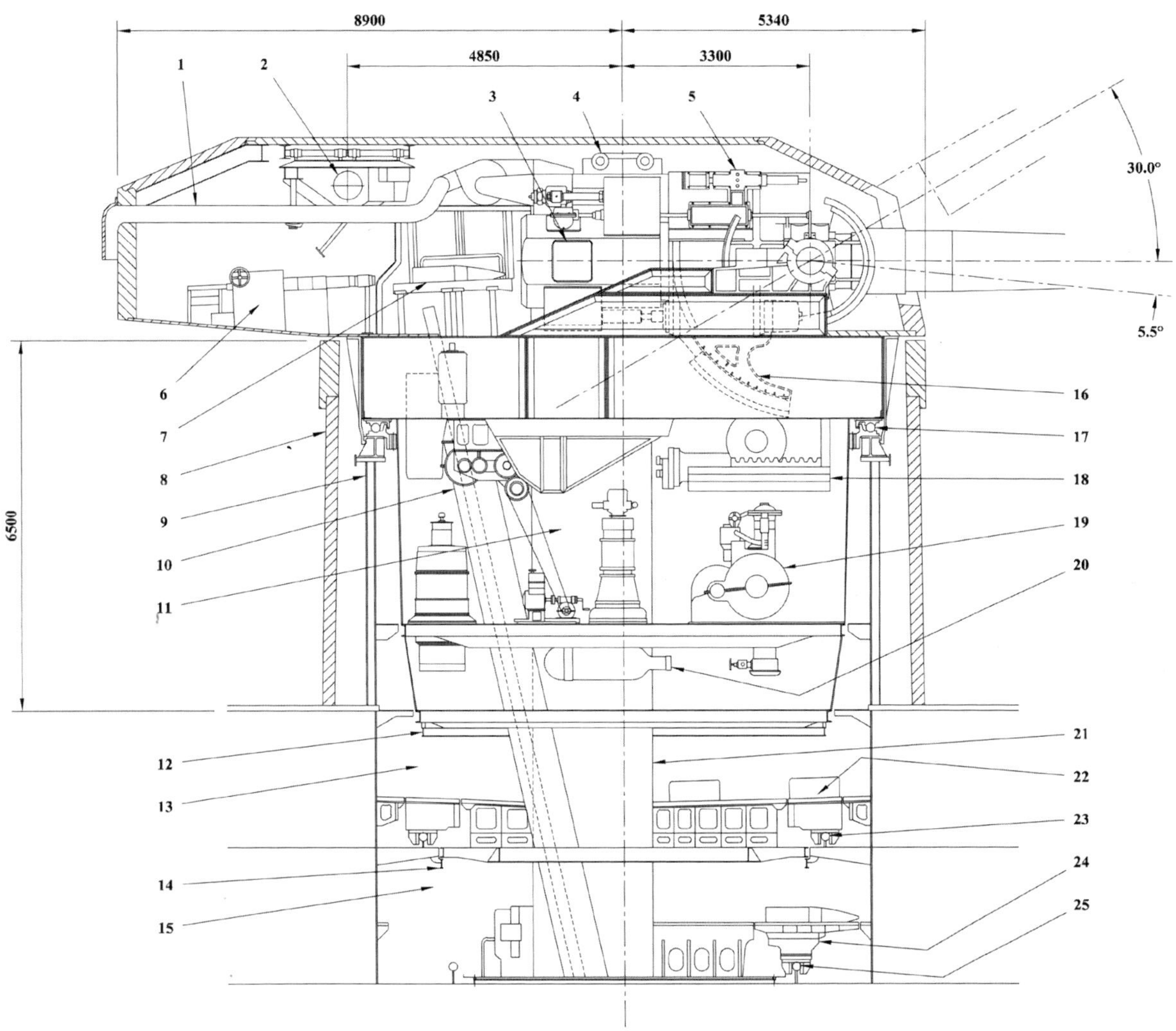

Die Bewaffnung

Die schwere Artillerie

Die BISMARCK verfügte über eine schlagkräftige Hauptbewaffnung in Form von acht 38-cm-Geschützen in vier Doppeltürmen. Diese Bewaffnung stellte den eigentlichen Grund für die Existenz des Schiffes dar und diente dazu, feindliche Seestreitkräfte zu bekämpfen oder gegebenenfalls Ziele an Land zu beschießen.
Diese 38-cm-Artillerie war das größte Kaliber, das jemals auf einem deutschen Kriegsschiff Aufstellung fand. Obwohl auch die Entwicklung von 40,6-cm-Geschützen erfolgte, wurden die für sie vorgesehenen Schlachtschiffe nie fertiggestellt. Die offizielle Bezeichnung für die Hauptbewaffnung lautete »38-cm – SK-C/34«. Die Abkürzung »SK« stand für Schnellladekanone, »C/34« für das »Constructionsjahr« 1934.
Obwohl die 38-cm-Artillerie der BISMARCK häufig als eine Art direkter Nachfolger der gleichkalibrigen Geschütze der Schlachtschiffe der BAYERN-Klasse aus dem Ersten Weltkrieg dargestellt wird, handelt es sich bei dieser Waffe in Wirklichkeit um eine völlige Neuentwicklung. Diese im Jahre 1934 konstruierte Artillerie galt als präziser als vergleichbare Geschütze anderer Marinen. Diese Einschätzung beruhte auf der hohen Reputation, welche die deutsche Waffentechnik während

Die Öffnungen für die Belüftungszugänge (hinter den Gittern) reichten durch die Barbetten bis ins Innere der Geschütztürme (hier »Bruno«). Die beiden inneren Türme, »Bruno« und »Cäsar«, überragten die beiden äußeren Türme, »Anton« und »Dora«, damit sie über diese hinwegfeuern konnten und unabhängig von diesen schwenkbar waren.

38-cm-Artillerie SK-C/34

Geschützgewicht	110,7 Tonnen
Bohrung	38 cm
Kaliber	51,66
Länge über alles	19,6 m
Länge der Bohrung	18,4 m
Länge des Zugs	16 m
Pulverladung	212 kg
Schussfolge	3,3 Schuss pro Minute (1 Schuss alle 18 Sekunden)

des Ersten Weltkrieges erlangt hatte. Die Konstruktion der Geschütz- und Turmtechnik der BISMARCK profitierte von einer Kombination aus langjähriger Erfahrung und neuen technologischen Entwicklungen.
Die Aufstellung der insgesamt acht Geschütze erfolgte in vier Doppeltürmen mit der Bezeichnung »Drh L C/34«. Die Abkürzung »Drh L« stand für Drehscheibenlafette, »C/34« für das »Constructionsjahr«. Der Bau der ebenfalls 1934 entwickelten Türme erfolgte bei der Firma Krupp. Gemäß der langjährigen deutschen Marinetradition erhielten sie Namen anstelle von Nummern. Diese lauteten vom Bug bis zum Heck »Anton«, »Bruno«, »Cäsar« sowie »Dora«. Die Türme waren in der Schiffsmittelachse angeordnet. Während sich »Anton« bei Spant 192.55 und »Bruno« bei Spant 174.34 vor den vorderen Aufbauten befanden, standen »Cäsar« bei Spant 64.35 und »Dora« bei Spant 46.16 hinter den achteren Aufbauten. Die beiden inneren Türme »Bruno« und »Cäsar« überragten die zwei äußeren Türme »Anton« und »Dora«, damit alle vier Türme ein freies Schussfeld unabhängig voneinander erhielten.
Im Vergleich zu den 38-cm-Geschütztürmen anderer Schlachtschiffe jener Zeit waren die der BISMARCK größer und geräumiger, zudem waren die beiden Geschützrohre in jedem Turm weiter voneinander platziert. Durch diesen Sicherheitsabstand verringerte sich das Risiko, dass eine mögliche Störung des einen Geschützes das andere ebenfalls beeinflussen und sich dies negativ auf die Flugrichtung der Granaten auswirkte. Jeder Turm stand auf einem Schwenklager, auf dem er sich drehte. Die Drehbewegungen der Türme sowie die Höheneinstellung der Geschützrohre erfolgten durch zwei elektrisch betätigte Hydraulikpumpen, die sich in jedem Turm befanden. Darüber hinaus diente elektrischer Strom zum Betrieb der Geschützmechanik, der Munitionsaufzüge sowie des Ladesystems.
Die Geschütze der BISMARCK konnten drei Typen von 38-cm-Geschossen verschießen: eine Panzersprenggranate sowie zwei Arten von Sprenggranaten. Während des Gefechts in der Dänemarkstraße am 24. Mai 1941 verschoss die BISMARCK 93 Panzersprenggranaten mit der Bezeichnung »38-

cm Psgr. L/4,4 (m. Hb)«. Die Abkürzung »Psgr.« stand für Panzersprenggranate, »L/4,43« für die Kaliberlänge der Granate und »m. Hb« für »mit Haube«. Die Haube war eine Abdeckung des vorderen Teils der Granate zur Verbesserung der Flugeigenschaften. Die Panzersprenggranaten verfügten über einen Bodenzünder, welcher sich am unteren Ende des Geschosses befand. Diese Granaten kamen zum Beschuss stark gepanzerter Ziele wie feindlichen Schlachtschiffen zum Einsatz. Sie waren so konstruiert, dass sie den Panzer durchschlugen und anschließend im Innenraum des Schiffes detonierten, um dort den lebenswichtigen Einrichtungen wie den Maschinenräumen oder Munitionskammern größtmöglichen Schaden zuzufügen. Panzersprenggranaten waren jedoch weniger für den Beschuss von leicht gepanzerten Zielen geeignet, da sie sehr häufig das Ziel durchschlugen, ohne in ihm zu explodieren.

Die BISMARCK verfügte über zwei verschiedene Arten von Sprenggranaten. Die erste trug die Bezeichnung »38-cm Spgr. L/4,5 Bdz (m. Hb)«. Die Abkürzung »Spgr.« stand für Sprenggranate, »L/4,5« für die Kaliberlänge und »Bdz (m. Hb)« für »Bodenzünder mit Haube«. Diese Geschosse hatten eine beträchtlich geringere Durchschlagskraft als Panzersprenggranaten, verfügten jedoch über eine größere Sprengladung und damit über eine höhere Zerstörungskraft. Sie kamen gegen weniger stark gepanzerte Kriegsschiffe wie Kreuzer oder Zerstörer zum Einsatz. Die BISMARCK feuerte daher solche Geschosse auf die NORFOLK und die SUFFOLK. Die andere Art von Sprenggranate trug die Bezeichnung »38-cm Spgr. L/4,6 Kz (m. Hb)« und war der ersten mit Ausnahme des Zünders sehr ähnlich. Die Abkürzung »Kz« stand für »Kopfzünder«. Da diese Granate beim Aufschlag auf das Ziel explodierte, verfügte sie nur über eine geringe Durchschlagskraft. Sie kam hauptsächlich gegen ungepanzerte Ziele wie Handelsschiffe zum Einsatz. Falls es der BISMARCK gelungen wäre, einen feindlichen Geleitzug anzugreifen, hätten ihre Geschützmannschaften Geschosse dieser Art verwendet.

Als das Schlachtschiff Gotenhafen zu Beginn des Unternehmens »Rheinübung« verließ, waren insgesamt 1.004 Granaten an Bord. Diese verteilten sich gleichmäßig mit je 251 Stück auf jedes der vier Hauptmagazine. Während ungefähr 80 Prozent aller 38-cm-Geschosse Panzersprenggranaten sowie Sprenggranaten mit Bodenzünder waren, bestanden die übrigen 20 Prozent aus Sprenggranaten mit Kopfzünder. Da die BISMARCK während des Gefechts mit der HOOD und der PRINCE OF WALES zusammen elf Voll- und Teilsalven mit insgesamt 93 Granaten abfeuerte, verbrauchte sie etwas mehr als 30 Prozent ihres Gesamtbestandes an Panzersprenggranaten.

Die Geschütztürme »Anton« und »Dora« bestanden jeweils aus sechs Ebenen, von denen sich die oberen vier mit den Türmen drehten. In den beiden unteren nicht drehbaren Ebenen befanden sich die Magazine und Geschossumladeräume unterhalb des Panzerdecks. Diese waren innerhalb der Barbette durch einen Munitionsaufzug mit dem darüber befindlichen Turm verbunden. Die Türme »Bruno« und »Cäsar« verfügten aufgrund ihrer erhöhten Platzierung jeweils über eine zusätzliche Ebene.

Ein Blick von der Backbordseite des Oberdecks auf Höhe von Turm »Bruno« nach achtern. Im Hintergrund sind Besatzungsmitglieder beim Tragen von Vorräten erkennbar.

Blick vom Vorschiff auf die zwei Bugankerketten der BISMARCK. Die beiden zweifarbigen Ankerspille dienten zur Betätigung der Ankerketten, welche durch ihre jeweiligen Ketteneinläufe zu ihrem jeweiligen Lagerraum auf dem darunter liegenden Batteriedeck verliefen. Das andere Ende der Ketten (hier auf Deck sichtbar) verlief nach vorne in die jeweilige Ankerklüse, in der die Anker auf beiden Seiten des Bugs hingen. Mittig zwischen den Ankerspillen befand sich das Bugverholspill.

Die mittlere Artillerie

Die BISMARCK verfügte neben ihrer 38-cm-Hauptartillerie auch über zwölf 15-cm-Geschütze in sechs Doppeltürmen. Diese trugen die Kennung »15-cm SK-C/28«, da ihre Entwicklung im Jahre 1928 erfolgt war. Die offizielle Bezeichnung der sechs Geschütztürme lautete wie bei den 38-cm-Geschütztürmen »Drh L C/34«, beide unterschieden sich jedoch durch ihre jeweiligen Kaliber.

Drei der 15-cm-Geschütztürme befanden sich auf jeder Seite des Oberdecks der BISMARCK und trugen entweder die Kurzbezeichnung »B« für die Backbordseite oder »S« für die Steuerbordseite sowie die römischen Nummern I, II und III für den jeweiligen Turm. Die Türme befanden sich jeweils auf Höhe der Spanten 150.1, 131.4 und 97.85. Während sich die beiden vorderen Paare (»Backbord I+II« und »Steuerbord I+II«) auf beiden Seiten der vorderen Aufbauten befanden, war das hintere Paar (»Backbord III« und »Steuerbord III«) seitlich der achteren Aufbauten auf Höhe des großen Flugzeughangars platziert. Die 15-cm-Artillerie sollte die BISMARCK vor Angriffen durch feindliche Kreuzer, Zerstörer, Torpedoboote oder Schnellboote schützen. Da sich drei dieser Geschütze auf jeder Schiffsseite befanden, erfolgte ihre Feuerleitung häufig durch eine zentrale Leitstelle, um das Ziel als kombinierte Batterie beschießen zu können.

Während die Turmdrehung elektrisch erfolgte, übernahm ein Hydrauliksystem das Heben und Senken der Geschützrohre.

Die vom Eis umgebene BISMARCK im harten Winter 1939/40, als sie bei der Werft Blohm & Voss in Hamburg kurz vor dem Abschluss ihrer Ausrüstung stand. Ein 15-cm-Geschützturm ist nach außen geschwenkt.

15-cm SK-C/28

Geschützgewicht	9,08 Tonnen
Bohrung	15 cm
Kaliber	55
Länge über alles	8,2 m
Länge der Bohrung	7,8 m
Länge des Zugs	6,6 m
Schussfolge	6-8 Schuss pro Minute (1 Schuss alle 7,5-10 Sekunden)

Falls die Stromversorgung ausfiel, ließen sich die Türme manuell drehen. Im Gegensatz zu den 38-cm-Geschützen erfolgte der komplette Ladevorgang der Munition in den Umladeräumen der 15-cm-Geschütze per Hand. Der Innenraum dieser Türme ähnelte der Gestaltung der größeren 38-cm-Türme. Jeder 15-cm-Turm verfügte über fünf Arbeitsebenen, von denen sich drei im drehbaren Teil des Turms befanden. Die Munitionsumladeräume lagen innerhalb des stärker geschützten Bereichs unterhalb des Panzerdecks und waren durch Aufzüge in den Barbetten mit den darüber befindlichen Geschütztürmen verbunden. Nachdem die Aufzüge die Munition nach oben befördert hatten, wurden sie in die Geschütze geladen.

Obwohl die BISMARCK keine Panzersprenggranaten für ihre 15-cm-Artillerie erhielt, verfügte sie über zwei verschiedene Arten von Sprenggranaten mit Bezeichnungen, die denen der 38-cm-Geschosse ähnelten. So kam die Sprenggranate »15-cm Spgr. L/4,5 Bdz (m. Hb)« mit Bodenzünder und Haube gegen leicht gepanzerte Ziele zum Einsatz, während die »15-cm Spgr. L/4,6 Kz (m. Hb)« mit Kopfzünder und Haube zum Beschuss ungepanzerter Ziele diente. Darüber hinaus befanden sich Leuchtgeschosse zur Erhellung des nächtlichen Himmels mit der Bezeichnung »15-cm Lg. L/4,6« an Bord. Der Munitionsvorrat betrug 130 Geschosse pro Turm und bestand aus einer Mischung der drei Granatenarten. Von den insgesamt mitgeführten 1.560 Granaten verfügten 622 über einen Bodenzünder und 666 über einen Kopfzünder. Die übrigen 272 waren Leuchtgeschosse.

Schwere Flak (Flugabwehrkanonen)

Die BISMARCK verfügte insgesamt über 16 schwere Flak vom Typ »10,5-cm SK-C/33« in acht Doppellafetten. Diese dienten zum Beschuss von Flugzeugen in größeren Höhen. Zwei von diesen befanden sich auf beiden Seiten des vorderen Deckaufbaus, oberhalb und hinter den 15-cm-Türmen. Die übrigen vier Doppellafetten waren auf beiden Seiten des achteren Deckaufbaus nahe der hinteren 15-cm-Türme platziert. Während die vorderen 10,5-cm-Flak-Doppellafetten die offizielle

Diese Aufnahme von den achteren Aufbauten auf der Backbordseite der BISMARCK zeigt den 15-cm-Geschützturm »Backbord III« neben dem Flugzeughangar und dem darüber befindlichen Bootsdeck. Im Gegensatz zu den beiden 15-cm-Türmen mittschiffs (»Backbord II« und »Steuerbord II«) verfügten die beiden Türme vorne (»Backbord I« und »Steuerbord I«) sowie an achtern (»Backbord III« und »Steuerbord III«) jeweils über keine eigenen 6,5-m-Entfernungsmesser, sondern lediglich über ein vereinfachtes Entfernungsmessperiskop.

Bezeichnung »Dopp L C/33« trugen, lautete die der achteren vier »Dopp L C/37«. Die Abkürzung »Dopp L« stand für »Doppellafette«.

Obwohl die BISMARCK acht Lafetten des moderneren und verbesserten Typs »C/37« erhalten sollte, waren wegen kriegsbedingter Engpässe nur vier von diesen verfügbar, sodass diese als Kompromiss mit vier älteren Versionen des Typs »C/33« kombiniert wurden. Daher sollte zu einem späteren Zeitpunkt der Einbau von vier weiteren »C/37«-Lafetten erfolgen, doch der Untergang des Schiffes im Mai 1941 vereitelte dieses Vorhaben. Beide Lafetten verfügten über eine dreiachsige Stabilisierung zur Erhöhung der Schusspräzision. Die Drehung der Lafetten sowie das Heben und Senken der Rohre erfolgte elektrisch. Bei einem Stromausfall war der Betrieb weiterhin per Hand möglich. Als Geschosse dienten Panzersprenggranaten, Sprenggranaten mit Kopfzünder, Brandgranaten sowie Leuchtgeschosse. Die Munitionsversorgung erfolgte durch Aufzüge zur Entnahmestelle direkt neben den Lafetten, von wo die Bedienmannschaften aus die Flak beluden. Beidseitig jeder Lafette befand sich für jedes Geschützrohr eine Vorrichtung zur Einstellung der Granatzünder, bevor diese abgefeuert wurden. Von den insgesamt 6.800 mitgeführten 10,5-cm-Geschossen standen 425 für jedes Geschützrohr zur Verfügung.

Der backbordachtere 15-cm-Turm (»Backbord III«) von der Scheinwerferplattform am Schornstein aus fotografiert. Die hier sichtbare halbkreisförmige Aussparung (»Reduit«) im achteren Aufbaudeck ermöglichte die Schwenkung des Turms nach außen, sodass dessen Rückseite nicht gegen die Aufbauten stieß. Die 15-cm-Türme mittschiffs und an achtern (»Backbord II+III« und »Steuerbord II+III«) verfügten alle über diese Aussparung. Die vorderen Türme (»Backbord I« und »Steuerbord I«) befanden sich an einer Stelle, an der die Aufbauten schmaler waren, sodass eine Aussparung dort nicht erforderlich war.

Eine der acht 10,5-cm-Flak-Doppellafetten an Bord der BISMARCK. Diese befand sich oberhalb des backbordmittleren 15-cm-Turms (»Backbord II«).

10,5-cm SK-C/33

Geschützgewicht	4,56 Tonnen
Bohrung	10,5 cm
Granatgewicht	15,1 kg bis 15,6 kg
Länge über alles	6,82 m
Maximale Rohrerhöhung	80°
Maximale Reichweite	17.700 m
Mündungsgeschwindigkeit	900 m pro Sekunde
Maximale Horizontalreichweite	17.700 m
Maximale Vertikalreichweite	12.500 m
Schussfolge	18 Schuss pro Minute (1 Schuss alle 3,3 Sekunden)

Die Flak war um die vorderen und achteren Aufbauten der BISMARCK angeordnet. Vorne und ganz hinten ist je eine 10,5-cm-Flak-Doppellafette (»L6 SK-C/33«) auf der Steuerbordseite sichtbar. Unterhalb von diesen befand sich der steuerbordmittlere 15-cm-Turm (»Steuerbord II«).

Mittlere Flak

Zur Abwehr von Flugzeugen im Nahbereich verfügte die BISMARCK über mehrere kleinere Rohrwaffen. Die stärksten von diesen waren die 3,7-cm-Flak, von denen sich 16 in acht Doppellafetten vom Typ »Dopp L C/30« über die Aufbauten verteilten. Deren Bedienung erfolgte per Hand.

Für das Horizontieren der Lafette sorgte eine einfache Gyroskoptechnik, die den Schützen das Zielen auf anfliegende Feindflugzeuge erleichterte. In der Theorie konnte eine gut eingeübte Bedienmannschaft durch manuelles Laden 30 Schuss pro Minute abgeben. Aufgrund der physischen Beanspruchung und der daraus resultierenden Ermüdung der Männer verringerte sich die Feuergeschwindigkeit (Kadenz) jedoch nach kurzer Zeit. Die verwendeten 3,7-cm-Patronen hatten ein Gewicht von 0,748 Kilogramm, welches durch die Ummantelung (Hülse) auf 2,1 Kilogramm stieg. Die hauptsächlich verwendeten Geschosse waren Leuchtspurpatronen (Abkürzung: »Leu«), die den Schützen vor allem bei Dunkelheit anzeigten, wo genau sie hinschossen. Während für jede Flak bis zu 2.000

3,7-cm SK-C/30	
Geschützgewicht	243 kg
Bohrung	3,7 cm
Patronengewicht	0,748 kg
Länge über alles	3,07 m
Maximale Rohrerhöhung	85°
Mündungsgeschwindigkeit	1.000 m pro Sekunde
Maximale Reichweite	8.500 m
Maximale Vertikalreichweite	6.800 m
Schussfolge	30 Schuss pro Minute (1 Schuss alle 2 Sekunden)

Die Bedienmannschaft an einer 3,7-cm-Flak-Doppellafette auf der Steuerbordseite der achteren Aufbauten. Dieses Foto entstand während der Artillerieschussübungen in der Ostsee im Frühjahr 1941.

Schuss zur Verfügung standen, betrug der Gesamtvorrat an Bord rund 32.000 Schuss.

Leichte Flak

Den Abschluss der Flugabwehrbewaffnung bildeten die 18 leichten 2-cm-Flak auf zwei verschiedenen Lafetten. Während zehn 2-cm-Flak (»C/30«) auf Einzellafetten montiert waren, waren die übrigen acht 2-cm-Flak (»C/38«) in zwei Vierfachlafetten vom Typ »Flak 35 Vierling L38« mit je vier Rohren aufgeteilt. Die Vierlinge befanden sich neben den 3,7-cm-Flak in den vorderen Aufbauten. Die zehn einzelnen 2-cm-Flak waren über das Schiff verteilt. Diese Flak war eine der am weitesten verbreiteten deutschen Waffen während des Krieges. Die Munitionszuführung erfolgte durch Magazine, deren leere Patronenhülsen in einem Fangsack gesammelt wurden. In der Praxis war eine Kadenz von rund 120 Schuss pro Minute üblich. Während für jede Flak 2.000 Schuss zur Verfügung standen, verfügte die BISMARCK über einen Gesamtvorrat von rund 36.000 Patronen.

Da die von dieser Flak abgefeuerten einzelnen Patronen zu leicht waren, um ein anfliegendes feindliches Flugzeug zu stoppen, waren mehrere (möglichst gleichzeitige) Treffer mit dieser Waffe nötig. Diese Erkenntnis führte zu der Entwicklung des Flak-Vierlings mit der Bezeichnung »C/38«, welcher eine höhere Feuerrate von 450 bis 500 Schuss pro Minute erreichte. Da alle vier Rohre auf nur einer Lafette in Rechteckform platziert waren, erfolgte ihre Drehung sowie das Heben und Senken gleichzeitig. Da die Magazine jedoch nur über 20 oder 40 Patronen verfügten, führten die durch das Nachladen verursachten Schussunterbrechungen zu einer eher durchschnittlichen Feuerrate ähnlich der 2-cm-Einzel-Flak (»C/30«). Während die BISMARCK bei ihrer Indienststellung noch ausschließlich über zwölf 2-cm-Flak (»C/30«) auf Einzellafetten verfügte, erfolgte kurz vor dem Unternehmen »Rheinübung« der Austausch von zwei dieser durch die beiden o.g. Flak-Vierlinge (»C/38«).

Eine der insgesamt acht 3,7-cm-Flak-Doppellafetten, die sich auf den Aufbauten der BISMARCK befanden. Diese Flak hatte eine Reichweite von rund 8.500 Metern (4,6 Seemeilen) und war in der Lage, während des Beschusses anfliegender Feindflugzeuge eine hohe Schussfolge aufrechtzuerhalten. Die hier abgebildete Flak befand sich auf der Backbordseite auf den vorderen Aufbauten.

Während ihrer Liegezeit in Gotenhafen im April 1941 erhielt die BISMARCK ihre beiden 2-cm-Flak-Vierlingslafetten. Die Einsatzerfahrungen mit dieser Waffe während der Invasion Polens und Frankreichs hatten ihre beeindruckende und geballte Feuerkraft gezeigt, sodass ihre Verwendung effektiver als die von vier einzelnen 2-cm-Flak war. Die BISMARCK besaß auf jeder Seite der vorderen Aufbauten einen dieser Vierlinge.

2-cm SK-C/30 und C/38

Geschützgewicht	C/30: 64 kg C/38: 57,5 kg
Bohrung	2 cm
Patronengewicht	0,132 kg
Länge über alles	1,3 m
Maximale Rohrerhöhung	90°
Mündungsgeschwindigkeit	900 m pro Sekunde
Maximale Reichweite	4.800 m
Maximale Vertikalreichweite	3.700 m
Schussfolge	120 Schuss pro Minute

Diese Waffen verschossen Sprengpatronen mit Leuchtspurfunktion. Das komplette Geschoss wog 0,132 Kilogramm und hatte eine Länge von 20,3 Millimetern. Obwohl es auch panzerbrechende 2-cm-Munition gab, gibt es keine Belege, dass sich diese an Bord der BISMARCK befand.

Die Feuerleitung

Obwohl die BISMARCK über eine extrem schlagkräftige schwere und mittlere Artillerie verfügte, waren diese Waffensysteme auf eine präzise Feuerleitung zum Ziel angewiesen. Es war zwar möglich, die 38-cm- und 15-cm-Geschütze mit den Zielgeräten auszurichten, die sich an den Türmen selbst befanden, doch verfügten diese nicht über die hochentwickelten Mess- und Einstellvorrichtungen, die die Trefferwahrscheinlichkeit erheblich erhöhten. Das Feuerleitsystem verarbeitete eine Vielzahl von Informationen, die es primär von den Radaren und optischen Entfernungsmessern erhielt. Diese präzisen Anlagen erfassten die Distanz zu einem Ziel sowie dessen Kurs und Geschwindigkeit. Darüber hinaus erfolgte eine Ermittlung der eigenen Schiffsbewegungen im Verhältnis zum Gegner. Die Wetterbedingungen, die Temperatur sowie die Windrichtung spielten ebenfalls eine wichtige Rolle. Alle diese Daten wurden in einen mechanischen Rechner bzw. analogen Computer eingespeist, welcher daraufhin die bestmögliche Feuerleitlösung für die Geschützmannschaften zum Beschuss des Gegners ermittelte.

Die Feuerleittechnik der BISMARCK ähnelte dem System, das bereits auf der DEUTSCHLAND- und der SCHARNHORST-Klasse in Betrieb war. Dieses wiederum basierte auf einem System, dessen Entwicklung während der späten 1920er Jahre für die Leichten Kreuzer der KÖNIGSBERG-Klasse er-

Zwei Besatzungsmitglieder vor den hinteren Aufbauten auf der Backbordseite. Im Hintergrund ist eine der beiden 2-cm-Einzel-Flak auf dem Achterdeck bei Turm »Dora« sichtbar. Insgesamt befanden sich zwölf 2-cm-Einzel-Flak an Bord verteilt.

folgt war. Im Prinzip bestand dieses aus drei einzelnen Feuerleitständen, die sich auf die vorderen Aufbauten, den Vormars (Gefechtsturm) und die achteren Aufbauten verteilten. Diese Anordnung ermöglichte den drei Leitständen einen voneinander unabhängigen Betrieb sowie eine gute Rundumsicht, sodass sich auf jedem Leitstand ein eigenes drehbares Funkmessortungsgerät (Radar) vom Typ FuMO-23 befand. Diese Geräte erfassten wichtige Werte wie die Entfernung zum Ziel sowie dessen Kurs und übermittelten diese an das Feuerleitsystem.

Als Hauptelemente zur Erfassung artillerierelevanter Daten dienten jedoch mehrere optische Entfernungsmesser (Basisgeräte) in verschiedenen Ausführungen. Die größten waren die stereoskopischen 10,5-m-Basisgeräte (Abstand der Optiken 10,5 Meter), die primär zur Entfernungsmessung für die schwere Artillerie dienten. Je eines von diesen befand sich unter der Drehhaube des Funkmessortungsgerätes auf dem Vormars und dem achteren Leitstand. Unter der Drehhaube des Funkmessortungsgerätes auf dem vorderen Leitstand befand sich ein 7-m-Basisgerät, dessen Entfernungsmessung für die schwere und mittlere Artillerie verwendbar war.

Die ermittelten Werte wurden zusammen mit den Zieldaten der Funkmessortung elektronisch in die Feuerleitrechenzentrale auf dem mittleren Plattformdeck in Abteilung XV übermittelt und dort in einen mechanischen Rechner eingespeist. Nach der Auswertung und Verarbeitung aller relevanten Informationen erfolgte die Umwandlung in artilleriespezifische Werte und deren Übermittlung an die Leitstände und Geschütze. Während eines Gefechts herrschte daher ein dauerhafter Datenverkehr innerhalb dieses Systems, sodass eine laufende Aktualisierung aller errechneten Daten erfolgte. Somit war die BISMARCK in der Lage, sehr schnell auf mögliche Kursänderungen des Gegners zu reagieren, indem sie die Zeit für das Nachladen der Geschütze für die Verarbeitung der neu ermittelten Zielwerte nutzte, um dann sofort präzise feuern zu können. Eine Reservefeuerleitrechenstelle befand sich weiter achtern in Abteilung VII. Obwohl diese der Zentrale sehr ähnelte, war diese kleiner und mit weniger Funktionen ausgestattet. Zudem gab dort keinen mechanischen Rechner für den Landzielbeschuss.

Ursprünglich erhielt jeder der vier 38-cm-Geschütztürme zur eigenständigen Entfernungsmessung je ein 10,5-m-Basisgerät, dessen Optik beidseitig aus den Türmen rausragte. Da sich das Basisgerät in Turm »Anton« u.a. wegen der Spritzwasseranfälligkeit des Vorschiffes als praktisch unbrauchbar erwiesen hatte, erfolgte im Dezember 1940 dessen Ausbau bei Blohm & Voss. Die 10,5-m-Basisgeräte in den übrigen drei Türmen sollten bei einem Versagen des zentralen Feuerleitsystems zum Einsatz kommen. Dieser Fall trat während des Endkampfes der BISMARCK am 27. Mai 1941 ein, nachdem der feindliche Beschuss alle drei Leitstände außer Gefecht

Der schmale offene Friedenssteuerstand vor dem schwer gepanzerten Leitstand. Hier befanden sich auch Geräte zur Flak-Feuerleitung, welche den Kurs, die Geschwindigkeit und die Höhe der feindlichen Flugzeuge ermittelten und an die Feuerleitzentrale weitergaben. Nach Verarbeitung dieser Werte errechnete die Zentrale alle relevanten Informationen und übermittelte diese an die Flak-Batterien, damit diese ihr Feuer möglichst präzise auf den Gegner ausrichten konnten.

gesetzt hatte. Dass die einfachen Entfernungsmesser an den Türmen über eine weitaus geringere Präzision bei der Zielerfassung als das zentrale Feuerleitsystem verfügten, zeigte sich in der Unfähigkeit der BISMARCK, ihren britischen Gegnern auch nur einen Treffer zuzufügen.

Die beiden 15-cm-Geschütztürme »Backbord II« und »Steuerbord II« an mittschiffs verfügten ähnlich wie die großen Türme über je ein 6,5-m-Basisgerät zur eigenständigen Entfernungsmessung. Bei einem Ausfall des zentralen Feuerleitsystems sollte jeder dieser Türme auch die Feuerleitung der zwei übrigen Türme auf seiner Seite übernehmen. Diese beiden anderen 15-cm-Türme (»Backbord I+III« und »Steuerbord I+III«) verfügten jeweils lediglich über einen periskopartigen Entfernungsmesser. Dieser sollte erst dann als letzte Möglichkeit zur Feuerleitung zum Einsatz kommen, wenn auch die »halbzentrale« Feuerleitoption durch die mittleren 15-cm-Geschütztürme (»Backbord II« oder »Steuerbord II«) ausgefallen war. Die Periskope ließen sich von ihrer Ausgangsstellung (Blick auf die Geschützstirnseite) je in einem Winkel von 90° in beide Richtungen drehen.

Zusätzlich zu ihren drei Leitständen für die schwere und mittlere Artillerie verfügte die BISMARCK über vier Flak-Feuerleitstände mit den Bezeichnungen A bis D. Die Leitstände A und B bestanden aus zylindrischen Gehäusen mit einer halbkugelförmigen Schutzhaube (»Wackeltopf«) als Wetter- und Splitterschutz. Leitstand A befand sich auf der Steuerbordseite und Leitstand B auf der Backbordseite des Vormarsaufbaus (Gefechtsturm). Jeder verfügte über ein 4-m-Basisgerät vom Typ »SL-8« (Stabilisierter Leitstand), welches primär zur Erfassung von Werten für die Feuerleitung der Bord-Flak diente.

Der mächtige Gefechtsturm mit der Admiralsbrücke dominierte die vorderen Aufbauten. Oben befand sich der Vormars mit den Entfernungsmessgeräten sowie mehreren Flak-Stellungen. Weiter unten ist die halbkreisförmige bzw. kuppelartige Schutzhaube eines »SL-8«-Flak-Leitstandes sichtbar.

Jeder Leitstand verfügte über eine dreiachsige Stabilisierung zum Ausgleich der Seebewegungen, damit die Bedienmannschaft anfliegende Feindflugzeuge präzise erfassen und deren Flugbewegungen verfolgen konnte.

Die beiden übrigen Leitstände waren auf den achteren Aufbauten in der Schiffsmittelachse platziert. Während sich Leitstand C kurz hinter dem Großmast befand, hatte Leitstand D seine Position direkt vor Geschützturm »Cäsar«. Diese Leitstände waren ebenfalls mit einem 4-m-Basisgerät vom Typ »SL-8« ausgestattet, verfügten jedoch über keine halbkugelförmigen Schutzhauben, da diese bei Beginn des Unternehmens »Rheinübung« noch nicht verfügbar waren. Die von den vier Leitständen ermittelten Zielwerte wurden in die Flak-Rechenstelle übertragen, die sich unter dem Oberdeck in der wasserdichten Abteilung X befand. Von hier erfolgte die Weiterleitung aller relevanten Daten an die schweren und mittleren Flak-Batterien. Da die kleineren 2-cm-Flak über keine Feuerleitung von zentraler Stelle aus verfügten, erfolgte diese lediglich über Leitvorrichtungen (Entfernungsmesser) bei oder an den Flak-Stellungen selbst. Im Vormars befand sich ein Flak-Feuerleitstand mit vier Zielanweisegeräten (»ZAG«). Mit diesen war es möglich, zusätzliche visuelle Werte zu ermitteln und an die Flak-Rechenstelle weiterzuleiten.

Die BISMARCK verfügte auch über Feuerleiteinrichtungen für Nachtgefechte: Auf jeder Seite der Admiralsbrücke befand sich je ein 3-m-Nachtentfernungsmesser (3-m-Basisgerät) mit einem Morsescheinwerfer daneben.

Die Bordflugzeuge

Die BISMARCK besaß insgesamt vier Wasserflugzeuge vom Typ Arado Ar-196, die primär als Aufklärer dienten. Sie bildeten einen Teil der 1. Bordfliegerstaffel 196. Da die Piloten und das technische Personal normalerweise in der Luftwaffe dienten, galt ihr Einsatz auf der BISMARCK als eine vorübergehende Versetzung. Die Beobachter, die außer den Piloten zu den Arado-Besatzungen gehörten, jedoch waren Angehörige der Kriegsmarine. Wäre das Schlachtschiff zu einem Einsatz als

Der 10,5-m-Entfernungsmesser, der seitlich aus der Haube des achteren Funkmessortungsgerätes »FuMO-23« herausragte, oberhalb des achteren Feuerleitstandes. Im Vordergrund ist ein Kommunikationskasten sichtbar, der eine Reservetelefonverbindung zwischen dem gepanzerten Feuerleitstand und dessen offenem Brückenbereich beinhaltete.

Diese während der Ausrüstungsphase entstandene Aufnahme zeigt den Gefechtsturm mit der Admiralsbrücke, der darüber liegenden Scheinwerferbrücke sowie dem ganz oben befindlichen Vormars. Davor lag der offene Brückenbereich. Dieser umgab den gepanzerten vorderen Leitstand, in dem sich der Steuerstand sowie die vordere Feuerleitstelle befanden.

Handelsstörer gekommen, hätten diese kleinen Wasserflugzeuge bei gutem Wetter den Nordatlantik nach feindlichen Geleitzügen abgesucht.
Ihre Reichweite von ungefähr 583 Seemeilen (1.080 Kilometer) ließ sich durch die Anbringung von abwurffähigen Zusatztanks um die Hälfte erweitern. Theoretisch verfügten sie dann über einen Suchradius von bis zu 450 Seemeilen (830 Kilometer). Bei guter Sicht und einer Flughöhe von 2.500 Metern konnte jede Arado zu beiden Seiten ein 25 Seemeilen (46 Kilometer) breites Gebiet absuchen. Die Wasserflugzeuge konnten unter jeder Tragfläche eine 50-kg-Bombe mitführen. Von diesen befanden sich insgesamt 104 Stück an Bord, die sich aus Mehrzweckbomben, Halbpanzersprenggranaten sowie Leuchtgranaten mit Fallschirmen zusammensetzten.
Die Aufbewahrung erfolgte an drei verschiedenen Stellen an Bord. Während der große Hauptlagerraum für die Flugzeugbomben unter Deck platziert war, befanden sich die zwei Bereitschaftskammern auf dem Oberdeck in der Nähe der Hangars – die eine auf der Backbordseite des oberen Plattformdecks, die andere auf dem mittleren Plattformdeck. Die Unterbringung der Arados erfolgte in den Hangars mittschiffs. Die große Flugzeughalle unter dem Großmast bot Platz für zwei Flugzeuge, während die zwei kleinen Hangars auf beiden Seiten des Schornsteins je eine Maschine aufnehmen konnten. Da der Platz an Bord rar war, verfügten die Arados über einklappbare Tragflächen. Diese wurden erst ausgeklappt, als die Flugzeuge startbereit auf den Katapulten standen.
Die BISMARCK verfügte über insgesamt zwei Flugzeugkata-

Arado Ar-196A im Detail

Typ	Eindecker-Wasserflugzeug
Länge	11 m
Flügelspannweite	12,4 m
Leergewicht	2.990 kg
Besatzung	2 (Pilot und Beobachter)
Höchstgeschwindigkeit	311 km/h
Gipfelhöhe	7.011 m
Reichweite	1.080 km
Bewaffnung	2 x 2-cm-Maschinenkanonen 2 x 7,92-cm-Maschinengewehre

Die BISMARCK verfügte über vier Wasserflugzeuge vom Typ Arado Ar-196. Diese dienten zur Aufklärung und wären während der Jagd auf feindliche Geleitzüge im Nordatlantik unentbehrlich gewesen. Während zwei der Flugzeuge in der großen Halle achtern des Startkatapults untergebracht waren, befanden sich die beiden anderen in zwei kleineren Hangars je seitlich des Schornsteins.

pulte, die zu beiden Seiten in Richtung Bordwand ausgerichtet waren. Somit war der Start – abhängig von der Windstärke oder der Fahrtrichtung des Schiffes – entweder nach backbord oder steuerbord möglich. Die Katapulte befanden sich rund 2,5 Meter über dem Oberdeck und waren zu beiden Seiten nach außen ausfahrbar, sodass sich ihre Länge jeweils von 16 auf 24 Meter vergrößern ließ und sie so über den Rumpf seitlich hinausragten. Auf den Katapulten befand sich je ein Startgestell auf Schienen, auf dem die Arado saß. Der Start erfolgte mit Hydraulikdruck, indem das Gestell in Richtung Katapultende schnellte, wo die Arado dann mit 110 km/h in die Luft geschleudert bzw. »geschoben« wurde. Nach der Beendigung des Einsatzes landete das Flugzeug im Wasser in der Nähe des Schiffes und wurde anschließend durch einen der beiden großen Kräne wieder an Bord gehoben.

Eine Arado Ar-196 während des Starts vom Katapult der BISMARCK. Dieses war zu beiden Schiffsseiten über die Bordwand hinaus ausfahrbar, sodass sich seine Gesamtlänge erweitern ließ. Dadurch konnte der Start des Flugzeugs sicher erfolgen, ohne beim Abheben mit Teilen des Schiffes in Berührung zu kommen. Der Startwagen, auf dem die Arado beim Startvorgang saß, ist in dieser Aufnahme gut erkennbar.

Die Messgeräte

Die BISMARCK verfügte über drei Funkmessortungsgeräte mit der Bezeichnung »FuMO-23«, die über »bettmatratzen«-artige Antennen in senkrechter Position verfügten und sich oben auf den drei Feuerleitständen befanden. Das hier abgebildete Gerät hatte seinen Platz auf dem achteren Leitstand auf den hinteren Schiffsaufbauten.

Die BISMARCK verfügte über drei Funkmessortungsgeräte (»Seetakt-Geräte«) vom Typ »FuMO-23«, die je auf einem der drei Feuerleitstände platziert waren. Die Entwicklung dieser Technologie war während der späten 1930er Jahre durch den deutschen Elektroingenieur Hans Hollmann erfolgt, als dieser für die Gesellschaft für Elektroakustische und Mechanische Apparate (GEMA) als Berater tätig war. Unter Verwendung des Impulsmodulationsverfahrens entwickelte er ein Gerät, das die Entfernung zu einem Ziel sowie dessen Bewegungsrichtung ermitteln konnte. Zunächst betrug dessen Erfassungsreichweite bei einer Wellenlänge von 50 Zentimetern und einer Frequenz von 600 MHz nur rund zehn Kilometer. Später gelang es Hollmann, einen leistungsfähigeren Prototypen für den schiffsgestützten Einsatz zu konstruieren, der bei einer Wellenlänge von 60 Zentimetern und einer Frequenz von 500 MHz arbeitete. Dieser bildete die Basis für Hollmanns späteres »Seetakt-Gerät«, welches sich zur Artilleriefeuerleitung eignete. Dessen Abweichung betrug maximal 50 Meter bei einem für das menschliche Auge unsichtbaren Ziel.
Eine Schwäche dieses Systems war jedoch sein relativ kleiner Wirkungsbereich. Daher entwickelte Hollmann mit seinen Mitarbeitern bei der GEMA eine leistungsfähigere Variante des »Seetakt-Gerätes«, welches die Bezeichnung »FuMG40G« erhielt (später »FuMO-23«). Dieses arbeitete in einem Wellenbereich zwischen 71 und 81,5 Zentimetern sowie in einem Frequenzbereich zwischen 368 und 390 MHz. In der Theorie konnte dieses Gerät Ziele in einer Entfernung von bis zu 220 Kilometern erfassen. Im Betrieb beeinträchtigten jedoch externe Faktoren wie die Wetterbedingungen auf See sowie der Horizont als natürliche Erfassungsgrenze aufgrund der Erdkrümmung die Leistungsfähigkeit. In der Praxis zeigte sich jedoch, dass das Gerät meistens Ziele in einer Entfernung von nur 20 bis 25 Kilometern (10,8 bis 13,5 Seemeilen) erfassen konnte. Bei sehr großen Objekten wie Schlachtschiffen erweiterte sich diese Distanz zwar immerhin auf bis zu 30 Kilometer (16,5 Seemeilen), aber selbst dann blieb die Leistung unbeständig. Insgesamt arbeitete das deutsche »Seetakt-Gerät« nie so gut wie sein britisches Gegenstück.
Die Messantennen der Funkmessortungsgeräte hießen wegen ihrer rechteckigen Form und Abmessungen von zwei Metern Höhe und vier Metern Breite umgangssprachlich »Matratzen«. Diese arbeiteten bei einer Wellenlänge von 80 Zentimetern und einer Frequenz von 368 MHz. Die Impulswiederholungsrate betrug rund 500 Hz, ließ sich jedoch leicht verändern, damit sich die Signale der insgesamt drei Messantennen an Bord der BISMARCK nicht gegenseitig störten. Die Ausgangsleistung betrug 8 kW bei einer Genauigkeit von 50 Metern, welche für die Feuerleitung der Artillerie sowie für die Erfassung von Objekten auf der Meeresoberfläche ausreichend war. Was das »FuMO-23« nicht hatte, war die Fähigkeit zur Luftraumsuche. Diese Aufgabe übernahmen daher die Ausgucke der BISMARCK.
Als Kritikpunkt an diesen drei Funkmessortungsgeräten galt ihre Aufstellung. Da sie sich auf den Drehhauben für die optischen Entfernungsmesser befanden, welche wiederum auf den drei Leitständen platziert waren, stellte ihr Gewicht eine derartige Belastung für die Drehmotoren dar, dass sich die Entfernungsmesser langsamer als vorgesehen drehen ließen. Der Innenraum jeder Drehhaube selbst war groß genug, um neben der Technik für die optischen Entfernungsmesser auch die Anlage für das »FuMO-23« aufzunehmen. Trotz der gemeinsamen Unterbringung beider Systeme ist kein Bericht bekannt, wonach die Funkmessortungsgeräte die optischen Entfernungsmesser in ihrer Funktion beeinträchtigt haben. Etwas problematisch war hingegen ihre exponierte und damit ungeschützte Platzierung. Der Ausfall ihres vorderen »FuMO-

Die Unterseite der Scheinwerferplattform an der Rückseite des Schornsteins. Links ist das Zahnrad für einen der beiden kleinen Kräne sichtbar, welche die Bordflugzeuge auf das Startkatapult hievten.

23« als Folge der Luftdruckwirkung beim Abschuss der Artillerie auf die britischen Kreuzer am 23. Mai 1941 schränkte die Fähigkeit der BISMARCK ein, mögliche Ziele zu erfassen, die sich in dem Bereich vor ihr befanden.

Ein weiteres Ortungsgerät, das während des Gefechts in der Dänemarkstraße zum Einsatz kam, war das Gruppenhorchgerät (»GHG«). Diese Unterwasserhorchanlage befand sich auf der Steuerbord- und Backbordseite tief im Vorschiff unterhalb der Wasserlinie. Diese von den Atlas-Werken in Bremen konstruierte Anlage konnte die Bewegungsgeräusche von sich nähernden U-Booten, Überwasserschiffen und sogar Torpedos erfassen. Ein gut ausgebildeter »GHG«-Bedienmann konnte die Größe, die ungefähre Geschwindigkeit, das Antriebssystem und möglicherweise sogar den Kurs des Objektes bestimmen. Die an Bord der BISMARCK eingebaute Variante trug die Bezeichnung »GHG AN 302m« und bestand auf beiden Seiten aus je 64 Kristallmikrofonen. Diese waren in drei ineinander liegenden Reihen angeordnet, die einem auf dem Kopf stehenden Hufeisen ähnelten. Diese Anlage erfasste die sich nähernden britischen Großkampfschiffe HMS HOOD und HMS PRINCE OF WALES zuerst. Um 05:25 Uhr des 24. Mai 1941 meldete die »GHG«-Bedienmannschaft der Brücke der BISMARCK: »Geräusche von zwei schnellfahrenden Turbinenschiffen mit ungefährer Peilung 280° – Geschwindigkeit 20 Knoten«.

Suchscheinwerfer

Die BISMARCK verfügte über sieben Suchscheinwerfer mit je einem Durchmesser von 1,5 Metern. Diese waren so konstruiert, dass ihr Betrieb von einer zentralen Stelle aus erfolgen konnte. Ein Scheinwerfer befand sich in einer Nock auf dem Vormars, vier weitere in Zweiergruppen auf Plattformen beidseitig des Schornsteins. Die übrigen zwei waren hinter dem Großmast mit je einem auf jeder Seite platziert. Der Hersteller war die Firma Siemens-Schuckert.

Beiboote

Die BISMARCK verfügte über insgesamt etwa 16 Beiboote verschiedener Typen: 3 Admirals- und Kommandantenboote, vier Verkehrsboote, zwei Motorpinassen, eine Motorbarkasse, zwei Kutter, zwei Dingis und zwei Jollen. Zur Platzersparnis waren die meisten von diesen auf den Flugzeughangars platziert. Ihre Beförderung ins und aus dem Wasser erfolgte durch die beiden großen Bordkräne. Die vier Verkehrsboote (»V-Boote«) konnten je bis zu 85 Mann oder diverse Ladungen befördern. Sie befanden sich auf dem Dach der großen Flugzeughalle in Zweiergruppen jeweils seitlich des Großmastes. Die drei Admirals- und Kommandantenboote (»Chefboote«), die zwei Motorpinassen und die einzelne Motorbarkasse hatten ihren Platz auf den kleineren Hangars auf beiden Seiten des Schornsteins. Die beiden Kutter zur Rettung von über Bord gegangenen Besatzungsmitgliedern hingen in Davits, die sich beidseitig zwischen dem vorderen und dem mittleren 15-cm-Turm befanden und auf See bereitschaftsmäßig ausgeschwenkt waren. Je eine Jolle und ein Dingi befanden sich ineinander gestapelt auf den beiden Seitendecks (Oberdeck) zwischen dem achteren 15-cm-Turm und dem Flugzeugkatapult. Kurz bevor die BISMARCK zu ihrem ersten und einzigen Einsatz auslief, wurden sechs unmotorisierte Boote, darunter zwei Kutter, zwei Jollen, ein Dingi und das von Admiral Lütjens verwendete Admiralsboot, von Bord gegeben (diese Angaben variieren jedoch nach Quelle). Außer den Beibooten verfügte das Schlachtschiff auch über 16 Rettungsflöße. Bei einer Länge von ungefähr 1,5 Metern und einer Breite von 1,4 Metern konnte nur rund ein Dutzend Männer auf jedem von diesen Platz finden. Die Flöße befanden sich in Metallgitterkästen an verschiedenen Stellen auf den Aufbauten und dem Oberdeck.

Das achtere Bootsdeck auf der Steuerbordseite. Die Boote befanden sich auf dem Dach der großen Flugzeughalle am achteren Ende der vorderen Aufbauten.

Das 11,5 Meter lange Kommandantenboot neben dem großen Flugzeughangar.

Das backbordvordere Bootsdeck am Schornstein.

Die BISMARCK verfügte auf jeder Seite neben dem Flugzeugkatapult über einen Zwölf-Tonnen-Kran. Einer von diesen litt noch im Mai 1941 unter Störungen.

Bordkräne

Die BISMARCK besaß insgesamt vier Bordkräne. Die beiden großen Zwölf-Tonnen-Kräne standen auf dem Oberdeck je seitlich des Schornsteins vor dem Katapult. Sie hievten die Beiboote ins und aus dem Wasser, nahmen die Wasserflugzeuge nach deren Einsatz wieder an Bord oder dienten zur Beladung des Schiffes mit Vorräten und Munition. Aufgrund technischer Probleme mit dem Backbordkran Mitte Mai 1941 kam es zu einer Verschiebung des Unternehmens »Rheinübung«. Die beiden kleineren Vier-Tonnen-Kräne befanden sich je unterhalb der Scheinwerferplattformen auf beiden Seiten des hinteren Schornsteinteils. Diese dienten hauptsächlich dazu, die Flugzeuge auf das Katapult zu hieven, nachdem diese aus ihren Hangars geschoben worden waren.

Verteidigungsausrüstung

Im Heck der BISMARCK befand sich eine chemische Nebelerzeugungsanlage, die das Schiff in eine künstliche Nebelwolke hüllen konnte, um ihm im Ernstfall ein Entkommen zu ermöglichen oder dem Feind einen präzisen Beschuss zu erschweren. Diese verwendete sogenannte Nebelkannen, die mit 500 Litern Chlorsulfonsäure gefüllt waren. Die Nebelerzeugungsanlage befand sich im Heck am achteren Ende des Batteriedecks. Dieser Raum war mit dem Oberdeck durch drei Öffnungen verbunden. Während zwei runde Luken direkt vor dem achteren Flaggenstock dazu dienten, die Nebelkannen in den Raum hinabzulassen, diente die davor befindliche Luke als Zugang für die Bedienmannschaft der Nebelanlage. Wenn der Befehl zur Vernebelung erteilt war, öffneten Männer die Kannen und schütteten deren Inhalt in einen ovalen Schacht, von wo die Säure durch Pressluft zu zwei Austrittsöffnungen im Heck befördert wurde. Durch den Kontakt mit Sauerstoff verwandelte die Säure sich in feine Partikel. Die umgebende Luftfeuchtigkeit erzeugte daraufhin eine dichte weiße Nebelwolke. Der Inhalt jeder Kanne reichte für eine Vernebelungsdauer von bis zu zehn Minuten. Sowohl die Säure als auch der Nebel waren hochgiftig.
An Bord der BISMARCK befanden sich auch sechs torpedoförmige Minenräumvorrichtungen, die als Ottergeräte bezeichnet wurden. Diese befanden sich paarweise an drei Stellen auf dem Oberdeck. Das erste Paar war bei Turm »Bruno«, das zweite bei den mittleren 15-cm-Türmen und das dritte bei Turm »Cäsar« platziert. Ihre Funktion bestand darin, die BISMARCK vor Ankertauminen zu beschützen. Solche Minen waren durch ein Stahlseil mit einer Art Anker auf dem Meeresgrund verbunden und befanden sich meist unsichtbar knapp unterhalb der Wasseroberfläche. Die BISMARCK verfügte in ihrem Vordersteven auf Höhe des Kiels über eine ausfahrbare Stenge. An dieser befand sich zu beiden Seiten ein Stahlseil, welches auf der Backbord- und der Steuerbordseite mit je einem torpedoförmigen Ottergerät verbunden war. Während der Fahrt »schob« die BISMARCK daher dieses Stahlseil als Sä-

geleine kurz unter der Wasseroberfläche vor sich her, um die Halteseile von Ankertauminen zu durchtrennen, bevor der Bug des Schiffes mit diesen Minen kollidierte. Die beiden Ottergeräte sorgten durch ihre strömungsgünstige Form dafür, dass die Sägeleine zu beiden Seiten gespannt sowie unter Wasser blieb und so eine Art »Schutzschild« bildete. Die BISMARCK verfügte auf Höhe der Türme »Anton« und »Cäsar« über jeweils ein weiteres Paar an Ottergeräten zur Straffung weiterer Sägeleinen, um auch seitlich neben dem Schiff befindliche Ankertauminen kappen zu können. Nach dem Durchtrennen der Halteseile stiegen die Minen zur Wasseroberfläche auf, sodass dann ihre Unschädlichmachung durch kleinkalibrige Schusswaffen erfolgen konnte.

Es bestand niemals die Absicht, die BISMARCK gezielt für die Räumung von Minen einzusetzen. Während des Unternehmens »Rheinübung« durchfuhr sie zwischen Dänemark und Norwegen ein Minenfeld auf einer Schneise, welche zuvor von Minenräumern geschaffen worden war. Die eigene Minenräumvorrichtung sollte nur dann zum Einsatz kommen, wenn die BISMARCK als Einzelfahrer unerwartet und auf sich allein gestellt mit einem Minenfeld konfrontiert wurde. Anstatt auf Hilfe warten zu müssen oder den Minen ausgesetzt zu sein, sollte sie sich dann selbst befreien können.

Das achtere Ende des Vorschiffes der BISMARCK mit dem Turm »Bruno« rechts. Etwas weiter links, hinter dem Wellenbrecher, ist ein torpedoförmiges Ottergerät sichtbar.

Ein Ottergerät auf der Steuerbordseite der achteren Aufbauten. Ein weiteres befand sich spiegelbildlich auf der anderen Schiffsseite. Die BISMARCK verfügte insgesamt über sechs solcher Ottergeräte in drei Paaren. Diese Minenräumgeräte mit ihren Schneidevorrichtungen wurden mit einer Stenge vor und neben dem Schiff hergeschleppt, um die Halteseile von Ankertauminen zu zerschneiden. Nach dem Auftauchen der Mine konnte ihre Unschädlichmachung durch Beschuss erfolgen.

Kapitel 4

Das Leben an Bord

Die BISMARCK war eine schwimmende Stadt für ihre 2.000 Besatzungsmitglieder, deren Unterbringung in verschiedenen Kabinen, Quartieren und Messen erfolgte. Das Schlachtschiff verfügte über alle erdenklichen Einrichtungen und Fachleute wie Schneider, Schuster, Köche, Ärzte und Zahnärzte. Jedes Besatzungsmitglied hatte seinen speziellen Arbeitsplatz sowie seine Gefechtsstation an Bord. Die Organisationsstruktur und der tägliche Ablauf stellten sicher, dass jeder seinen Teil zur Einsatzfähigkeit des Schiffes beitrug.

Zwei hochrangige Offiziere der Kriegsmarine beobachten von der Steuerbordseite des Katapultdecks aus die Arbeit der Besatzung der BISMARCK. Bei diesen Offizieren kann es sich links um Generaladmiral Alfred Saalwächter (Befehlshaber Gruppe West) und rechts um Kapitän zur See Harald Netzband (Chef des Stabes von Admiral Lütjens) handeln. Saalwächter besuchte die BISMARCK am Morgen des 18. Mai 1941 – nur wenige Stunden vor dem Beginn des Unternehmens »Rheinübung«. (Bundesarchiv)

Besatzungsmitglieder beim Transport der Vorräte – hier vermutlich Käse – an Bord des Schlachtschiffes.

Die Besatzung

Vor dem Beginn des Unternehmens »Rheinübung« umfasste die Besatzungsstärke der BISMARCK 2.065 Mann. Diese schloss 103 Offiziere ein, deren Ränge vom Kommandanten, Kapitän Lindemann, bis zum Fähnrich reichten. Die übrigen 1.962 Besatzungsmitglieder setzten sich aus Unteroffizieren und den Mannschaftsdienstgraden zusammen. Kurz vor Einsatzbeginn kamen zusätzliche Besatzungsmitglieder an Bord.

Mitglieder der Mannschaftsdienstgrade bei einer Mahlzeit in einer der vorderen Messen an Bord der BISMARCK. Obwohl die Unterbringung an Bord recht beengt war, war die Gestaltung von Räumen wie diesem gut durchdacht, um mehrere Funktionen erfüllen zu können. Daher dienten diese Bereiche auch als Schlafquartiere sowie als Freizeit- und Erholungsräume.

Den Großteil bildete der Stab, den Admiral Lütjens um sich scharte. Viele seiner Untergebenen hatten bereits an einem Atlantikeinsatz an Bord des Schlachtschiffes GNEISENAU im Rahmen des Unternehmens »Berlin« teilgenommen. Der Stab bestand aus 75 Mann – vom Admiral selbst bis hin zu seinen persönlichen Köchen und Bediensteten. Während einige der Stabsmitglieder Offiziere waren, gab es auch viele Unteroffiziere, die für die Informationsbeschaffung und -auswertung, den Kommunikationsbetrieb und die Aktualisierung der strategischen Lage zuständig waren. Durch diese Hilfe erhielt Lütjens alle Informationen, die er für seine strategischen und operativen Entscheidungen benötigte.
Kurz vor dem Beginn des Unternehmens »Rheinübung« kamen noch zwei weitere Gruppen von Männern an Bord. Die erste war ein Enter- bzw. Prisenkommando, bestehend aus einem Offizier und 80 Mann, dessen offizielle Aufgabe es sein sollte, Informationen von jedem Handelsschiff zusammenzutragen, welches der BISMARCK während ihres Einsatzes begegnete. Es schien jedoch so zu sein, dass diese Einheit aus mehr Wehrmachtssoldaten als aus Marinepersonal bestand. Dies war eher unüblich, da ein Enterkommando auf Männer mit seemännischen und schiffbautechnischen Kenntnissen angewiesen war. Ein Maschinengefreiter, der den Untergang der BISMARCK überlebt hatte, behauptete später, dass diese Männer zur »Allgemeinen Schutzstaffel«, der »SS«, gehörten und ihre Aufgabe darin bestand, die gefangengenommenen Besatzungen der feindlichen Handelsschiffe zu bewachen und zudem die Ordnung an Bord der BISMARCK aufrechtzuerhalten. Diese Behauptung fand bis heute keine Bestätigung.
Die zweite Gruppe kam auf Anordnung des Propagandaminis-

teriums an Bord und bestand aus einem vollständigen Filmteam, autorisierten Zeitungsjournalisten, Rundfunkreportern und einigen Autoren, die den Befehl hatten, einen die Moral steigernden Bericht über die »Heldentaten« der BISMARCK zu Papier zu bringen. Die genaue Zahl dieser ausschließlich männlichen Medien- und Presseleute ist nicht genau bekannt, wurde jedoch auf rund 120 Personen geschätzt. Ironischerweise überlebte keiner der Männer, die das Propagandaministerium an Bord geschickt hatte, den Untergang des Schlachtschiffes, sodass alle Aufzeichnungen, die sich Joseph Goebbels für seine propagandistische Aufbereitung gewünscht hatte, ebenfalls verloren gingen. Es wäre sicherlich faszinierend gewesen, wenn auch nur ein Bruchteil des Film-, Ton- oder Textmaterials, das im Laufe des Unternehmens »Rheinübung« entstanden war, überlebt hätte.

Insgesamt schifften sich für diesen Einsatz etwa 2.229 Mann ein. Durch die Medien- und Presseleute stieg diese Zahl auf ca. 2.349 Personen. Insgesamt befanden sich 106 Offiziere an Bord, der Rest setzte sich aus Unteroffizieren und Mannschaften zusammen. Von allen Männern der BISMARCK überlebten nur 116 den Untergang ihres Schiffes – einer von diesen erlag später seinen Verletzungen an Bord der HMS DORSETSHIRE. Dies bedeutet, dass ungefähr 95 Prozent der Männer an Bord der BISMARCK ihr Leben verloren.

Die Kommandostruktur

Die ursprüngliche Planung des Unternehmens »Rheinübung« erfolgte durch Großadmiral Raeder und seinen Stab in Berlin. Einen Großteil der Arbeit übernahm die Seekriegsleitung unter Generaladmiral Schniewind. Während des eigentlichen Einsatzes besaß jedoch Raeder die strategisch-operative Leitung. Das bedeutete, dass Admiral Lütjens zwar die operative Leitung innehatte, der Großadmiral sich jedoch das Recht vorbehielt, einzugreifen und Lütjens direkte Befehle zu erteilen, wenn er dies für notwendig hielt. Da Raeder jedoch großes Vertrauen in Lütjens hatte, verzichtete er auf eine Einmischung – abgesehen davon, dass er alles in seiner Macht Stehende unternahm, um der BISMARCK in der Endphase des Unternehmens »Rheinübung« Hilfe zukommen zu lassen.

Während des Einsatzes musste Lütjens auch zwei regionalen Kommandeuren Rede und Antwort stehen. Der erste war Generaladmiral Rolf Carls, der Befehlshaber der Gruppe Nord der Kriegsmarine in Wilhelmshaven. Diese Stelle hatte die operative Befehlsgewalt über die BISMARCK und die PRINZ EUGEN, bis beide Schiffe auf ihrer Fahrt eine Linie passierten, die sich von Kap Farvel am südlichen Ende Grönlands bis zu Kap Wrath (Cape Wrath) am nordöstlichen Zipfel des schottischen Festlands erstreckte. Sobald Lütjens mit seiner Kampfgruppe diese Linie überquert hatte, befand er sich im Wirkungsbereich der Gruppe West in Paris unter dem Kommando von Generaladmiral Saalwächter, der alle Operationen der Kriegsmarine im Nordatlantik überwachte. Diese beiden Befehlshaber – Carls und Saalwächter – hatten aber eher die Aufgabe, Lütjens zu unterstützen anstatt sich in seine Handlungen einzumischen. Aus diesem Grund behielt er während des gesamten Unternehmens »Rheinübung« die volle operative und taktische Leitung.

Während Admiral Lütjens für die operativen Geschicke der BISMARCK verantwortlich war, behielt Kapitän Lindemann als Kommandant die gesamte Befehlsgewalt über sein Schlachtschiff. Es war Lütjens daher unmöglich, sich in die Abläufe an Bord sowie in die Art, wie es im Gefecht kämpfte, einzumischen. Obwohl er Lindemann operative Befehle geben konnte, waren die taktischen Entscheidungen – zumindest in der Theorie – alleine dem Kommandanten vorbehalten. Praktisch gesehen arbeiten diese beiden Offiziere jedoch zusammen: Ihre gemeinsam erbrachte Leistung während des Gefechts in der Dänemarkstraße war ein besonderer Beweis ihrer effizien-

Am 24. August 1940 traf Kapitän Ernst Lindemann an Bord der BISMARCK ein, um die Indienststellung zu vollziehen. Das Boot, das ihn zum Schiff brachte, ist unter dem Hauptfallreep auf der Steuerbordseite sichtbar. Das Foto zeigt den Kommandanten bei der Erwiderung der Begrüßung.

Am 5. Mai 1941 besuchte Adolf Hitler kurz die BISMARCK und die PRINZ EUGEN, als beide Schiffe in Gotenhafen lagen. Hinter ihm ist Generalfeldmarschall Wilhelm Keitel erkennbar.

ten Kooperation. Während der Kampfhandlungen wies Lütjens Lindemann an, welchen Kurs er steuern, wann er das Feuer eröffnen und welches Ziel er beschießen sollte. Es war Lindemanns Aufgabe, diese Anweisungen schnell und möglichst wirksam umzusetzen.

Als Flottenchef konnte Lütjens auf einen erfahrenen Chef des Stabes, Kapitän Harald Netzbandt, vertrauen. Dieser hatte vorher das frühere Flaggschiff des Admirals, das Schlachtschiff GNEISENAU, befehligt. Zudem standen dem Admiral drei Stabsoffiziere, ein Flotteningenieur sowie ein Luftwaffenverbindungsoffizier zur Seite. Genau wie Lütjens hatten sie kein Mitspracherecht bei der Führung des Schiffes – ihre Aufgabe beschränkte sich auf die Beratung des Admirals. Obwohl Kapitän Lindemann die volle Befehlsgewalt über die BISMARCK hatte, lag der alltägliche Betrieb in den Händen seines Ersten Offiziers, Fregattenkapitän Hans Oels. Er war für die Ausführung der vom Kommandanten ausgegebenen Befehle die Aufrechterhaltung der Ordnung und der Disziplin an Bord verantwortlich. Diese Befehlsstruktur befreite Lindemann davon, sich mit den alltäglichen Belangen auf seinem Schiff auseinandersetzen zu müssen – die Ausnahmen bildeten wirklich wichtige Angelegenheiten. Da Oels aber ein erfahrener Offizier war, lag der Alltagsbetrieb des Schlachtschiffes bei ihm in sicheren Händen.

Kapitän Lindemann war ein Artillerieexperte, der seine ersten Einsätze während des Ersten Weltkrieges erlebt hatte. Bevor er das Kommando über die BISMARCK erhielt, diente er als der Chef der Artillerieschule der Kriegsmarine in Kiel. Schon aus diesem Grund verfügte er über eine große theoretische und praktische Erfahrung im Fachbereich Artillerie.

Die Organisation an Bord

Die Besatzung war in zwölf etwa gleichstarke Divisionen aufgeteilt, sodass jede aus 150 bis 200 Mann bestand. Jede Division setzte sich aus Besatzungsmitgliedern aus einem Fachbereich wie zum Beispiel der Artillerie oder des Ingenieurwesens unter der Leitung eines Offiziers mit Expertenwissen auf diesem Gebiet zusammen. Innerhalb jeder Division gab es zwei sich ablösende Dienstgruppen mit den Bezeichnungen »Rot« und »Grün« – nach den Farben der Positionslichter auf der Backbord- (rot) und der Steuerbordseite (grün). Diese beiden Dienstgruppen waren wiederum in zwei oder drei kleinere Gruppen aufgeteilt, die nummerische Bezeichnungen wie »Rot I«, »Grün II« etc. trugen. Diese Untergruppen teilten sich weiter in Korporalschaften mit je zehn bis zwölf Mann unter der Leitung eines Bootsmanns auf.

Die Division als Einheit erfüllte zwei Funktionen. Zum einen war sie eine administrative Einheit, deren befehlshabender Offizier mit der Unterstützung rangniedrigerer Offiziere und Unteroffiziere die Aufgabe hatte, die Männer der Mannschaftsdienstgrade in der Division zu beaufsichtigen. Zum anderen diente sie auch als eine erste Stufe für Schlichtungen bei Missständen, Beschwerden sowie bei Angelegenheiten der Disziplin an Bord. Die Musterung der Besatzung erfolgte ebenfalls divisionsweise. Ihr jeweiliger Divisionsoffizier konnte für die Erscheinung und das Benehmen seiner Männer zur Rechenschaft gezogen werden. Da sich die einzelnen Divisionen je nach dienstlichem Fachbereich zusammensetzten, bildete jede auch die Grundlage für Übungen und Ausbildungsdrills für die jeweiligen Bereiche.

Die BISMARCK verfügte über eine kleine Schneiderei, in der die Ausbesserung oder die Änderung von Uniformen erfolgte. Zudem gab es eine große Wäscherei für die Reinigung der Kleidung der Besatzung.

Die Unterbringung der Besatzung

Die Art der Unterbringung und Versorgung der Männer an Bord der BISMARCK richtete sich je nach Rang. Der Admiral und der Kommandant nahmen ihre Mahlzeiten in der Regel alleine oder in Anwesenheit von Gästen in der Abgeschiedenheit ihrer eigenen Tageskajüten zu sich. Beide verfügten auch je über eine Nacht- bzw. Schlafkajüte, die sich jeweils nahe der Admirals- und Schiffsbrücke befanden. Im achteren Deckaufbau gab es auch eine Admiralsmesse, die vom Stab des Admirals

Die dreiköpfige Gruppe an Schustern an Bord der BISMARCK, die in ihrer Werkstatt die Schuhe der Besatzung reparierten. Diese Männer hatten ihr Handwerk im zivilen Leben erlernt und konnten nach ihrem Eintritt in die Kriegsmarine und dem Abschluss ihrer Grundausbildung diesen Beruf dort weiterhin ausüben.

Die Divisionsstruktur an Bord der BISMARCK

Division	Dienstl. Fachgebiet	Aufgabe	Verantwortlicher Offizier
Div. I	Matrosen	Bedienung schwere und mittlere Artillerie	Kapitänleutnant Schaaf
Div. II	Matrosen	Bedienung schwere und mittlere Artillerie	Kapitänleutnant Tils (2. Artillerieoffizier)
Div. III	Matrosen	Bedienung schwere und mittlere Artillerie	Kapitänleutnant Knappe (Art.Offz. Turm »Cäsar«)
Div. IV	Matrosen	Bedienung schwere und mittlere Artillerie	Kapitänleutnant Kühn (Art.Offz. Turm »Cäsar«)
Div. V	Flak-Bedienung	Bedienung der leichten Flak	Oberleutnant Brandes (Offizier bei leichter Flak)
Div. VI	Flak-Bedienung	Bedienung der schweren Flak	Kapitänleutnant Troll (Offz. bei schwerer Flak)
Div. VII	Funktionäre	Köche, Bedienstete, Musiker, Handwerker (Schneider, Zimmerleute, Schuster etc.)	Kapitänleutnant Mihatsch (Divisionsoffizier)
Div. VIII	Matrosen	Geschütztechniker, Geschützbedienung, etc.	Oberleutnant Hins (Technischer Offizier)
Div. IX	Navigation	Signalgasten, Telegrafisten, Funker, Steuermänner, Horchanlagenbedienung, etc.	Kapitänleutnant Krüger (Artillerieoffizier)
Div. X	Technik	Ingenieure, Techniker, Maschinisten	Kapitänleutnant Hasselmeyer (Maschinenoffizier)
Div. XI	Technik	Ingenieure, Techniker, Maschinisten	Kapitänleutnant Junack (Turbinenoffizier)
Div. XII	Technik	Ingenieure, Techniker, Maschinisten	Kapitänleutnant Schock (Leckwehroffizier)

Eine Gruppe von Matrosen der BISMARCK in ihrer weißen Sommeruniform mit Kopfbedeckung. Diese bestand aus einer weißen »Arbeitsbluse« und einer weißen Leinenhose. Da der Kapitän und sein Erster Offizier die Mannschaftskleidung für den Tag bestimmen konnten, konnte diese auch aus einem dunkelblauen Hemd in Kombination mit der weißen Hose bestehen. Die Arbeitsgruppen hingegen konnten je nach Tätigkeit oder Anlass die Anweisung erhalten, entweder einen Ganzkörperschutzanzug oder einen Mantel zu tragen.

sowie gelegentlich von Lütjens selbst benutzt wurde. Während die Stabs- und die Schiffsoffiziere ihre Kajüten in den vorderen und achteren Aufbauten hatten, waren die der rangniedrigeren Offiziere direkt unter dem Oberdeck im hintersten Bereich des Batteriedecks (Sektion I) und somit vor dem Heck platziert. Die Offiziersmesse, in der die Mahlzeiten serviert wurden, befand sich im hinteren Deckaufbau in den Sektionen X und XI unterhalb des Großmastes. Direkt davor lag die Zubereitungskammer für die Mahlzeiten der Offiziere, in der Köche und Bedienstete die Speisen für das Servieren fertigmachten. Das eigentliche Kochen erfolgte an anderer Stelle, sodass das Essen vor den Tischzeiten in die Kammer gebracht wurde. Die Unteroffiziere hatten ihre eigenen Messen zur Einnahme ihrer Mahlzeiten, die sich auf dem Hauptpanzerdeck bei den Barbetten der Türme »Cäsar« und »Dora« befanden. Die ranghöheren Unteroffiziere schliefen in Doppelkabinen, die sich im Heck oberhalb der Ruder befanden. Die Waschräume und Toiletten lagen auf dem Batteriedeck. Die Ingenieure hatten ihre Messen ebenfalls auf diesem Deck, welche sich größtenteils in den Abteilungen befanden, die an der Schiffsaußenwand lagen. Ein ausreichend großer Waschraum war zwischen den beiden achteren Barbetten platziert. Dort befand sich auch eine der beiden Schiffsküchen. Obwohl sie die Bezeichnung Ingenieursküche trug, bereitete das dortige Personal auch die Mahlzeiten für andere Messen einschließlich der Offiziersmesse vor.

Weiter vorne entlang des Batteriedecks lagen mehrere Mannschaftsmessen in den Abteilungen IX bis XXI. Wie die Ingenieursmessen befanden sich die meisten von diesen zur Schiffsaußenwand hin angeordnet, da die Mittelsektion mit

Zur Krankenstation gehörte auch eine Apotheke mit Arzneiausgabe. Das Bild zeigt ein Mitglied dieser Station bei der Zusammenstellung von Medikamenten für ein erkranktes Besatzungsmitglied. Die Querstreben vor den einzelnen Fächern verhinderten, dass die Flaschen bei rauer See aus dem Regal fielen.

Luftansaugrohren und Bereichen des alltäglichen Lebens wie den Mannschaftshauptwaschräumen, der Bäckerei und der Wäscherei belegt war. Die Ausnahmen bildeten die vorderen Mannschafts- und Bootsmannsmessen im Vorschiff.

Auf dem darunter liegenden Hauptpanzerdeck waren die Quartiere ähnlich angeordnet. Eine große Zahl von Kabinen für die ranghöheren Unteroffiziere lag an achtern auf beiden Seiten ihrer Messen. Davor befanden sich sechs weitere Reihen von Ingenieursmessen, die zur Schiffsaußenwand hin angeordnet waren. Mittig von diesen lagen die Abteilungen VI bis X mit weiteren Mannschaftsmessen und Waschmöglichkeiten. Von der Abteilung X bis zum vorderen Ende der gepanzerten Zitadelle waren auf jeder Rumpfseite sechs zusätzliche Mannschaftsmessen angeordnet. Während zwischen den Barbetten der Türme »Anton« und »Bruno« mehrere mittig platzierte Unteroffiziersmessen lagen, befanden sich im Vorschiff eine weitere große Messe dieser Art sowie zwei kleinere Mannschaftsmessen. Auf dem Batterie- und dem Hauptpanzerdeck befanden sich zusammen 42 große Mannschaftsmessen, 14 Ingenieursmessen sowie mehrere kleinere Messen für verschiedene andere Fachleute. Während die meisten Bootsmannsquartiere rings um die Barbetten der Türme »Anton« und »Bruno« platziert waren, befanden sich die Unterkünfte der höheren Unteroffiziere und rangniedrigen Offiziere im Achterschiff. Obwohl die Größe und Form der einzelnen Mannschaftsdecks variierte, boten die meisten Platz für bis zu 30 Mann.

Im vorderen Deckaufbau befanden sich eine kleine Offizierskombüse und Toiletten sowie zusätzliche Unterkünfte für die höheren Unteroffiziere, Fähnriche und Wachoffiziere. Weiter vorne, hinter dem oberen Teil der Barbette von Turm »Bruno«, lag die Hauptkrankenstation (Lazarett). Die meisten der Offizierskajüten sowie die dazugehörigen Waschräume befanden sich im achteren Deckaufbau. Die Offiziersmesse lag davor auf Höhe der beiden achteren 15-cm-Türme (»Backbord III« und »Steuerbord III«). Darüber waren im achteren Deckshaus neben der Admiralsmesse auch mehrere Kajüten platziert, die dem Admiral und dem Kommandanten zur Verfügung standen. Auf dem darüber befindlichen Aufbau (dem Haus auf dem achteren Deckhaus – so der offizielle Name), lag die Kabine des Chefs des Admiralstabes.

Da die BISMARCK über so zahlreiche Räumlichkeiten und Einrichtungen verfügte, wie man sie sonst nur in kommunalen Bal-

Ein Bootsmann in einer der am häufigsten getragenen Uniformen an Bord der BISMARCK – ein dunkelblaues Hemd mit weißer Leinenhose. Das obere Abzeichen an seinem linken Oberarm weist ihn als Oberbootsmannsmaat, das untere als Kommandeur einer Flak aus.

Im April 1941 absolvierte die BISMARCK Erprobungen und Übungen in der Ostsee. Diese fanden teilweise mit oder ohne die PRINZ EUGEN statt. In dieser Aufnahme, die von einem nicht identifizierten deutschen Kriegs- oder Versorgungsschiff aus entstand, ist die BISMARCK im Hintergrund in ihrem Ostseetarnanstrich mit dessen diagonalen Streifen sichtbar.

lungsräumen fand, war sie wahrlich eine schwimmende Stadt. Wenn die Kajüten, Quartiere und Messen die Behausungen dieser »Stadt« darstellten, so hielten die Wäscherei, die Schusterei, die Apotheke, der Musizierraum, die Schreibstube für Familienbriefe, die Verwaltungsbüros, die Bekleidungslager, der Postraum, die Bäckerei, der Kartoffelverarbeitungsraum und sogar die bordeigenen Arrestzellen diese Kommune auf hoher See am Leben.

Eine wichtige Rolle nahm die moderne und vollausgestattete Krankenstation (auch Bordlazarett) ein. Diese verfügte zudem über eine zahnärztliche Ausstattung sowie über zwei Verbandsstationen für Verletzte. An Bord der BISMARCK befanden sich insgesamt drei Ärzte, von denen Dr. Busch, ein hochqualifizierter Chirurg der Marine, der ranghöchste war. Diese medizinischen Einrichtungen waren für den alltäglichen Bordbetrieb mehr als ausreichend und eigneten sich sogar zur Behandlung von Besatzungsmitgliedern, die sich bei kleineren Gefechten Verletzungen zugezogen hatten. Für die Versorgung einer größeren Zahl von Verwundeten als Folge einer schweren Seeschlacht waren sie jedoch unzureichend. Obwohl die überlebenden Besatzungsmitglieder später die couragierte Arbeit des medizinischen Personals bestätigten, welches mit Hilfe der Bordmusiker die Verletzten von deren Gefechtsstationen evakuierte, war die enorme Verwundetenzahl unter den Männern der BISMARCK während ihres Endkampfes für diese kleine Gruppe von Helfern einfach zu groß.

Die Verpflegung

Die BISMARCK verfügte über zwei Hauptbordküchen, die sich auf dem Batteriedeck befanden. Die vordere, größere Küche war kurz vor der Barbette des Turms »Bruno« in der Abteilung XV platziert. In dieser entstanden die Mahlzeiten für den Großteil der Mannschaftsdienstgrade und der Fähnriche. Die zweite Bordküche befand sich weiter achtern an mittschiffs in der Abteilung VI. Diese bereitete hauptsächlich das Essen für die Ingenieure zu. Vor dieser befand sich auf der Backbordseite der Abteilung VII eine separate Küche für die hochrangigen Unteroffiziere. Die Offiziere hatten ihre eigene Bordküche im vorderen Deckaufbau.

Auf der BISMARCK gab es zwei Organisationsarten für die Verpflegung an Bord. Nach Fertigstellung der Mahlzeiten in einer Zentralküche wurden diese zu den Messen der rangniedrigen Unteroffiziere und der Mannschaftsdienstgrade gebracht. Dort erfolgte die Essensausgabe durch einen Koch. Damit nicht alle Männer anstehen mussten, holte ein Messmann als Vertreter von jeder Einheit die Speisen mit einem großen Topf oder einem anderem Behälter beim Koch ab und brachte diesen zu seinen Kameraden an den Tisch. Nach dem Essen machte der Messmann jeder Einheit das benutzte Geschirr in einer Spülküche sauber.

Den hochrangigen Offizieren und Unteroffizieren wurde das Essen in ihren Messen am Tisch serviert. In der Offiziersmesse sowie in den Räumlichkeiten des Admirals und des Kommandanten erfolgte die Bedienung durch Kellner, die bereits am Tisch warteten. Es gab auch Zubereitungskammern für Mahlzeiten der Ingenieure in der Abteilung III sowie für die Mannschaftsdienstgrade in der Abteilung XIV. Dort erfolgte die Ausgabe einfacher Mahlzeiten an die Männer, die Wachdienst hatten und daher nicht in den Messen speisen konnten.

Obwohl die Verpflegung an Bord der BISMARCK besser und abwechslungsreicher als auf den kleineren deutschen Kriegsschiffen war, galt sie dennoch als mehr oder weniger eintönig. Die Ausgabe von kleinen Zwischenmahlzeiten wie Schokolade oder Plätzchen erfolgte in einer der beiden Bordkantinen. Dort wurde auch Pilsener Bier ausgeschenkt, für welches die Männer jedoch bezahlen mussten. Nach dem Verhör der Überlebenden erschien im August 1941 ein geheimdienstlicher Bericht über die BISMARCK, welcher die Organisation der Verpflegung an Bord folgendermaßen beschrieb:

Die Kantinen

Eine Bordküche auf der BISMARCK. Die Lebensmittel wurden aus entsprechenden Lager- und Kühlräumen aus dem Deck darunter in die Küche zur dortigen Zubereitung hochgebracht.

Kantinen, Bordküchen und Lebensmittelkühlung

An Bord gab es zwei Kantinen. Eine befand sich auf dem Batteriedeck in der Sektion XV und diente zur Versorgung der Besatzung im vorderen Teil des Schiffes. Die zweite in der Sektion VIII versorgte die Männer im Achterschiff. Beide Kantinen verfügten jeweils über ein sechsköpfiges Personal.

Hier waren Bier, Zigaretten, Schokolade, Plätzchen, Schreibmaterial und andere Artikel käuflich erwerbbar. Das in größeren Mengen konsumierte Bier wurde in 0,5-Liter-Gläsern zum Preis von 30 Pfennig verkauft. Die Bierlagerung erfolgte in 50-Liter-Fässern in speziellen Räumen in den Sektionen XVII und VIII. Je nach Quelle war die Aufbewahrung von 500 bis 1.000 Fässern an Bord möglich. Vor dem Konsum wurde das Bier speziell mit Sauerstoff angereichert.

Das Küchenpersonal bei der Arbeit in der Kammer, wo die Vorbereitung der Lebensmittel erfolgte, bevor diese zur Hauptbordküche gebracht wurden. In diesem Bild scheint der rechte Koch Kartoffeln auszusortieren, während der linke die Portionierung von Lebensmitteln abwiegt. An der Wand sind Karikaturen erkennbar.

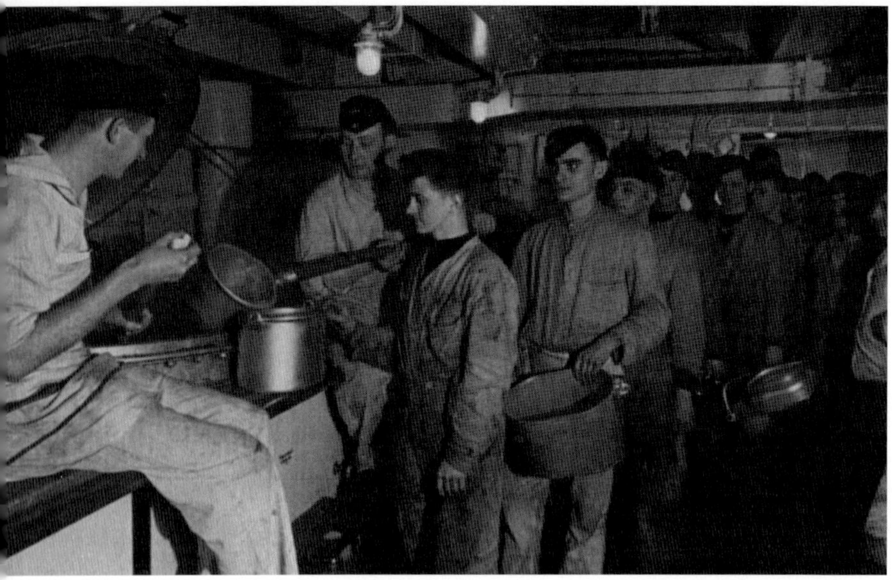

An Bord der BISMARCK nahmen die einfachen Matrosen die Mahlzeiten auf ihren Mannschaftsmessen ein. Jede Messe hatte ihre Vertreter, die das fertige Essen bei der Hauptbordküche abholten. Dieses Foto zeigt ein Mitglied des Küchenpersonals bei der Suppenausgabe. Die Töpfe wurden dann zu den einzelnen Messen gebracht.

Besatzungsmitglieder der BISMARCK bei der Einnahme einer Mahlzeit, die aus Suppenfleisch zu bestehen schien. Der große Topf auf dem Tisch diente für die Abholung der Speisen von der Ausgabestelle. Im Hintergrund sind die Kojen und Schließfächer der Männer sichtbar.

Ein Bereich in jeder Kantine war der Nutzung durch die Bootsmänner vorbehalten. Zwei Bordküchen, die sich in derselben Sektion wie die Kantinen befanden, dienten zur Verpflegung der Mannschaftsdienstgrade, eine weitere für die Bootsmänner. Eine Offiziersbordküche befand sich in den Aufbauten.

Laut Berichten wurden 500 Schweine und 300 Rinder an Bord gebracht. Berechnungen ergaben, dass genug Lebensmittelvorräte an Bord waren, um eine Stadt mit 250.000 Einwohnern einen Tag lang zu ernähren.

Die Betriebsaggregate für die Kühlräume des Schiffes waren in der Sektion XV auf dem oberen Plattformdeck platziert. Deren Betrieb erfolgte elektrisch mit CO_2 (Kohlenstoffdioxid). Die Kühlräume selbst befanden sich mittschiffs in der Sektion XVI auf dem unteren Plattformdeck unter Turm »Bruno«. Ein thermostatisches System vom Typ »Aka« diente zur Temperaturkontrolle in den verschiedenen Kühlräumen.

Alle deutschen Kriegsgefangenen waren sich darin einig, dass das Essen auf dem Schiff weitaus besser als die Kost war, welche die »Landratten« erhielten. Der Speiseplan der BISMARCK, der für die letzten beiden Tage ihres Einsatzes Gültigkeit hatte, wurde von dem Besatzungsmitglied, das ihn auch an Bord auf der Schreibmaschine getippt hatte, nochmals zu Papier gebracht:

25.4.41
Frühstück: Kaffee, Butter, Marmelade
Mittagessen: Kartoffeln mit Knödel
Abendessen: Tee, Butter, Ei, Wurst

26.4.41
Frühstück: Kaffee, Schmalz
Mittagessen: Suppe, Kartoffeln, Soße, Fleisch, Zitronen
Abendessen: Kaffee, Butter, Käse, Wurst

Es ist an dieser Stelle anzumerken, dass die Mahlzeiten hauptsächlich aus Suppen und Kartoffeln bestanden und daher die Aussage der meisten deutschen Kriegsgefangenen, dass das Essen in Deutschland ausgezeichnet und reichlich war, bedeutsam [für die Beurteilung der Versorgungslage in Deutschland] ist.

Der Wachdienst

An Bord der BISMARCK waren die meisten Besatzungsmitglieder in den Wachdienst eingeteilt. Dieser beherrschte ihr Leben an Bord, wenn das Schiff auf See war. Die wenigen »Funktionäre« der Division VII konnten sich glücklich schätzen, da sie von dieser Pflicht befreit waren. Ihre Dienstzeit dauerte von 08:00 bis 16:00 Uhr und ähnelte daher ihrer Ar-

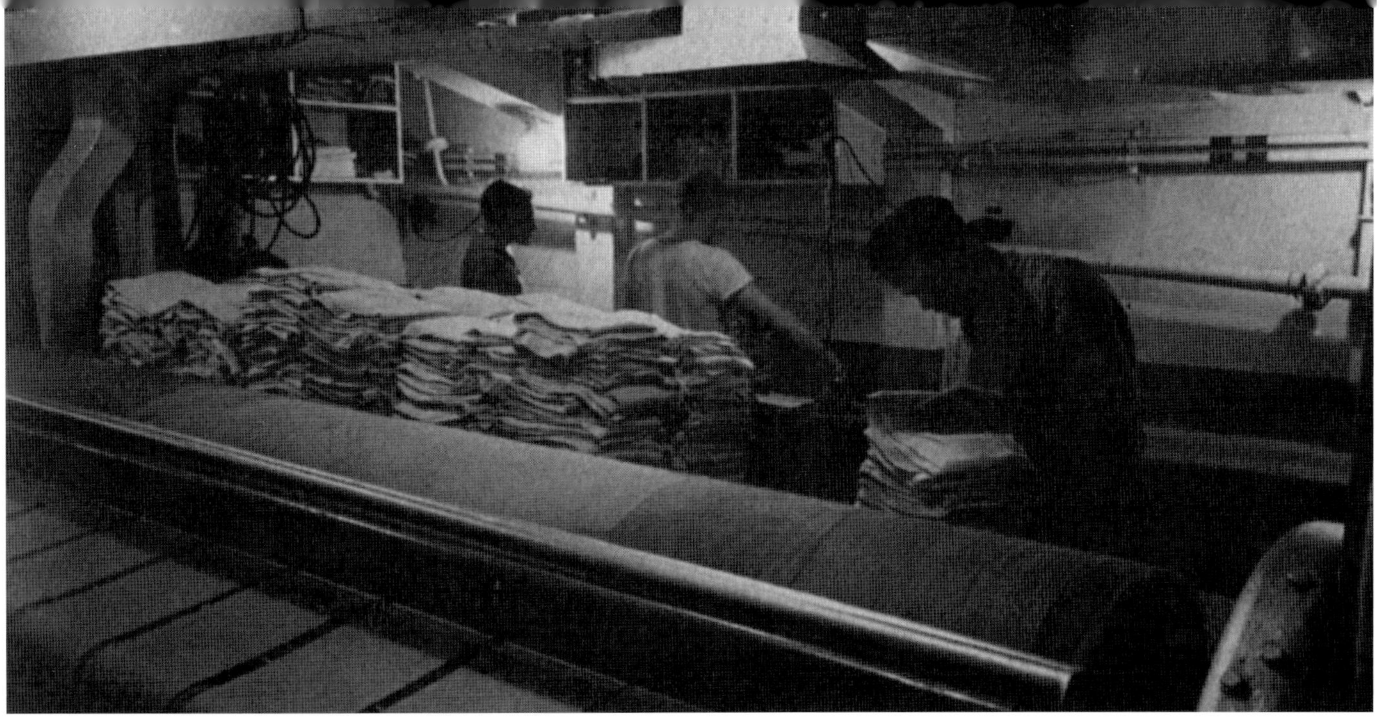

Diese große Dampfbügelpresse befand sich in der Wäscherei. Dort wurden zahlreiche Hemden, Hosen oder andere Kleidungstücke gleichzeitig gebügelt. Bei einer Besatzungsstärke von rund 2.000 Mann befand sich die Wäscherei fast durchgehend im Einsatz.

beitszeit an Land. Bei diesen Funktionären handelte es sich um Besatzungsmitglieder mit fachlichen Spezialisierungen: Zu diesen zählten Ärzte, Frisöre, Schneider, das Kantinenpersonal, Musiker der Bordkapelle, das Wäschereipersonal, Schuster und Zimmerleute. Einige dieser Funktionäre, wie zum Beispiel das Kantinenpersonal, hatten Arbeitszeiten, die von den anderen Gruppen abwichen, da ihr Dienst um 12:00 Uhr begann und bis 20:00 Uhr dauerte. Andere Funktionäre wie das medizinische Personal, die Musiker der Bordkapelle, Köche und Bedienstete hatten ihre eigenen Wachdienstzeiten oder ihr eigenes Dienstrotationssystem. Ihr Arbeitsrhythmus verlief unabhängig vom Wachdienst, den hauptsächlich die Matrosen und die Techniker an Bord ausübten. Viele dieser Männer standen für acht oder zwölf Stunden Wache.

Der Wachdienst teilte einen 24-Stunden-Tag in vierstündige Wachen ein. Die Ausnahmen bildeten die beiden sogenannten »Hundewachen« zwischen 16:00 und 20:00 Uhr mit jeweils zwei Stunden. Die Wachdienstzeiten waren wie folgt:

00:00 bis 04:00	Mittelwache
04:00 bis 08:00	Morgenwache
08:00 bis 12:00	Vormittagswache
12:00 bis 16:00	Nachmittagswache
16:00 bis 18:00	Erste »Hundewache«
18:00 bis 20:00	Zweite »Hundewache«
20:00 bis 24:00	Abendwache

Die ganze Besatzung musste – gleichgültig, wer wann Wache hatte – jeden Tag um 08:00 Uhr aufstehen. Wenn der tägliche Dienst um 16:00 Uhr endete, begann für die meisten Besatzungsmitglieder die Freizeit – falls man nicht zum Nachtwachdienst eingeteilt war. Die Ausnahme bildeten die Männer, die gerade die Mittelwache durchgeführt hatten und daher bis 12:00 Uhr dienstfrei hatten.

Jede Division war in zwei Wachdienstgruppen mit den Bezeichnungen »Rot« und »Grün« eingeteilt. Diese Regelung fand während eines normalen Arbeitstages (08:00 bis 16:00 Uhr) an Bord sowohl im Hafen als auch auf See Anwendung, um die verschiedenen Dienst- und Drillübungseinheiten einteilen zu können: Wenn das Schiff zum Beispiel auf See war und eine ganze Division Dienst hatte, war nur eine von den zwei Wachdienstgruppen (»Rot« oder »Grün«) auf ihrer Gefechtsstation »eingesperrt«, während die andere entweder frei hatte oder für andere Dienste eingeteilt war. Durch dieses System war es den Technikern und Matrosen einer Division ebenfalls möglich, durch die Aufteilung in kleinere Gruppen Drillaufgaben oder alltägliche Tätigkeiten wie das Schrubben des Decks, die Wartung der Ausrüstung oder Streicharbeiten auszuführen.

Ertönte der Gefechtsalarm, eilten die Besatzungsmitglieder zu ihren Gefechtsstationen – egal, ob diese Station sich beispielsweise bei den Waffensystemen oder in den Maschinenräumen befand. Während zahlreiche Männer diese Stationen besetzten, bildeten andere Schadenbekämpfungs-, Verwundetenversorgungs- sowie Notfallkommunikationstrupps. Die Besatzung war sehr gut darin ausgebildet, schnell den Übergang vom regulären Bordbetrieb zur vollen Gefechtsbereitschaft zu vollziehen. Wie bei jedem anderen Kriegsschiff hing auch der Kampfwert der BISMARCK von der Kompetenz ihrer

Die Besatzung der BISMARCK bei der Lebensmittelübernahme während der Liegezeit im Kieler Scheerhafen im März 1941. Bei dem Offizier im Vordergrund handelt es sich um Korvettenkapitän Hartkopf, dem Versorgungsoffizier des Schlachtschiffes.

Offiziere und Unteroffiziere ab, welche im Ernstfall dafür Sorge tragen mussten, dass die Besatzung gefechtsbereit war.
Im Hafen kam ein völlig anderes Wachdienstsystem zum Einsatz. Dort war es der Divisionsgruppe (»Rot« oder »Grün«), die keinen Wachdienst hatte, erlaubt, sich freizunehmen und an Land zu gehen, anstatt wie auf See Arbeiten an Bord ausführen zu müssen. Falls jedoch eine externe Gefahr wie zum Beispiel ein Luftangriff für das Schiff bestand, war eine erhöhte Alarmbereitschaft in Kraft. Wenn die BISMARCK vor Anker lag, beaufsichtigte eine Ankerwache den oder die herabgelassenen Anker sowie die möglichen Schiffsbewegungen. Davon abgesehen war die Bordroutine fast genauso, als wenn das Schiff im Hafen am Pier lag. Die nachfolgend geschilderte Hafenroutine stammt von Burkard Freiherr von Müllenheim-Rechberg, dem ranghöchsten Überlebenden der BISMARCK:

Besatzungsmitglieder bei der Beförderung von Lebensmitteln an Bord des Schlachtschiffes in Kiel. Im Vordergrund ist ein bewaffneter Wachposten sichtbar.

Die BISMARCK im Kieler Scheerhafen im März 1941. Zu jenem Zeitpunkt war der Pier ein hektischer Ort, da die Beladung mit Vorräten sowie Instandsetzungs- und Wartungsarbeiten gleichzeitig erfolgten. Diese Aufnahme zeigt die Entladung von zwei Lieferwagen einer Kieler Bäckerei.

06:00	Wecken
06:30	Frühstück
07:15	Schrubben des Decks und Reinigung des Schiffes
08:00	Musterung mit anschließender Aufgabenzuweisung
11:30 - 13:30	Mittagspause
17:00	Ausgabe des Abendessens
18:30	Reinigung der Decks
22:00	Aufhängen der Schlafhängematten

Das Divisions- und Dienstsystem diente zuallererst zur Regelung des Bordlebens und zur Sicherstellung, dass jeder Mann auf dem Schiff – vom Kommandanten bis zum Schiffsschneider – wusste, was von ihm erwartet wurde und wo er wann an Bord seine Pflicht zu erfüllen hatte. Da die BISMARCK auf See jederzeit einen hohen Grad an Einsatzbereitschaft aufrechterhalten musste, musste jeder Mann ihrer jungen Besatzung, deren Durchschnittsalter 21 Jahre betrug, als ein Teil einer großen und hocheffizienten Arbeitsgruppe funktionieren. Von Müllenheim-Rechberg drückte dies so aus:

> *»In vielerlei Hinsicht muss die BISMARCK den Grünschnäbeln unter den Besatzungsmitgliedern als etwas vorgekommen sein, das eher in die Welt der modernen Industrie als in die Welt des Krieges gehörte. Viele der Männer arbeiteten weit entfernt vom Tageslicht in beengten Räumen. Dort richteten sie ihre Augen auf Druckmesser und Anzeigen und versuchten, durch die Betätigung von Ventilen und Hebeln die erforderlichen Einstellwerte einzuhalten. Die an ihre Gefechtsstationen gebundenen Männer mussten ihre Präzisionsinstrumente mit kühlem Bedacht selbst in der Hitze des Gefechts bedienen können. Ihre Welt war nicht die des Infanteriemannes, der seine Anspannung bei einem Angriff durch das Abfeuern seines Gewehrs entladen konnte, sondern eine stationäre Welt mit hochspezialisierter Technologie. Die härteste Bewährungsprobe für die physische und psychische Belastbarkeit dieser Männer würde sich erst richtig im Gefecht zeigen«.*

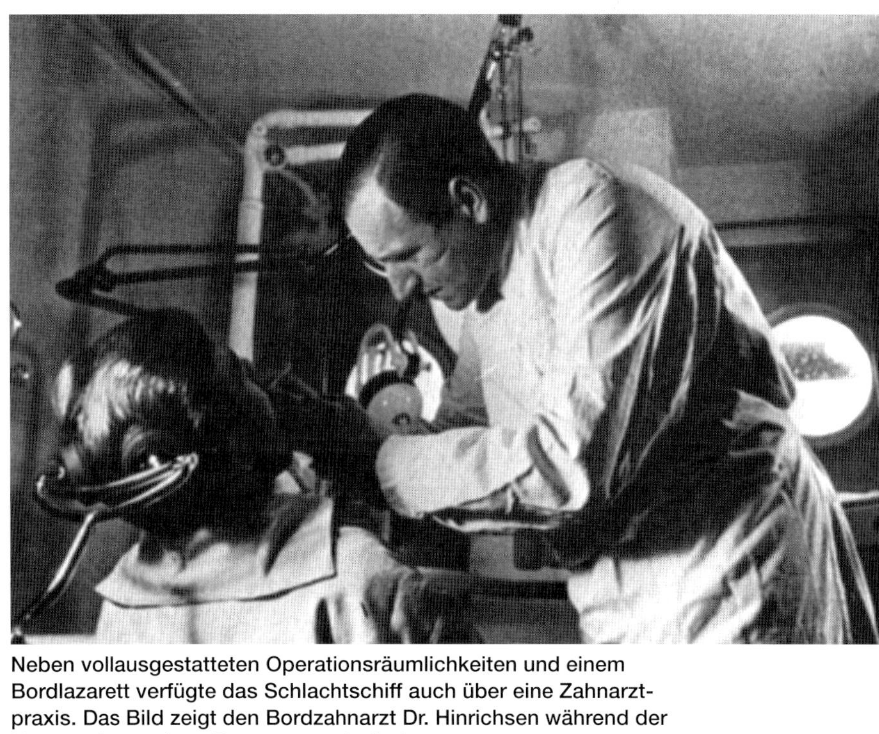

Neben vollausgestatteten Operationsräumlichkeiten und einem Bordlazarett verfügte das Schlachtschiff auch über eine Zahnarztpraxis. Das Bild zeigt den Bordzahnarzt Dr. Hinrichsen während der Untersuchung eines Besatzungsmitgliedes.

Vorsicht!

Kapitel 5

Der Kampfwert

Das Schlachtschiff BISMARCK war bei seiner Indienststellung das größte einsatzfähige Schiff der Kriegsmarine sowie eines der modernsten und kampfstärksten Kriegsschiffe weltweit. Aus diesem Grund bestand – neben seinen zahlreichen anderen Stärken – seine Existenzberechtigung primär darin, als schwimmender Artillerieträger vernichtende Salven auf feindliche Kriegsschiffe über eine Entfernung von mehr als fünfzehn Seemeilen abzufeuern.

Die Decke des vorderen Feuerleitstandes der BISMARCK während der Ausrüstung im Winter 1939/40. Da das Funkmessortungsgerät bei der Aufnahme dieses Bildes noch fehlte, sind der offene Brückenbereich mit den Geräten zur Flak-Feuerleitung sowie das Vorschiff mit der schweren Artillerie gut sichtbar.

Dieses Foto zeigt die BISMARCK ohne ihre Funkmessortungsgeräte, welche von einem Zensor wegretuschiert wurden.

Obwohl die Feuerkraft der BISMARCK ehrfurchtgebietend war, hing ihre Schlagkraft wie bei anderen Kriegsschiffen von jeder einzelnen Granate ab. Während die älteren britischen Großkampfschiffe wie die HOOD, REPULSE, WARSPITE oder RAMILLIES über die gleiche Kalibergröße verfügten, besaßen die neuen Einheiten der KING-GEORGE-V-Klasse zwar kleinere 35,6-cm-Geschütze, konnten diesen vermeintlichen Nachteil jedoch durch zwei zusätzliche Geschützrohre (insgesamt zehn) ausgleichen. Die RODNEY war sogar in der Lage, mit ihren neun 40,6-cm-Geschützen eine schwerere Breitseite als die BISMARCK abzufeuern.

Der artilleristische Unterschied bestand – am Beispiel eines Vergleiches zwischen der HOOD und BISMARCK – in der Tatsache, dass das deutsche Schlachtschiff über modernere 38-cm-Geschütze und Feuerleiteinrichtungen verfügte. Obwohl die HOOD im Laufe ihrer langen Dienstzeit durch Modernisierungen mehrere Kampfwertsteigerungen erhielt, blieb sie im Grunde ein Großkampfschiff aus der Zeit des Ersten Weltkrieges. Hinsichtlich dieser Schlüsselfaktoren verkörperte die BISMARCK im Jahre 1941 hingegen das Maß aller Dinge, sodass sie während des Artilleriegefechts deutlich im Vorteil war.

Die schwere Artillerie

Nachdem bereits eine detaillierte Beschreibung der Artillerie der BISMARCK erfolgt ist, stehen nun deren Reichweite und Wirksamkeit im Fokus. Die acht Geschütze mit der Bezeichnung »38-cm SK-C/34«, die sich auf vier Doppeltürme verteilten, verschossen Granaten mit einem Gewicht von je 800 Kilogramm zusammen mit einer Treibladung von 212 Kilogramm. Letztere bestand aus der eigentlichen 112,5 Kilogramm wiegenden Treibladung, die sich in einer 70 Kilogramm schweren Messingkartusche befand, sowie einer vorderen Treibladung mit 99,5 Kilogramm Gewicht. Die folgende Tabelle erläutert die beeindruckende Reichweite, die sich mit diesen beiden Treibladungen erzielen ließ.

Der Ladevorgang

Der Betrieb der Doppelgeschütztürme vom Typ »Drh L C/34« auf der BISMARCK erfolgte hydraulisch durch je zwei elektrische Hydraulikpumpen, die sich am Unterteil jedes Turms befanden. Als Druckflüssigkeit diente eine Mischung aus Wasser und Glyzerin. Das Hydrauliksystem konnte die Türme mit einer

Die Divisionsstruktur an Bord der BISMARCK

Entfernung (in Meter)	Rohrerhöhung	Sinkflug	Flugzeit (in Sekunden)	Aufschlaggeschwindigkeit (Meter pro Sekunde)
5.000	2,2°	2,4°	6,5	727
10.000	4,9°	5,8°	13,9	641
15.000	8,1°	10,4°	22,3	568
20.000	12,1°	16,4°	32	511
25.000	16,8°	23,8°	43	473
30.000	22,4°	31,9°	55,5	457
35.000	29,1°	40,3°	69,9	462

Geschwindigkeit von 5,4° in der Sekunde drehen. Fiel die Hydraulik aus, übernahm ein elektrisches System den Betrieb der Türme. Zusätzliche Ersatzsysteme waren auch für das Heben und Senken der Geschützrohre, den Betrieb der Munitionsaufzüge sowie für einige Bereiche der Ladevorrichtungen vorhanden. Da die zwei Geschützrohre pro Turm je in einer eigenen zylindrischen Lafette (Wiege) platziert waren, konnten beide unabhängig voneinander geladen, ausgerichtet und abgefeuert werden. Dieser Vorgang erfolgte bei beiden Rohren – und zusammen mit den anderen drei Türmen – meistens synchronisiert, um bei einem gleichzeitigen Abschuss aus allen acht Rohren eine gemeinsame Salve abgeben zu können.

Für den Betrieb sorgte ein hydropneumatisches Rückstoßauslaufsystem, welches pro Geschützrohr über einen pneumatischen Vorholer sowie über vier pneumatische Rückstoßzylinder verfügte. Der Hebe- und Senkmechanismus der Rohre wurde ebenfalls durch ein Hydrauliksystem in Form eines hydraulischen Zylinders betätigt, der einen Höhenrichtzahnradkranz bewegte. Mit dieser Vorrichtung ließen sich die Rohre bis zu 6° in der Sekunde heben oder senken. Der maximale Erhöhungswinkel betrug 30°. Theoretisch waren die Rohre auch auf 5,5° nach unten unterhalb des Horizonts von 0° absenkbar. Neben der Hydraulik war ein Reservesystem vorhanden, welches aus einem Elektromotor bestand, der ein Schneckengetriebe antrieb. Zudem gab es für den Notfall einen weiteren, tragbaren Elektromotor, der einen Kettenhebezug antreiben konnte.

Während der Entwurfsphase der BISMARCK erfolgten Versuche mit einem elektrohydraulischen System. Dieses sollte das Heben und Senken der Rohre per Fernsteuerung vom vorderen oder hinteren Feuerleitstand aus und somit von Stellen außerhalb der Geschütztürme ermöglichen. Da sich ein wirksamer Betrieb dieses Systems in der Praxis jedoch als schwierig erwies, verzichteten die Konstrukteure auf dessen Einbau. Stattdessen erfolgte die Übermittlung der Werte für die Zielausrichtung auf elektronischem Wege an die Geschütze, in denen die Bedienmannschaften selbst die entsprechenden Dreh- und Höhenrichteinstellungen durchführten. Laut des Geschützbedienungshandbuchs der BISMARCK benötigte man nur 26 Sekunden für den gesamten Vorgang zum Abfeuern einer Granate einschließlich des Ladens sowie der Turm- und Rohrausrichtung. Als Voraussetzung für diesen schnellen Ablauf mussten sich die Rohre jedoch in ihrer optimalen Ausgangsstellung von 4° befinden.

Genau wie bei den Geschütztürmen erfolgte der Betrieb der komplexen Verlade- und Aufzugmechanik zur Beförderung der Munition von den Lagerräumen und Magazinen zu den Geschützen durch hydraulische Systeme. Auf dem mittleren Plattformdeck befanden sich die 38-cm-Granatenlagerräume, welche die Granatumladeräume in den Türmen innerhalb des Barbettenunterteils flankierten. Ein Ringwagen auf einem kreisförmigen Schienenring diente zur Beförderung der Granaten vom Lagerraum zur Beladeöffnung des Granathauptaufzugs, dessen Betrieb durch hydraulische Zylinder und ein Zahnstangensystem erfolgte. Diese Aufzüge verliefen zwischen den Granatlagerräumen in den Barbetten und der Geschützplattform im Turm. Die Beförderung der Granaten erfolgte in Kästen, die sich im Aufzug befanden. Nach der Beladung dieser Beförderungskästen mit Granaten aus dem Lagerraum auf dem unteren Plattformdeck fuhr der Aufzug zu dem darüber befindlichen mittleren Plattformdeck, um dort auch die Treibladungen aus dem Magazin ebenfalls mittels eines Ringwagens zu übernehmen. Bei diesen handelte es sich um die Haupttreibladung sowie die vordere Treibladung, welche beide in einer Schale Platz fanden, die an dem Granatbeförderungskasten angebracht war. Der Aufzug konnte auf jeder Seite je eine Granate und die dazugehörigen Treibladungen aufneh-

38-cm-Granaten nach der Verladung an Bord der TIRPITZ, dem Schwesterschiff der BISMARCK. Da jedes dieser Geschosse 800 Kilogramm wog und daher nicht per Hand zu bewegen war, waren mechanisch-hydraulische Kräne für die Verladung erforderlich.

men, um die beiden Geschützrohre in jedem Turm gleichzeitig versorgen zu können. Nach seiner Fahrt nach oben kam der Aufzug zwischen den beiden Rohren aus. Von dort gelangten die Granaten auf Lademulden, die dann direkt hinter die Verschlussöffnungen der beiden Geschützrohre bewegt wurden. Gleichzeitig erfolgte die Beförderung der Treibladungen in einen Käfig, welcher dann ein Stück nach oben fuhr, um die Granaten nicht zu behindern. Ein von einem hydraulischen Kettenantrieb betätigter Teleskopansetzer (Schieber) beförderte nun die auf jeder Lademulde liegende Granate durch den Verschluss in das Rohr. Unmittelbar danach senkte sich der Käfig mit den zwei Treibladungen auf die Höhe der nun leeren Lademulde hinab. Durch das seitliche Öffnen des Käfigs rollten die Treibladungen auf diese, sodass der Ansetzer sie ebenfalls durch das Verschlussstück in das Rohr befördern konnte. Nach dem Schließen des klappbaren Verschlussstücks und der Ausrichtung der Geschütze waren diese feuerbereit. Im Falle von Fehlfunktionen oder Defekten an den Hauptaufzügen verfügte jedes Geschützrohr über einen eigenen Reserveaufzug. Während des Abfeuerns der Geschütze absorbierten die pneumatischen Rückstoßzylinder auf den Rücklaufschienen den enormen Rückstoß. Nach dem Abschuss der Granate erfolgte der Auswurf der leergeschossen Kartusche der Haupttreibladung durch einen Schacht in der Turmhinterseite auf das Oberdeck.

Im Falle einer Stromunterbrechung zum Hauptaufzug war die Beförderung durch den Reserveaufzug möglich, welcher über eine unabhängige Stromversorgung verfügte. War dieser in Betrieb, erreichte die Granate stehend den Turm und kam hinter den Rohren zum Vorschein. Dort gelangte sie in einen Kasten, in dem sie um 90° gedreht und so in horizontaler Lage auf die Lagemulde versetzt wurde. Danach bewegte der Ansetzer die Granate in das Rohr. Dieser Ablauf wurde für die Haupttreibladung sowie für die vordere Treibladung jeweils wiederholt, da ihre Beförderung im Reserveaufzug einzeln erfolgte. Falls der hydraulische Ansetzer ausfiel, kam ein handbetriebener Reserveansetzer zum Laden der Rohre zum Einsatz. Für dessen Betrieb waren zwischen 10 und 14 Mann erforderlich.

Bedienung der Geschütze

Es ist erwähnenswert, was die Überlebenden der BISMARCK bei ihren Verhören durch den britischen Marinegeheimdienst über die Funktionsweise der schweren Geschütztürme berichteten. Obwohl ein Teil dieser Auskünfte bloß eine Wiederholung der bisherigen Schilderungen darstellt, enthalten sie auch einige aufschlussreiche Informationen:

> *»Jeder 38-cm-Turm verfügte über eine eigene elektrisch betätigte Hydraulikpumpe. Die Pumpe in jedem der beiden vorderen Türme konnte auch den jeweils anderen Turm antreiben. Dies galt auch für die Pumpen in den beiden achteren Türmen. Jedoch konnten weder die vorderen Pumpen die achteren Türme noch die achteren Pumpen die vorderen Türme versorgen.*
> *Das Drehen sowie Heben und Senken der Geschützrohre erfolgte hydraulisch oder – falls erforderlich – per Hand. Der Schwenkbereich der Geschütze wurde mit 300° angegeben, die größtmögliche Rohrerhöhung betrug 40° bis 45°, die maximale Schussweite lag bei 38 Kilometern. Das Gewicht der Granaten betrug rund 800 Kilogramm, während die Treibladung aus einer Mischung aus Nitroglyzerin und Nitrozellulose bestanden haben*

Die BISMARCK Mitte Mai 1941 am Anlegeplatz in Gotenhafen. Im Hintergrund ist der Seebahnhof sichtbar. Während sich zu jenem Zeitpunkt die Besatzung noch auf den bevorstehenden Einsatz in Unkenntnis von dessen Einzelheiten vorbereitete, wussten Admiral Lütjens und Kapitän Lindemann bereits genau, wann und wo dieser stattfinden sollte.

soll. Sie war nicht entzündungs- oder flammengeschützt. Die gesamte Treibladung bestand aus zwei Teilen: Der erste war die Haupttreibladung (Hauptkartusche) mit einem Gewicht von etwa 80 Kilogramm in Form einer Messinghülse. Als Schutzverpackung bei der Lagerung im Magazin diente ein Behälter aus dünnem Metall. Die vordere Treibladung (Vorderkartusche) bestand aus einem Leinenbeutel und soll rund 40 Kilogramm gewogen haben. Um beide Kartuschen gleichzeitig in das Geschützrohr zu schieben, kam ein hydraulischer Ansetzer zum Einsatz. Während der Rückstoß beim Abschuss 1,5 Meter betragen haben soll, lag die Feuergeschwindigkeit bei beiden Rohren bei einem Schuss pro Minute.
Für jedes Geschützrohr gab es einen hydraulischen Hauptaufzug, welcher die Granaten und die Kartuschen zusammen von unten nach oben beförderte. Während der Beförderungskasten für die Munition im Aufzug entzündungs- und flammengeschützt war, gab es keine Anzeichen auf weitere Entzündungs- und Flammenschutzeinrichtungen. Jedes Geschützrohr verfügte über einen elektrischen Reserveaufzug. Dieser beförderte zuerst die Granate und danach die Kartuschen nach oben. Der Hauptaufzug befand sich mittig hinter den beiden Geschützrohren, die Reserveaufzüge waren weiter hinten im Turm platziert«.

Diese Beschreibung wirft jedoch an einigen Stellen Fragen auf – vor allem bei der Schilderung der Geschützrohrerhöhung und der Schnelligkeit der Schussfolge (Kadenz). Durch die Berichte über den Artillerieeinsatz der BISMARCK während des Gefechts in der Dänemarkstraße ist bekannt, dass die Schussfolge nur ungefähr halb so hoch war wie von den Überlebenden bei den Verhören behauptet. Mit großer Wahrscheinlichkeit lässt sich diese Diskrepanz eher durch einen Fehler in der technischen Übersetzung als durch den Versuch, die Briten gezielt in die Irre zu führen, erklären. Die von den Überlebenden genannte maximale Schussreichweite von 38 Kilometern war höher als die Werte in den deutschen Unterlagen, die höchstens 35,5 Kilometer bei einer Maximalrohrerhöhung von 30° angaben. Die von den Besatzungsmitgliedern erwähnte Entfernung war demnach falsch. Tatsächlich betrug die maximal effektive Schussweite aufgrund der abnehmenden Messpräzision bei zunehmender Entfernung lediglich rund 30 Kilometer (16,4 Seemeilen).

Organisation der Geschütztürme und Magazine

Die Überlebenden lieferten ebenfalls wertvolle Beschreibungen über die Organisation der Turmbesatzungen:

»Der Turmkommandant – in der Regel ein Kapitänleutnant oder Oberleutnant zur See – hatte die Befehlsgewalt inne. Die Einstellung und Ausrichtung der Geschütze erfolgte durch die linke Geschützposition, während sich die Reserveposition auf der rechten Seite befand. An jedem Geschütz war eine teleskopische Visiereinrichtung angebracht.
Ein Mann der Turmbesatzung (»Nummer 5«) bediente den Sicherungsmechanismus, um das Geschütz für die Feuerbereitschaft zu entsichern oder bei Nichtbenutzung zu sichern. »Nummer 6« betätigte den Ladekasten und entfernte die ausgeschossenen Kartuschenhülsen, indem er sie durch einen Schacht hinten im Turm auf das Oberdeck beförderte. »Nummer 7«, der seine Position hinter dem Ansetzer hatte, war für die Betätigung des Ansetzers und des Verschlussstücks zuständig.
Drei Mann hatten ihre Station im hinteren Turmbereich, wo sie einen stereoskopischen 10-m-Entfernungsmesser bedienten. Die Turmbesatzung war durch eine Telefonleitung mit der Rechenstelle verbunden. Die Feuerleitung erfolgte entweder durch die vordere oder die achtere Rechenstelle – je nachdem, welche durch die Umschalter mit den Geschütztürmen verbunden war.
Die Besatzung eines Geschützturmhauses bestand aus einem Offizier und ungefähr 25 Mann aus den Mannschaftsdienstgraden.
Signalleuchten in den Türmen und den Rechenstellen zeigten an, wann die Geschütze feuerbereit waren. Eine

Der schwere Geschützturm »Anton« nach steuerbord geschwenkt. Um das Innere der Rohre vor der Witterung zu schützen, gab es wasserdichte Verschlussstopfen. Der Übergang zwischen den Rohren und dem Turm war zum Schutz der Geschützmechanik und -elektrik durch eine Persenning abgedeckt.

Sirene kündigte dann den unmittelbar bevorstehenden Abschuss an. Dieser konnte direkt im Turm (Turmabfeuerung) oder zentral durch die Leitstände (Zentralabfeuerung) erfolgen. Im Falle einer Turmabfeuerung kam die »Mundabfeuerung« zum Einsatz. Diese bestand aus einer pfeifenähnlichen Vorrichtung: Der Geschützführer feuerte die Rohre durch das Blasen in einen Mundkontakt ab«.

Die Überlebenden schilderten mit ähnlicher Detailgenauigkeit die Organisation in den Granatlagerräumen und Magazinen:

»Die Granatlagerräume (Granatkammern) befanden sich auf dem mittleren Plattformdeck, die Magazine (Pulverkammern) ein Deck darüber auf dem oberen Plattformdeck. Der Beladeraum nahm die beiden Decks unterhalb des Turms ein.
Für Turm »Dora« beispielsweise gab es zwei Granatkammern auf dem mittleren Plattformdeck, von denen sich die vordere in Sektion V und die hintere in Sektion III befand. Die Hauptmagazine für diesen Turm, die während eines Gefechts Verwendung fanden, lagen ebenfalls in diesen Sektionen, jedoch vor und hinter dem Beladeraum auf dem oberen Plattformdeck. Zusätzlich gab es vier Reservemagazine in der Sektion IV. Diese befanden sich auf beiden Seiten außerhalb des Beladeraums auf dem oberen und mittleren Plattformdeck.
Die Besatzungen der Magazine und Granatkammern bestanden je aus rund 15 Mann unter der Leitung je eines Bootsmannes. Es ist gut möglich, dass die gesamte Turmbesatzung etwa 70 Mann umfasste, da die Bedienung der Hydraulik und Elektrik eine größere Anzahl an technisch versierten Leuten erforderte.
Ein Kriegsgefangener berichtete, dass für jedes Geschütz zwischen 120 und 150 Granaten zur Verfügung standen. Es waren sowohl blau markierte Panzersprenggranaten als auch gelb markierte Sprenggranaten vorhanden, welche allgemein als Gefechtsmunition bezeichnet wurden. Die Übungsgranaten hingegen waren rot. Für den Beschuss von größeren Schiffen kamen Panzersprenggranaten zum Einsatz, zur Bekämpfung kleinerer Ziele dienten Sprenggranaten. Leuchtspurgranaten befanden sich nicht an Bord. Einige Kriegsgefangene bestritten die Mitführung von Gasgranaten. Die an Bord befindlichen Geschosse verfügten über Kopf- und Bodenzünder. Letztere besaßen einen Verzögerungsmechanismus, dessen Einstellung in der Granatkammer durch den Bootsmann (Artilleriemaat) erfolgte«.

Die mittlere Artillerie

Die Sekundärbewaffnung der BISMARCK bestand aus zwölf 15-cm-Geschützen in sechs Doppeltürmen, von denen sich jeweils drei auf jeder Seite des Oberdecks befanden. Diese Artillerie mit der Bezeichnung »15-cm SK-C/28« hatte eine Reichweite von 23 Kilometern bei einer maximalen Rohrerhöhung von 40°. Die Waffe stellte eine Weiterentwicklung des Geschützes vom Typ »C/25« dar, dessen Entwicklung für die Leichten Kreuzer der KÖNIGSBERG-Klasse erfolgt war und sich auf diesen in Dreifachtürmen befand. Die drei Panzerschiffe der DEUTSCHLAND-Klasse verfügten ebenfalls über sie. Anders als der Typ »C/25« hatte das neuere aus dem Jahre 1928 stammende Geschütz eine größere Reichweite bei einer leicht geringeren Mündungsgeschwindigkeit. Auf der BISMARCK fanden zwölf von diesen in sechs Doppeltürmen mit der Bezeichnung »Drh L C/34« Aufstellung. Bei genauerer Betrachtung stellten die 15-cm-Geschütze kleinere Versionen der größeren 38-cm-Geschütze dar. Jedes von diesen besaß eine eigene Barbette zum Schutz der Munitionsaufzüge. Die Turmplatzierung war so gewählt, dass zur Seite ein möglichst großer Bestreichungswinkel für die Geschützrohre gewährleistet war. Die jeweils vorne und achtern platzierten Türme waren daher auch in der Lage, nach jeweils vorne und achtern zu feuern.
Der artilleristische Bestreichungswinkel (Schwenkbereich) betrug 120° bis 150°. Die verwendeten Granaten wogen 45,3 Kilogramm, welche die beiden Geschütze im Turm mittels eines elektrischen Doppelaufzugs erreichten. Dieser Aufzug befand sich in der Barbette und verband die Granatkammer auf dem mittleren Plattformdeck und das Magazin auf dem obe-

Der steuerbordmittlere 15-cm-Geschützturm (»Steuerbord II«). Nur dieser und sein Gegenstück auf der anderen Seite verfügten über vollwertige Entfernungsmesser in den kantigen Gehäusen auf beiden Seiten.

ren Plattformdeck mit dem Turm darüber. Durch seine Doppelausführung versorgte er beide Geschützrohre und kam mittig hinter diesen im Turmhaus aus. Wegen der geringen Abmessungen der Granaten und der Treibladungskartuschen erfolgte die Beförderung der Munition für beide Rohre in einem gemeinsamen Aufzugkasten. Bei einem Ausfall des elektrischen Hauptaufzugs konnte ein handbetriebener Reserveaufzug die Munitionsbeförderung übernehmen. Der Turmbetrieb erfolgte ähnlich: Neben den elektrischen Vorrichtungen zum Schwenken sowie zum Heben und Senken der Rohre war ebenfalls eine manuelle Notfallmechanik vorhanden.

Im Gegensatz zu den 38-cm-Türmen verfügten die 15-cm-Türme mit Ausnahme von »Backbord II« und »Steuerbord II« über keine eigenen vollwertigen Entfernungsmesser, sondern lediglich über je ein einfaches Periskop zur turmeigenen Feuerleitung. Die Besatzung jedes Turms bestand aus einem Offizier, zwei Bootsmännern sowie 18 Mann der Mannschaftsdienstgrade. Wegen der geringeren Abmessungen war es in diesen Türmen beengter als in den großen 38-cm-Geschütztürmen. Während die beiden Bootsmänner als Richtschütze und Turmausrichter arbeiteten, war die restliche Turmbesatzung für den Ladevorgang, die Betätigung des Verschlusses, die Bedienung der Höhenrichtmechanik und die Aufrechterhaltung der Telefonverbindung zu den Feuerleitständen zuständig. Im Magazin und in der Granatkammer waren jeweils sechs weitere Personen der Mannschaftsdienstgrade unter der Leitung eines Bootsmanns (Artilleriemaats) tätig.

Im April 1941 führte die BISMARCK ausführliche Übungen in der Ostsee durch. Während jenes Zeitraums herrschten gutes Wetter und ruhige See. Die Aufnahme zeigt das Schlachtschiff auf dem Weg von einem Übungsgebiet zum anderen. Die 10,5-cm-Flak war in den Himmel gerichtet, um bereit für die Abwehr plötzlicher Luftangriffe zu sein.

Die Feuerleitung der Artillerie

Die Feuerleitung der schweren und mittleren Artillerie erfolgte zentral. Die für die Rohrerhöhung und die Turmausrichtung erforderlichen Werte wurden von den Feuerleitständen und den Rechenräumen in die Türme übermittelt. Dies galt auch für den Feuerbefehl. Durch diese zentrale Artillerieauslegung konnte die BISMARCK koordinierte Salven auf ein Ziel verschießen, welche die größtmögliche Chance auf einen Treffer boten. Der Erste Artillerieoffizier der BISMARCK war Fregattenkapitän Schneider, der die Geschütze des Schlachtschiffes vom Feuerleitstand auf dem Vormars aus befehligte. Korvettenkapitän Albrecht, der Zweite Artillerieoffizier, dirigierte vom vorderen Leitstand aus die 15-cm-Artillerie. Kapitänleutnant von Müllenheim-Rechberg hatte als Vierter Artillerieoffizier das Kommando über den achteren Feuerleitstand, in dem er bereitstand, entweder die Leitung über die 38-cm- oder 15-cm-Geschütze oder über beide zu übernehmen, falls einer der anderen Leitstände oder gar beide ausfielen.

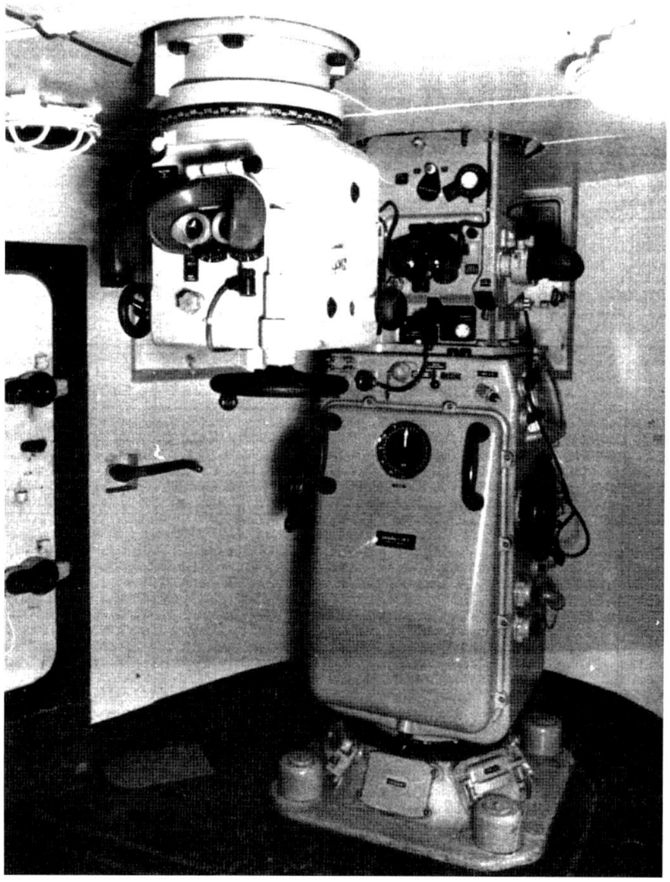

Einer der drei Feuerleitstände von innen. Der auf einem zentralen Drehsockel befindliche Zielgeber verfügte über eine Datenübertragungsverbindung zwischen den einzelnen Feuerleitständen, den Geschützen sowie den Feuerleitrechenstellen im gepanzerten Zitadellbereich. Vor dem Zielgeber befand sich das optische Teleskop, welches zu dem 10,5-m-Entfernungsmesser (auch 10,5-m-Basisgerät genannt) gehörte, der sich oben auf dem Leitstand in einer Drehhaube befand.

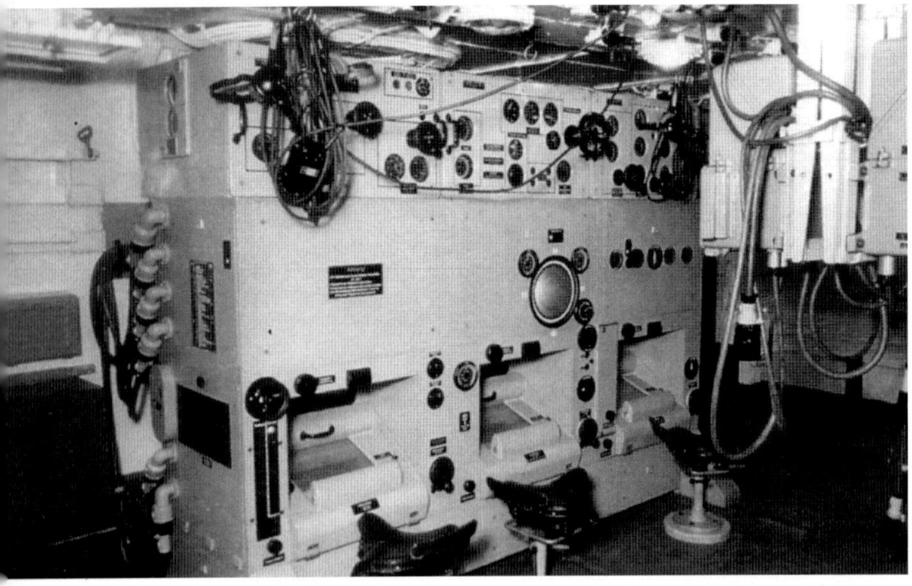

In der Artillerieleitrechenstelle auf dem oberen Plattformdeck befanden sich die Feuerleitrechner. Bei diesen handelte es sich um hochfortschrittliche mechanisch-analoge Computer, die von Siemens gebaut wurden. Sie analysierten die Daten, die sie von den Feuerleitständen erhielten, und leiteten diese an einen weiteren Rechner weiter, welcher sie in die Werte umwandelte, die für die wartenden Geschützmannschaften relevant zur Einstellung der Artillerie waren.

Die von den optischen Entfernungsmessern und Funkmessortungsgeräten (Radaren) ermittelten Werte wurden erst an die Feuerleitstände und von diesen an die Rechenstellen übermittelt. Von diesen Rechenstellen befanden sich zwei auf dem oberen Plattformdeck innerhalb der gepanzerten Zitadelle. Die vordere Rechenstelle lag in Abteilung XV, die achtere in Abteilung VII. Kapitänleutnant Cardinal hatte das Kommando über die beiden Rechenstellen, in denen Leutnants, Fähnriche und Unteroffiziere tätig waren. Unweit dieser Räume befanden sich Schaltanlagen für die Verbindung zwischen den Geschütztürmen, den Feuerleitständen sowie den Rechenstellen.

Das Prinzip der Feuerleitung war im Grunde einfach, in seiner Umsetzung jedoch hochkomplex. Sobald ein Ziel erfasst war, kamen stabilisierte Entfernungsmesser und Doppelferngläser zum Einsatz, um Werte wie den Kurs, die Entfernung sowie die Geschwindigkeit des Ziels möglichst genau zu ermitteln.

Diese Werte wurden dann an die Rechenstellen übermittelt. Dort befanden sich eine Reihe von mechanischen Rechnern des Herstellers Siemens, welche die eingehenden Informationen verarbeiteten und in Einstellwerte zur Weiterleitung an die Geschütze umwandelten. Weitere Einstellvariablen waren der Wind und die Seebedingungen sowie der Kurs und die Geschwindigkeit des Feindes in Relation zum eigenen Schiff. Auch diese Werte fanden Eingang in die mechanischen Rechner. Nach der Einspeisung und Verarbeitung aller relevanten Daten ermittelten die Rechner die Stelle, an der die eigenen Granaten das Ziel treffen würden.

Nach der Übermittlung dieser Werte an den Artillerieoffizier und die Geschütztürme erfolgte die entsprechende Ausrichtung der Türme und Rohre. Signalleuchten in den Türmen, den Rechenstellen und den Feuerleitständen zeigten an, wann die Rohre geladen und abschussbereit waren. Der Artillerieoffizier konnte nun den Feuerbefehl geben.

Die Leitstände beobachteten die Aufschlagpunkte der Granaten und gaben diese Information an die Rechenstelle weiter. Falls die Geschosse vor oder hinter dem Ziel niedergegangen waren, erfolgte unter Berücksichtigung der ermittelten Abweichung sowie der laufenden Aktualisierung eine Neuberechnung der Werte und somit eine Anpassung der Geschützeinstellungen für einen präziseren Folgeschuss. Beim Abfeuern einer Salve aus mehreren Geschütztürmen erhielt jeder Turm leicht unterschiedliche Vorgaben für die Höhen- und Seiteneinstellungen, um für den Beschuss auf ein gemeinsames Ziel den Abstand zwischen den einzelnen Türmen auszugleichen. Die individuelle Ausrichtung jedes Turms sollte ein koordiniertes und somit nahezu gleichzeitiges Aufschlagen aller Granaten aus einer Salve an derselben Stelle sicherstellen. Die Feineinstellungen wurden nach jedem Schuss solange korrigiert, bis die Granaten ihr Ziel trafen. Während eines Gefechts herrschte ein dauerhafter Daten- und Informationsfluss zwischen den beteiligen Stationen. Das Ergebnis war eine möglichst präzise – und tödliche – Feuerkraft.

Die Koordination der Flak-Batterien an Bord der BISMARCK erfolgte auf ähnliche Art. Im Feuerleitstand auf dem Vormars hatte Korvettenkapitän Gellert als Flak-Offizier das Kommando über die gesamte Flugabwehrbewaffnung. Ihm zur Seite stand ein Offizier zur Leitung der schweren 10,5-cm-Flak. Zur Beobachtung und Verfolgung anfliegender Feindflugzeuge dienten die Entfernungsmessgeräte, die auf beiden Seiten senkrecht aus ihren halbkugelförmigen Schutzhauben (»Wackeltöpfen«) rausragten. Die so ermittelten Informationen und Werte wurden an den Flak-Offizier weitergeleitet. In der Abteilung IX auf dem mittleren Plattformdeck und in der Abteilung XV auf dem oberen Plattformdeck befanden sich je eine Rechenstelle für die Flak-Feuerleitung. Dort erfolgte die Berechnung für die Bildung eines Zonenfeuers, in welches die feindlichen Flugzeuge hineinfliegen sollten, oder für den direkten Beschuss – das sogenannte Geleitschießen – auf anfliegende Maschinen. Alle relevanten Werte wurden dann an den Flak-Offizier und die Flak-Stellungen übermittelt.

Falls die gegnerischen Luftstreitkräfte aus mehreren Richtungen angriffen, ließ sich das Umfeld rund um die BISMARCK in vier Zonen von je 90° aufteilen. Jede von diesen unterstand einem eigenen Flak-Leiter. Wenn sich die Flugzeuge auf 1.000 Meter dem Schiff genähert hatten, eröffneten die 3,7-cm- und 2-cm-Flak das Feuer. Diese Waffen verfügten über keine zentrale Feuerleitung, sondern über eigene Entfernungsmesser. Bei dieser kurzen Entfernung waren die Flugzeuge jedoch so deutlich erkennbar, dass deren Beschuss durch reines Zielen mit der Flak erfolgte. Die Überlebenden der BISMARCK äußerten später ihre Verwunderung darüber, wie es einigen der »Swordfish«-Torpedobomber der VICTORIOUS und der ARK ROYAL gelingen konnte, dem deutschen Schlachtschiff bis auf 150 Meter nahezukommen, ohne abgeschossen zu werden.

Der Bug der BISMARCK während der Endausrüstung in Hamburg. Gut erkennbar ist die Backbordankerklüse mit dem Anker.

Die Leckwehr und Schadensbehebung

Trotz der vielgerühmten angeblichen Unverwundbarkeit der BISMARCK ging ihre Besatzung dennoch davon aus, dass ihr Schiff im Gefecht Schäden davontragen konnte und war daher für diesen Fall gerüstet. Die Leckwehrzentrale befand sich in der Abteilung XIV auf dem oberen Plattformdeck unterhalb der vorderen Aufbauten. Fregattenkapitän Oels war für die Schadensbehebung verantwortlich und koordinierte die Maßnahmen, welche die Besatzung nach einem feindlichen Treffer an Bord ergreifen musste. Für diese Aufgabe stand ihm ein Ingenieur, Kapitänleutnant Jahreis, zur Seite. Eine Reserveleckwehrzentrale befand sich bei den Turbinenräumen in der Abteilung X. Während eines Gefechts standen sechs spezialisierte Leckwehr- bzw. Schadensbehebungsmannschaften mit je 26 Mann bereit. Jede dieser Gruppen unterstand einem Leitenden Techniker und war für eine bestimmte Anzahl der wasserdichten Abteilungen innerhalb des Schiffes zuständig. Ihre Aufgabe bestand darin, Wassereinbrüche zu stoppen oder einzudämmen, das eindringende Wasser abzupumpen, Brände zu bekämpfen und diverse Schäden zu beheben.

Von allen Maßnahmen zur Schadensbehebung hatte die Erhaltung der Schwimm-, Bewegungs- und Kampffähigkeit die höchste Priorität. In anderen Worten ausgedrückt bedeutete dies, dass es vor allem galt, dass Schiff zuerst vor dem Sinken zu bewahren. War dies sichergestellt, galt die Aufmerksamkeit der Fähigkeit, sich bewegen und wehren zu können. Jede Leckwehr- bzw. Schadensbehebungsmannschaft verfügte über spezialisierte Untergruppen. Zu deren Aufgaben gehörte die Leckabdichtung, Wassereinbrucheindämmung, Feuer- und Gasbekämpfung, Frischluftversorgung, Raucheindämmung sowie die Aufrechterhaltung der Bordkommunikation. Zur Bewältigung von Wassereinbrüchen befanden sich zehn elektrische Pumpen an verschiedenen wichtigen Standorten auf dem unteren Plattformdeck. Zudem verfügte die BISMARCK über leistungsstarke elektrische Lenzpumpen (Bilgepumpen) in den Antriebsbereichen, um den Betrieb dieser lebenswichtigen Abteilungen sicherzustellen. Darüber hinaus gab es einige tragbare Pumpen zur Bekämpfung von Wassereinbrüchen in Bereichen des unteren Rumpfabschnitts, welche für die anderen Pumpen unerreichbar waren.

Über das Schiff verteilt befanden sich auch sechs elektrische Löschpumpen zur Brandbekämpfung. Deren Wasserschläuche konnten jede Stelle im Schiff erreichen. Zudem gab es auch mehrere chemische und schaumartige Löschmittel, um einen vor Ort ausgebrochenen Brand sofort bekämpfen zu können, ohne erst die Schläuche dorthin bringen zu müssen. Elektrisch betriebene Anlagen in den Abteilungen VI und XVI erzeugten Löschschaum und Kohlenstoffdioxid (CO_2) zur Feuerbekämpfung in den Magazinkammern, damit keine Flutung dieser Räume erfolgen musste. Falls diese beiden Löschmethoden nicht funktionierten oder nicht ausreichten, konnte im Falle einer drohenden Katastrophe in Form einer Explosion der Treibladungen das Feuer in den Magazinen durch die Betätigung von Wasserventilen innerhalb von zwei Minuten geflutet werden.

Während des letzten Gefechts der BISMARCK kamen nahezu alle Maßnahmen zur Leckwehr und Schadensbehebung zur Anwendung. Zu diesen zählte auch die Flutung mehrerer Abteilungen. Im Falle der 15-cm-Magazine musste dies sogar erfolgen, als die Männer sich noch in ihnen befanden. Da die Wassereinbrüche auf der Backbordseite eine Schlagseite verursacht hatten, pumpte die Leckwehrmannschaft zu deren Ausgleich Wasser in die leeren Tanks auf der gegenüberliegenden Steuerbordseite. Trotz dieser Maßnahme drang weiteres Wasser ein. Als unterhalb des Oberdecks Brände ausbrachen und die Löschversuche scheiterten, erfolgte die Flutung weiterer Abteilungen. Zugleich wüteten über Deck praktisch vom Bug bis zum Heck zahlreiche unkontrollierbare Brände. Obwohl die Organisation zur Leckwehr und Schadensbehebung auf der BISMARCK sehr gut koordiniert und ihre Besatzung bestens zur Bekämpfung von Wassereinbrüchen und Bränden ausgebildet war, war das Schiff auf ein solches Ausmaß an Zerstörung, der es in seinem letzten Kampf ausgesetzt war, nicht vorbereitet. Als Fregattenkapitän Oels erkannte, dass nichts mehr zur Verbesserung der Situation getan werden konnte, befahl er als der ranghöchste noch lebende Offizier die Evakuierung und Selbstversenkung des Schlachtschiffes. Zu jenem Zeitpunkt rang die BISMARCK bereits mit dem Tod.

Oben: Die BISMARCK während ihrer Erprobungsphase mit wegretuschierten Entfernungsmessern und noch ohne Tarnanstrich. (Bild: US Naval Historical Center)

Unten: Die BISMARCK in den Gewässern vor Gotenhafen Anfang April 1941 mit ihrem Tarnanstrich. Die aufgemalte Bug- und Heckwelle sollte dem gegnerischen Beobachter ein kürzeres Schiff vortäuschen und so die tatsächliche Entfernung verschleiern.

Kapitel 6

Das Wrack der BISMARCK

Im Juni 1989 entdeckte Dr. Robert Ballard mit seiner Gruppe aus Forschern und Technikern das Wrack der BISMARCK in einer Wassertiefe von 4.791 Metern. Sie war somit kein Schiff der Vergangenheit mehr, über das man etwas in Büchern oder Archiven las: Die BISMARCK war auf einmal zu einem berührbaren Objekt geworden, dessen Wrack nun bei näherer Untersuchung – und gleichzeitiger Achtung als ein Kriegsgrab – zahlreiche Informationen preisgeben konnte. Vor allem konnte eine genaue Erforschung die vielen offenen Fragen beantworten, die sich seit Jahrzehnten um die letzten Momente dieses berühmten Schiffes drehten.

Das Wrack der BISMARCK in aufrechter Lage auf dem Meeresgrund von der Backbordseite aus dargestellt. Die schweren Geschütze, die oberen Aufbauten sowie der Schornstein fehlen. Das große Loch auf der Backbordseite unterhalb des Katapults ist vermutlich durch die Explosion einer Munitionskammer entstanden. (Gemälde von Richard Schlecht / National Geographic / Getty Images)

Die Entdeckung des Wracks

Dr. Robert D. Ballard (geb. 1942) erlangte im September 1985 internationales Ansehen, als er das Wrack der RMS TITANIC entdeckte. Damals arbeitete er für die Woods Hole Oceanographic Institution in Massachusetts, wo er mit seiner Arbeit den Weg für den Einsatz ferngesteuerter Unterwasserfahrzeuge zur Erkundung des Meeresbodens bereitete. Nachdem die Entdeckung der TITANIC ihn bekannt gemacht hatte, fühlte er sich ermutigt, diesen Erfolg durch die Auffindung weiterer berühmter Schiffswracks zu wiederholen. Als er einmal die Internationale Buchmesse in Frankfurt besuchte, traf er dort auf Burkard Freiherr von Müllenheim-Rechberg, der als ranghöchster Offizier den Untergang der BISMARCK überlebt hatte. Nach einem Gespräch mit ihm traf Ballard die Entscheidung, als Nächstes nach dem Wrack des deutschen Schlachtschiffes zu suchen.

Während der Vorbereitung erfüllten ihn gemischte Gefühle: Einerseits war er besorgt, dass man ihn der Verherrlichung des Nationalsozialismus bezichtigte, andererseits befürchtete er, dass er die noch lebenden deutschen und britischen Veteranen, die jeweils ihre Kameraden während des Unternehmens »Rheinübung« verloren hatten, gegen sich aufbrachte. Nichtsdestotrotz gab es noch zahlreiche offene Fragen zu beantworten. Zu diesen zählte zum Beispiel, wie es der BISMARCK in ihrem Endkampf tatsächlich erging, wie genau sie sank und wie ihr Wrack nach einem halben Jahrhundert auf dem Meeresboden aussah. Während die Woods Hole Oceanographic Institution Ballard für seine Suche freistellte, stellten verschiedene Unterstützer die erforderlichen Finanzmittel für das Projekt zur Verfügung. Schließlich stellte er eine Mannschaft zusammen und fand ein geeignetes Schiff für sein Vorhaben – den umgebauten Hochseetrawler SS STARELLA. Zur Suchausrüstung gehörte ARGO, ein ferngesteuertes Tiefseefahrzeug, welches Ballard bereits für die Suche nach der TITANIC eingesetzt hatte. Der Ausgangspunkt für jeden Versuch, die BISMARCK zu finden, war das von der Royal Navy vermerkte Seegebiet. Der Navigationsoffizier der RODNEY hatte als Untergangsstelle des deutschen Schlachtschiffes die Koordinaten 48° 10' Nord, 16° 12' West festgehalten. Diese Angabe war jedoch recht vage, da eine präzise Positionsermittlung an jenem Morgen des 27. Mai 1941 aufgrund der rauen See und des bedeckten Himmels recht schwer war. Da es damals noch keine Satellitennavigation gab, war der Navigator auf seinen Sextanten sowie den Blick auf Sonne, Mond oder Sterne angewiesen.

Bezeichnenderweise führten die Koordinationsmessungen der KING GEORGE V und der DORSETSHIRE zu leicht voneinander abweichenden Positionen. Ballard war sich im Klaren, dass nicht nur beide Angaben falsch sein konnten, sondern dass die BISMARCK während des Sinkens von der Wasseroberfläche zum Meeresboden auch beträchtlich zu einer abgedriftet Seite sein konnte. Da der Atlantik in diesem Gebiet rund 4.800 Meter tief war, hatte eine Reihe von Faktoren Einfluss darauf nehmen können, wo das Schlachtschiff schließlich zur Ruhe gekommen war. Zu diesen zählten die Untergangsweise, die Möglichkeit, dass es auf dem Weg zum Meeresboden zerbrach sowie die Stärke der Unterwasserströmungen an jenem Morgen im Jahre 1941.

Am 9. Juli 1988 verließ die STARELLA das spanische La Coruña mit Kurs auf das vermeintliche Untergangsgebiet der BISMARCK 436 Seemeilen weiter nordwestlich. Die Suche begann am 11. Juli mit dem Absenken des ersten von insgesamt drei Sonartranspondern zum Meeresboden. Diese Geräte sendeten Signale zu einem Empfänger, der unter der STARELLA angebracht war. Diese Signale beinhalteten Navigationsinformationen, deren Verarbeitung an Bord des Mutterschiffes erfolgte und welche als Steuerungs- und Orientierungshilfe für ARGO dienten. Da zwei der Transponder auf einer Unterwassergebirgskette landeten, war diese Position eher von Nachteil, da sie sogenannte Sonarschatten erzeugte, welche eine genaue Navigation sowie Orientierung erschwerten. Somit war es schwieriger, ARGO präzise über den Meeresboden »schweben« zu lassen.

Ballard begann seine Suche mit der Erkundung der Westseite der unterseeischen Gebirgskette. Er vermutete, dass, falls die BISMARCK auf einem der hohen Berghänge gelandet war, sie von diesem bis zum Boden vor der Gebirgskette gerutscht sein konnte. Obwohl Ballard das Gebiet, welches die drei Positionsangaben der RODNEY, KING GEORGE V und DORSETSHIRE umschloss, durchkämmen ließ, fand er nichts. Schließlich stieß ARGO auf einen Krater, der durch den Aufschlag eines großen Objekts auf dem Meeresboden entstanden war. Jegliche Hoffnungen, dass die BISMARCK diesen Aufschlagkrater verursacht haben konnte, zerschlugen sich, als das Videomaterial ein hölzernes Ruder zeigte. Dieses stammte von einem Segelschiff aus dem 19. Jahrhundert. Als die Suche am 21. Juli 1988 ergebnislos endete, kehrte Ballard enttäuscht nach Hause zurück, um Gelder für eine zweite Suche im folgenden Jahr zu sammeln.

Im Mai 1989 nahm der Tiefseeforscher einen zweiten Anlauf. Nach der Sicherung der finanziellen Unterstützung kam dieses Mal mit der STAR HERCULES ein größeres und geeigneteres Mutterschiff zum Einsatz. Bei diesem handelte es sich um einen Bohrinselversorger für die Nordsee, dessen Heimathafen das schottische Aberdeen war. Ballard hatte dieses Schiff bereits Anfang des Jahres für seine Suche nach antiken Wracks auf dem Grund des Mittelmeeres genutzt. Am 25. Mai verließ die STAR HERCULES das südspanische Cádiz und erreichte vier Tage später das Suchgebiet, wo erneut die Absenkung der Transponder sowie die Bereitmachung von ARGO erfolgte. Im Vorjahr hatte sich Ballard hauptsächlich auf die von der

Der Sinkvorgang der BISMARCK

1) Die BISMARCK sinkt langsam über das Heck.
2) Während sie kentert, bricht ihr geschwächtes Heck ab.
3) Die vier schweren Geschütztürme und Teile der Aufbauten lösen sich vom Schiff und sinken mit diesem zum Meeresgrund.
4) Nach der vollständigen Flutung des Rumpfes und der Entweichung der Luft dreht sich die BISMARCK wieder in eine aufrechte Lage und sinkt weiter.
5) Der Schiffskörper schlägt auf einem Tiefseegebirge auf und verursacht dabei eine massive Schlammlawine.
6) Die BISMARCK und diverse Wrackteile gleiten als Teil der Lawine den Berghang hinab und kommen schließlich nach zwei Dritteln der Gesamtstrecke der Schlammlawine zum Ruhen. Dies geschieht rund 30 Minuten nach ihrem Untergang von der Wasseroberfläche.
(Illustrationen: Richard Schlecht / National Geographic / Getty Images)

RODNEY vermerkte Positionsangabe konzentriert. Dieses Mal plante er, seine Suche gemäß der Koordinaten, die von der KING GEORGE V und der DORSETSHIRE stammten, weiter östlich nahe der unterseeischen Gebirgskette durchzuführen. ARGO sollte nun ein Raster von Ost nach West absuchen, in dem er nach Erreichen eines Endes des Suchgebiets jedes Mal umdrehte und mit einer Meile (1,6 Kilometer) Abstand zum gegenüberliegenden Ende fuhr. Auf diese Weise hoffte Ballard, ein möglichst großes Gebiet abzudecken und dabei praktisch die Garantie zu haben, auf Wrackteile zu stoßen. ARGO sollte dann deren Spur folgen, um so zum eigentlichen Wrack zu gelangen. Während der Rastersuche bekam Ballard eine zunehmend bessere Vorstellung von der Beschaffenheit der Gebirgskette. Diese entpuppte sich als ein einzelner vulkanischer Berg mit einem Durchmesser von 16 Kilometern. Schließlich lokalisierte ARGO einige kleinere verstreute Wrackteile, die sich südlich der Stelle befanden, welche die DORSETSHIRE als Untergangsstelle der BISMARCK vermerkt hatte. Diese Teile konnten aber auch von einem anderen Wrack stammen oder einfach von einem vorbeifahrenden Schiff über Bord geworfen worden sein. Am Abend des 4. Juni 1989 hatte Ballard bereits 80 Prozent der vorgesehenen Fläche abgesucht, jedoch noch nichts gefunden. Als ARGO kurz vor Mitternacht die unteren Abhänge des unterseeischen Berges erkundete, zeigte die Videoverbindung erneut kleine Wrackteile auf dem Meeresboden.

Nach Mitternacht tauchten weitere Trümmer auf und kurz darauf wurden Anzeichen einer Schlammlawine sichtbar. Als die Spur von Wrackteilen endete, machte ARGO eine Kursänderung nach Norden, wo er weitere fand. Wenig später erfasste Ballard zuerst einen Sonarkontakt und dann erschien etwas, das wie ein Aufschlagkrater aussah. Dieser entpuppte sich schließlich als ein großes Wrackteil, bei dem es sich möglicherweise um einen Teil der Aufbauten handelte, der vom restlichen Schiff abgetrennt worden war. Ballard und seine Mannschaft ließen die Suche ausweiten, um die ganze Umgebung abzudecken. Gegen Mittag des 5. Juni erfolgte die Ortung eines weiteren großen Wrackteils. Obwohl Ballard zu vermuten begann, dass die BISMARCK diesen Unterwassererdrutsch verursacht haben konnte, fanden sich an dieser Stelle lediglich einzelne Teile. Das Wrack selbst musste sich irgendwo anders befinden. Nach der Fortsetzung seiner Suche fand ARGO um kurz vor 22:00 Uhr einen der schweren Geschütztürme der BISMARCK, welcher kopfüber auf dem Meeresboden lag. Danach lokalisierte er ein weiteres kleines Trümmerfeld sowie ein weiteres Teil der Aufbauten.

Als Ballard und seine Mannschaft am frühen Morgen des 8. Juni die Ostseite des Suchgebiets erkundeten, erhielten sie einen großen Sonarkontakt. Als ARGO daraufhin die markierte Stelle untersuchte, erfasste er um 09:06 Uhr vor sich ein Objekt, welches aus dem Meeresboden herausragte. Der Pilot ließ das Tiefseefahrzeug per Fernsteuerung steigen, damit es nicht mit diesem zusammenstieß. In diesem Moment erschien ein Geschützturm auf den Videomonitoren der STAR HERCULES – es war einer der 15-cm-Türme der BISMARCK. Ballard und seine Mannschaft hatten das Wrack des deutschen Schlachtschiffes gefunden. Ein Blick auf die Karte zeigte, dass sie es in den vergangenen Tagen mehrmals knapp verfehlt hatten. Dank der Kameras von ARGO tauchte die BISMARCK seit dem furchtbaren Morgen des 27. Mai 1941 nun erstmals wieder vor menschlichen Augen auf.

Das Wrack der BISMARCK ruht in einer Tiefe von 4.791 Metern inmitten des Schlamms der unterseeischen Lawine. (Illustration: Richard Schlecht / National Geographic / Getty Images)

Die Untersuchung der BISMARCK

Die Entdeckung der BISMARCK war nur der erste Teil von Ballards Unternehmung. Nun wollte er das Wrack erkunden, um mehr über die letzten Augenblicke dieses großen Schlachtschiffes in Erfahrung zu bringen. Dieses Vorhaben musste jedoch zunächst warten, da ein Sturm über das Seegebiet hereinbrach. Nachdem sich das Wetter gebessert hatte, konnte die Erkundung beginnen. Die Mannschaft der STAR HERCULES ließ ARGO nun wieder hinab zum Wrack, welches schließlich auf den Videomonitoren auftauchte. Die Erkundung begann an der Steuerbordseite an dem 15-cm-Turm, der am Vortag bereits kurz gefilmt worden war. Er war gut erhalten und leicht nach außen gerichtet, als hätte er sich während des Gefechts in dieser Stellung verklemmt. Neben ihm kam eine der 10,5-cm-Doppel-Flak ins Bild, deren Rohre nach oben in Richtung der knapp 4.800 Meter entfernten Wasseroberfläche zeigten. ARGO bewegte sich nun weiter entlang des Oberdecks in Richtung Heck.
Während der Fahrt von Cádiz zum Suchgebiet hatten Mitglieder des Filmteams von National Geographic ein Plastikmodell der BISMARCK gebaut. Ballard nahm dieses und begann, auf Basis der durch die Wrackvideoaufnahmen gewonnenen Erkenntnisse alle die Teile abzuschneiden, die auch an der echten BISMARCK fehlten. Somit erhielt er eine klarere Vorstellung vom Gesamtzustand des Wracks. Da zum Beispiel beim Kentern des Schiffes alle vier schweren Geschütztürme aus ihren Barbetten gefallen waren, entfernte Ballard auch diese vom Modell. Während ARGO seine Erkundung fortsetzte, zeigten seine Videobilder, dass große Teile der Aufbauten sowie die Masten und Kräne fehlten. Über der bereits untersuchten 10,5-cm-Flak befand sich der Steuerbord-Flak-Leitstand, dessen halbkugelförmige Schutzhaube (»Wackeltopf«) verschwunden war. Diese war wahrscheinlich während des Gefechts durch eine Granate aus ihrer Halterung gerissen worden. Dies galt wahrscheinlich auch für die Entfernungsmessdrehhaube auf dem vorderen Feuerleitstand, an deren Stelle nur noch die Öffnung mit dem Zahnradring erkennbar war. Die dahinter befindlichen oberen Aufbauten samt des Gefechtsturms fehlten komplett, sodass der Eindruck entstand, als hätte ein riesiges Messer diese abgetrennt. Ballard schnitt diese Teile ebenfalls vom Modell ab. Der Bereich des vorderen Leitstandes und der Brücke, von wo Lütjens und Lindemann ihre Befehle aus gaben und wahrscheinlich auch ihren Tod fanden, wirkte weitgehend unbeschädigt. Die offene Brücke hingegen wies zahlreiche Trefferschäden auf. Ballards Team zählte alleine in diesem Bereich rund 50 Einschusslöcher. Dem backbordvorderen 15-cm-Geschützturm war die hintere Turmdecke weggeschossen worden. Davor befanden sich die leeren Barbetten der durch das Kentern herausgefallenen schweren Türme »Anton« und »Bruno«. Überraschenderweise wirkte das Vorschiff mit Ausnahme eines Einschusslochs relativ unbeschädigt. Ballard vermutete, dass dieses Loch von einer 40,6-cm-Granate der RODNEY stammte. Das Teakholzdeck der BISMARCK befand sich noch in einem guten Zustand, sodass auch die Konturen des großen Hakenkreuzes, welches als Erkennungsmerkmal für Flugzeuge aufgemalt worden war, noch erkennbar waren.
Ballard schickte ARGO auf der Backbordseite weiter nach achtern. Nachdem ein 15-cm-Turm sowie zwei 10,5-cm-Flak in jeweils gutem Zustand auf den Bildschirmen auftauchten, gelangte ARGO mittschiffs an ein großes Loch, wo einst der Schornstein gestanden hatte. Dahinter befand sich der große Flugzeughangar. An der Stelle, an der sich das Backbordkatapult befunden hatte, klaffte ein großes Loch im Deck. Dieses war wahrscheinlich entstanden, nachdem eine 40,6-cm-Granate der RODNEY die darunter befindlichen Bereitschaftsmagazine für die 15-cm-Türme zur Explosion gebracht hatte.
Obwohl der Hangar noch gut erhalten war, war vom Großmast nur noch ein Stumpf übrig. Die Suchscheinwerfer waren ebenfalls verschwunden. Ballard entfernte weitere Teile vom Modell, während das Team von National Geographic ihn dabei filmte. Auf den hinteren Aufbauten befand sich noch der achtere Feuerleitstand. Obwohl der Leitstand selbst noch in-

Die HMS RODNEY und ihr Schwesterschiff HMS NELSON waren die beiden stärksten Schlachtschiffe der Royal Navy. Ihr Bau war während der 1920er Jahre unter Einhaltung der Bedingungen des Washingtoner Flottenabkommens erfolgt. Die neun 40,6-cm-Geschütze befanden sich in drei Dreifachtürmen, um eine Platzeinsparung bei der Schutzpanzerung zu ermöglichen. Dieses Konstruktionsmerkmal erklärt das eher unvorteilhafte Erscheinungsbild dieser beiden Schiffe. Unabhängig von ihrem Äußeren war die RODNEY eines der wenigen Schlachtschiffe auf der Welt, welches es mit der BISMARCK auf Augenhöhe aufnehmen konnte.

takt war, hatte eine 35,6-cm-Granate dessen Entfernungsmesser zerstört und ihn so außer Gefecht gesetzt. Die von ARGO übermittelten Videobilder zeigten, dass die beiden achteren 15-cm-Türme noch vorhanden waren, während von den insgesamt vier 10,5-cm-Doppel-Flak nur noch die beiden auf der Steuerbordseite existierten.

Auf dem Achterdeck kamen die beiden leeren Barbetten der achteren schweren Türme zum Vorschein. Über »Doras« Barbette lag der Ausleger von einem der beiden Bordkräne, während auf der Steuerbordseite ein großes Loch im Deck klaffte. Den Berichten von Überlebenden zufolge sollen Besatzungsmitglieder in dieses hineingefallen sein, als sie über das Deck in Richtung Heck rannten, um das Schiff zu verlassen.

ARGO erreichte nun das Achterschiff, wo er ein weiteres großes Hakenkreuz auf dem Teakholzdeck filmte. Obwohl die beiden Markierungen in Norwegen übermalt worden waren, hatte sich die Farbe im Laufe der Zeit aufgelöst, sodass diese nationalsozialistischen Symbole wieder zum Vorschein gekommen waren. Die Videoaufnahmen zeigten, dass ein Teil des achteren Hakenkreuzes fehlte, weil an dieser Stelle das Heck des Schiffes abgebrochen war. Ballard vermutete, dass dies während des Untergangs passiert war.

Diese erste Erkundung des Wracks nahm rund sechs Stunden in Anspruch und gab Ballard eine Vorstellung von dessen gutem Zustand.

Als ARGO am nächsten Tag zu einem weiteren Tauchgang zur BISMARCK mit einer Winde hinabgelassen wurde, versagte die Videoverbindung. Nach der Reparatur an Bord der STAR HERCULES kehrte das Unterwasserfahrzug schließlich am Abend zum Wrack zurück. Für diesen Einsatz war es erstmalig mit Farbvideokameras ausgerüstet worden, die bewegte Bilder für das Team von National Geographic lieferten. Während dieser zweiten Erkundung wurde ARGO auch in eine der leeren Geschützbarbetten hinabgelassen, doch auf den Monitoren zeigte sich nur ein dunkler leerer Schacht.

Die Aufbauten trugen viele »Narben« durch die Treffer kleinerer Geschosse. Bei diesen handelte es sich entweder um 20,3-cm-Granaten der britischen Kreuzer oder um Geschosse der mittleren Artillerie der Schlachtschiffe. Obwohl es keine Anzeichen dafür gab, dass diese der BISMARCK ernsthafte Schäden zugefügt hatten, hatten einige die Aufbauten durchschlagen.

Da sich das Wetter nun verschlechterte, ließ Ballard ARGO wieder nach oben holen. Bei der Tiefe von etwa 4.800 Metern dauerte dessen Absenk- oder Bergungsvorgang rund zwei Stunden. Während dieser Zeitspanne verschlimmerten sich die Wetterbedingungen zusehends. Nachdem sich das Wetter am folgenden Nachmittag wieder verbessert hatte, tauchte ARGO wieder zur BISMARCK hinab. Dieses Mal steuerte Ballards Sohn Todd das Unterwasserfahrzeug. Während dieses Tauchgangs entstand hervorragendes Bildmaterial, doch als ARGO gegen die Barbette von Turm »Dora« stieß, erlitt das Kamerasystem einen irreparablen Schaden. Da die von Ballard geplante Untersuchung des unteren Rumpfteils nun nicht mehr möglich war, ließ er ARGO und die Transponder wieder an Bord holen.

Nach einem würdevollen Gedenkgottesdienst und der Übergabe eines Kranzes an die See ließ Captain Latter die STAR HERCULES auf Heimatkurs gehen. Am 10. Juni 1989 erfuhr die Welt von der Entdeckung der BISMARCK. Ballard und seine Mannschaft hielten jedoch die genaue Position geheim, um kommerzielle Bergungsfirmen von einer Wrackplünderung abzuhalten, wie dies zuvor bei der TITANIC geschehen war.

Zwölf Jahre später erfolgten weitere Erkundungstauchgänge unter der Leitung von David Mearns zur BISMARCK. 2003 untersuchte der Filmemacher James Cameron das Wrack erneut. Diese beiden Tiefseeexpeditionen sollten die Frage beantworten, die Ballards Erkundung nicht im Stande zu klären war: Wurde die BISMARCK durch britische Torpedos versenkt oder versenkte sie sich selbst?

Die Rekonstruierung des Untergangs

Als die BISMARCK sank, krängte sie zunächst zu ihrer Backbordseite, bevor sie schließlich kenterte. Dann verschwand sie – Berichten zufolge mit ihrem Heck voran – langsam von der Wasseroberfläche. Als Dr. Robert Ballard das Wrack 1989 entdeckte, stand es aufrecht auf dem Meeresboden. Jedoch fehlten die vier schweren Geschütztürme, die während des Kenterns aus ihren Barbetten gefallen waren. Unter Zuhilfenahme aller verfügbaren Informationen gelang es Ballard, den Sinkvorgang der BISMARCK zu rekonstruieren. Er untersuchte, wo sich die Schlammlawine am Hang des unterseeischen Bergs ereignet hatte, wo die Geschütztürme sich vom Schiff gelöst haben konnten und wo sich die Trümmerfelder befanden. Der Rumpf des Schiffes, welcher trotz der enormen Gefechtsschäden weitgehend intakt geblieben war, lieferte ebenfalls wichtige Anhaltspunkte. Ballard war überrascht, wie gut der Zustand des Schiffskörpers in der Tat war.

Die Ausnahme bildete das Heck der BISMARCK, welches so aussah, als wäre es abgeschnitten worden. Es stellte sich daher die Frage, wann dies passierte. Geschah es während des Gefechts und spielte es daher eine Rolle für den Sinkvorgang?

Oder löste sich das Heckteil vom Rest des Schiffes während des langen Falls zum Meeresboden? Ballard verglich den intakten Rumpf der BISMARCK mit der hinteren Rumpfhälfte der TITANIC, welche auf ihrem Weg nach unten durch den Wasserdruck stark zerbeult wurde. Ähnlich wie bei einem Unterseeboot, das seine Zerstörungstiefe erreicht, konnte der hintere Rumpfteil der TITANIC nicht länger dem zunehmenden Wasserdruck standhalten, sodass einige Bereiche implodierten und sich dann mit Wasser füllten. Bei der BISMARCK geschah dies nicht – abgesehen von ihrem Heck blieb ihr Rumpf während des langen Falls zum Meeresboden relativ intakt. Dies lässt vermuten, dass die wasserdichten Abteilungen des Schlachtschiffes bereits geflutet waren, bevor es seine wasserdruckbedingte Zerstörungstiefe erreichte.

Die Tatsache, dass die vier schweren Geschütztürme aus ihren Barbetten gefallen waren, lässt daher darauf schließen, dass die BISMARCK beim Sinken kenterte und dann einen Teil des langen Wegs in die Tiefe kieloben zurücklegte. Da sie aber aufrecht auf dem Grund aufschlug, muss sie sich irgendwann von selbst wieder aufgerichtet haben, um dann in dieser Position den restlichen Weg zum Meeresboden zurückzulegen.

Für die Erstellung einer genauen Abfolge des Sinkvorgangs sind die Aussagen der Überlebenden von Bedeutung. Keiner von ihnen erwähnte, das Heck vor dem Sinken des Schiffes abbrechen gesehen zu haben. Dennoch sagten sie aus, dass die BISMARCK nach backbord krängte und schließlich kenterte. Während sich die Unterseite ihres Rumpfes noch an der Wasseroberfläche befand, begann sie langsam über ihr Heck abzusinken, bis nur noch ihr Bug aus dem Wasser ragte. Da die HOOD nach ihrem tödlichen Treffer in zwei Teile zerbrochen war, richteten sich diese auf, bevor sie beide versanken. Da die BISMARCK – mit Ausnahme des kleinen Heckteils – in einem Stück blieb, vollzog sich ihr Untergang weniger dramatisch: Mit ihrem Kiel oben liegend versank sie in den Fluten.

Während des Kenterns oder einige Minuten danach lösten sich die vier Geschütztürme aus ihren Barbetten und fielen auf den Meeresboden in 4.800 Metern Tiefe. Da die Türme nur durch ihre Schwerkraft und ohne Befestigungen in ihren Barbetten saßen, war es unvermeidbar, dass sie sich ab einem bestimmten Neigungswinkel des Rumpfes von diesem lösten. Der Fall der Geschütztürme zum Meeresboden erfolgte nahezu senkrecht und zudem weitaus schneller als der des Schiffes selbst. Ballards Mannschaft gelang die Wiederentdeckung von einem der Türme in einem Gebiet innerhalb der Unterwasserschlammlawine, die durch den Aufprall des Wracks auf dem Meeresboden ausgelöst worden war. In diesem Umfeld fand ARGO auch einige kleinere Trümmerteile. Diese lösten sich vermutlich kurz nach dem Untergang vom gekenterten Schiff und sanken unabhängig von diesem in die Tiefe.

Ohne die Türme in ihren Barbetten richtete sich das Schlachtschiff unter Wasser wieder auf, sodass es mit seinem Kiel zuerst auf dem Meeresboden aufschlug. Diese Drehung wurde durch den niedrigen Schwerpunkt ermöglicht, da wegen der fehlenden Türme nun keine Elemente oberhalb des Oberdecks, sondern der gepanzerte Rumpf das schwerste Element des Schiffes darstellte. Das Aufrichten machte auch aus hydrodynamischer Sicht Sinn, da die relativ glatte Formgebung

Dieses Gemälde mit dem Namen »*The Sinking of the BISMARCK*« von Charles E. Turner stellt die letzten Augenblicke des großen deutschen Schlachtschiffes dar: Vom Bug bis zum Heck brennend, neigt sich die BISMARCK zur Backbordseite. Im Hintergrund befindet sich der britische Schwere Kreuzer HMS DORSETSHIRE, dessen Torpedos dem deutschen Schlachtschiff wahrscheinlich den Gnadenstoß verabreichten.

Dieses etwas unscharfe Foto entstand von Bord der DORSETSHIRE aus und zeigt die Frühphase des Endkampfes der BISMARCK (rechts). Die Granaten der RODNEY und KING GEORGE V sind als Wassersäulen bei ihrem Aufschlag im Wasser hinter der BISMARCK sichtbar. Die Wassersäulen weiter links stammten wahrscheinlich vom deutschen Schlachtschiff, welches das Feuer seiner beiden Hauptgegner erwiderte.

Überlebende der BISMARCK bei ihrer Rettung durch die DORSETSHIRE. Da viele dieser Männer schwere Verwundungen oder Verbrennungen erlitten hatten, war es für sie sehr schwer, an den Netzen an Bord zu klettern. Die britischen Matrosen verwendeten daher Leinen mit Kletterknoten, um diejenigen Männer an Bord zu holen, die es aus eigener Kraft nicht schafften.

Als die DORSETSHIRE die Nachricht einer angeblichen U-Boot-Sichtung erhielt, war sie tragischerweise gezwungen, die Rettung der BISMARCK-Überlebenden abzubrechen. Diese unscharfe Aufnahme zeigt hunderte von Männern, die sich zu dem Zeitpunkt noch im Wasser befanden, als der Kreuzer sich von ihnen entfernte.

des Rumpfes den Sinkvorgang in die Tiefe eher begünstige als die kantigen und zerklüfteten Aufbauten, die eine sehr große Widerstandsfläche im bzw. unter Wasser dargestellt hätten. Es erscheint daher plausibel, dass das Heckteil sich wegen des erhöhten Wasserwiderstands aufgrund des zunächst kieloben sinkenden Schiffes vom restlichen Rumpf löste. Die Bug- und Hecksektionen waren konstruktionsgemäß jeweils Schwachstellen, da sie sich außerhalb des Schutzbereichs des dicken Panzergürtels befanden, welcher auf beiden Rumpfseiten zwischen den Türmen »Anton« und »Dora« verlief und dort den Schiffskörper zusätzlich verstärkte. Hinter der Rumpfsektion III (Heckbereich) betrug die Stärke des Panzergürtels lediglich acht Zentimeter und vor der Sektion XIX (Bugbereich) sogar nur sechs Zentimeter. Während dieser Gürtel vorne ganz bis zum Vordersteven reichte, endete er achtern direkt über dem Ruder und damit auf halber Länge der Sektion I an einem wasserdichten Schott.

Der hinter diesem Schott befindliche Heckbereich war ungeschützt und stellte aufgrund der »Durchlöcherung« mit den Bullaugen der Offiziers- und Unteroffiziersunterkünfte keine durchgängige oder massive Außenwand dar. Dieser Teil des Rumpfes löste sich vom übrigen Schiffskörper. Laut der Aussagen deutscher und britischer Augenzeugen hatte dieser Bereich während des Endkampfes der BISMARCK mehrere Treffer erhalten, sodass er aufgrund der fehlenden Panzerung strukturell geschwächt wurde. Die von den »Swordfish«-Bombern am Abend vor dem Endkampf auf die BISMARCK abgeschossenen 45,7-cm-Torpedos könnten ebenfalls zur Schwächung des Heckteils beigetragen haben.

Es ist gut möglich, dass es sich schon während des Kenterns des Schiffes an der Wasseroberfläche zu lösen begann. Dies könnte somit erklären, warum die BISMARCK mit ihrem Heck voran sank. Das schwer beschädigte Heckteil brach also entweder beim Kentern oder während des Aufrichtens unter Wasser ab, um dann eigenständig in die Tiefe zu sinken. Somit ließe sich auch dessen Position auf dem Meeresboden in einiger Entfernung vom relativ intakten Rumpf erklären.

Nach ihrer Wiederaufrichtung unter Wasser sank die BISMARCK wahrscheinlich recht schnell zum Meeresboden. Während das abgetrennte Heck rechts neben der Aufschlagstelle des Wracks in kurzer Entfernung landete, fand der von Ballard gefundene schwere Geschützturm etwa 200 Meter vor dem Bug der BISMARCK seine letzte Ruhestätte. Und wie er bei seiner Erkundung des Suchgebiets feststellte, verursachte der Aufschlag des Schlachtschiffes auf dem unterseeischen Berg einen Krater, der eine Schlammlawine auslöste, mit dem die BISMARCK den Bergabhang hinunterglitt. Das Schiff kam schließlich 300 Meter von seiner Aufschlagstelle entfernt zum Stehen. Da sein Heck tiefer im Schlamm steckt als sein Bug, lässt vermuten, dass es zuerst mit dem Heck auf dem Meeresboden aufschlug. Während die BISMARCK den Hang hinabglitt, drehte sie sich nach steuerbord, sodass sie in einem rechten Winkel zur Richtung der Schlammlawine zur Ruhe kam. Später fielen mehrere leichte Wrackteile um das Wrack herum auf den Meeresboden, sodass das später von Ballard entdeckte Trümmerfeld entstand. Weil diese Teile erst später den Meeresboden erreichten, wurden sie nicht von der Schlammlawine begraben. Ballard hielt es für möglich, dass die drei nicht lokalisierten schweren Geschütztürme dieses »Schicksal« jedoch ereilt haben könnte. Der Verbleib dieser Türme sowie der von weiteren großen Teilen wie dem Gefechtsturm zählten daher zu den ungeklärten Fragen der Expedition von 1989.

Kapitänleutnant Burkard Freiherr von Müllenheim-Rechberg im Jahre 1934, als er noch ein Leutnant zur See war. Er war der ranghöchste Offizier, der den Untergang der BISMARCK überlebte. Müllenheim-Rechberg wurde von der DORSETSHIRE gerettet.

Kontroverse Fragen: Selbstversenkung oder Versenkung?

Eine der Fragen, die Ballards Untersuchung des Wracks nicht hatte beantworten können, war sicherlich die historisch bedeutsamste: Versenkten die Granaten der RODNEY und der KING GEORGE V oder die Torpedos der DORSETSHIRE die BISMARCK oder sank sie letztendlich doch durch ihre eigene Hand, nachdem ihre Besatzung die Selbstversenkung eingeleitet hatte?

Im Juni 2001 unternahm das in Seattle im US-Bundesstaat Washington ansässige Unternehmen Deep Ocean Expeditions mehrere Tauchgänge zum Wrack, um dieses ausführlich zu untersuchen. Diese kommerzielle Firma betreibt und chartert Tiefseetauchboote, welche primär für wissenschaftliche Zwecke oder Filmprojekte zum Einsatz kommen. Nachdem Vertreter von Deep Ocean Expeditions die Woods Hole Oceanographic Institution im Jahre 2000 kontaktiert hatten, vereinbarten beide Seiten mit dem Einverständnis von Dr. Ballard eine Zusammenarbeit. Für die im folgenden Jahr von Deep Ocean Expeditions durchgeführten Tauchfahrten zur BISMARCK kam ein in Russland gebautes Kleinsttauchboot zum Einsatz. Nach einer allgemeinen Erkundung des Wracks erfolgte eine genaue Untersuchung des Rumpfes. Bei dieser konnten die Fachleute auf beiden Seiten des Hauptpanzergürtels keine Anzeichen von Granat- oder Torpedoeinschlaglöchern entdecken. Was sie jedoch fanden, waren lange und große horizontale Risse bzw. Schlitze im Rumpf. Die Experten erklärten deren Entstehung als Folge der Schäden, welche die BISMARCK beim Hinabgleiten des Hanges nach ihrem Aufschlag auf dem Meeresboden erlitten hatte. Demnach war ihrer Meinung zufolge der Rumpf weitgehend intakt, als das Schlachtschiff von der Wasseroberfläche versank.

Diese Aufnahme zeigt die RODNEY mit ihrer zur Backbordseite geschwenkten Artillerie.

William Lange, ein Untersuchungsspezialist bei Woods Hole, kam in seiner Analyse zu dem Schluss, dass er eine Versenkung der BISMARCK durch die britischen Schiffe mit folgender Begründung zurückwies: Da der Unterwasserteil des Rumpfes keine Einschlaglöcher aufwies und der Rumpfbereich darüber nur wenige Löcher im Vergleich zu den zahlreichen Granattrefferschäden über dem Oberdeck zeigte, wies diese Tatsache deutlich daraufhin, dass der Panzergürtel der BISMARCK ausreichend Schutz vor den britischen Granaten und Torpedos geboten hatte. Die Schlussfolgerung war daher, dass nur eine Selbstversenkung als Untergangsursache in Frage kommen konnte.

Der Schwere Kreuzer DORSETSHIRE der COUNTY-Klasse war den Kreuzern NORFOLK und SUFFOLK sehr ähnlich. Obwohl er zu einem leicht veränderten Baulos von Kreuzern gehörte, basierten alle drei Schiffe auf dem gleichen Grundentwurf.

Im Spätsommer des gleichen Jahres traf ein weiteres Forschungsschiff – dieses Mal mit britischen und amerikanischen Fachleuten an Bord – an der Untergangstelle der BISMARCK ein, um ihr Wrack filmisch zur dokumentieren. Auch diese Expedition fand mit der Genehmigung durch Woods Hole statt.
Deren Leiter war der in Großbritannien lebende, aber in den USA geborene Meeresforscher David Mearns, welcher auf die Lokalisierung und Untersuchung von historisch bedeutsamen Schiffswracks des Zweiten Weltkrieges spezialisiert ist. Er und seine Mannschaft wurden von einem Fernsehteam begleitet, welches darauf hoffte, mögliche wichtige Erkenntnisse oder Momente dieser Expedition mit der Kamera einzufangen. Wie bereits bei Ballards Expeditionen kamen auch dieses Mal ferngesteuerte Unterwasserfahrzeuge zum Einsatz (ROV – remotely operated vehicle). Die Untersuchungen am Wrack konzentrierten sich auf die Risse und Schlitze, die zuvor von den Fachleuten aus Seattle festgestellt worden waren. Diese befanden sich im unteren Bereich des Rumpfes unterhalb der Wasserlinie und somit exakt dort, wo die Torpedos möglicherweise eingeschlagen waren.
Während Woods Hole diese Risse und Schlitze als Folge einer »mechanischen Beschädigung« nach dem Aufschlag des Rumpfes auf dem Meeresboden deutete, hielten Mearns und sein Team diese Erklärung für unwahrscheinlich. In einer Pressemitteilung sagte er später Folgendes: »Mein Gefühl sagt mir, dass sich diese Schlitze im Rumpf beim Hinabgleiten des Hanges vergrößert haben, sie ursprünglich aber durch Torpedos verursacht wurden«. Obwohl Mearns zugeben musste, dass er keine direkten Beweise für Torpedoschäden fand, argumentierte er überzeugend, dass die von der DORSETSHIRE abgeschossenen Torpedos sicherlich nicht einfach von der Bordwand der BISMARCK »abgeprallt« waren, wie William Lange es glaubte. Mearns erklärte, dass die Selbstversenkungsmaßnahmen den Untergang lediglich beschleunigt hätten, weil das Schiff bereits angefangen hatte zu sinken.
Dr. Eric Grove von der Hull University, der die Expedition begleitete, bestätigte, dass die BISMARCK »zahlreiche Löcher« unterhalb ihrer Wasserlinie aufwies. Die Schlussfolgerung des Teams war daher, dass die Schlitze ursprünglich durch Torpedos entstanden und nicht durch den Aufschlag des Rumpfes auf dem Meeresboden verursacht wurden. Diese Kontroverse war noch immer im Gange, als ein weiteres Forschungsschiff mit zwei Tiefseetauchbooten das Wrack aufsuchte. Das Ziel dieser neuen Expedition war die Produktion eines aufwändigen Dokumentarfilms über die BISMARCK unter der Regie des kanadischen Filmemachers James Cameron, der sich durch Filme wie »Terminator«, »Aliens«, »The Abyss«, »Titanic« und (später »Avatar«) einen Namen gemacht hatte. Dieses Mal fanden zwei kleine bemannte Tiefseetauchboote mit den Namen MIR I und MIR II Verwendung, die je drei Personen aufnehmen konnten. Die Filmproduktionsfirma setzte sie ein, um von ihnen aus kleine ferngesteuerte Unterwasserfahrzeuge (ROV) in die Innenräume des Rumpfes und die Aufbauten der BISMARCK zu schicken.
MIR I und MIR II untersuchten den unteren Rumpfbereich einschließlich der dort vorhandenen Schlitze und erkundeten die Schlammlawine, mit welcher die BISMARCK den unterseeischen Hang hinabgeglitten war, bevor sie zum Stehen kam. Falls die Schlitze bzw. Fehlstellen am Rumpf während des Hinabgleitens entstanden waren, dann mussten sich in diesem Gebiet Anzeichen für deren Zustandekommen finden lassen. Da sich keine sichtbaren Hinweise auf die Ursache der Schlitze finden ließen, kamen Cameron und seine Fachleute zu dem Schluss, dass diese beim Auftreffen auf dem Meeresboden entstanden waren: Als die BISMARCK senkrecht aufschlug, wirkte ein enormer Druck von oben auf ihre Decks und Rumpfwände, sodass auf beiden Seiten der Rumpf barst und längliche Teile durch den Druck aus diesem herausbrachen. Nach Auswertung weiterer Hinweise schlussfolgerte Cameron auch, dass die Schlitze hauptsächlich an den Stellen entstanden, die zuvor durch Gefechtsschäden in Form von feindlichen Torpedotreffern bereits geschwächt worden waren. Als er seine beiden kleinen ROV mit den Namen JAKE und ELWOOD durch diese Öffnungen in das Innere des Rumpfes schickte, fand er keine Hinweise auf Torpedoschäden: Obwohl die Torpedos die äußere Bordwand durchschlagen hatten, waren sie nicht in den inneren Rumpf, sondern nur bis in den dazwischen befindlichen Absorptionsbereich gelangt. Die Explosionskraft der

Torpedos war somit nicht über diese Pufferzone hinausgegangen. Mit anderen Worten hatten die Torpedotreffer zwar den Rumpf beschädigt, dem Schiff insgesamt jedoch nur einen oberflächlichen Schaden zugefügt. Diese Schlussfolgerung widersprach der Aussage der Firma Deep Ocean Expeditions, welche angab, dass es keine Anzeichen von Torpedoschäden gab. Obwohl feststand, dass die britischen Torpedos die BISMARCK getroffen hatten, stand deren Wirksamkeit noch zur Debatte.

Während diese Kontroverse über die Ursache des Untergangs bis heute anhält, scheinen die Standpunkte je nach Nationalität verschieden zu sein. Während die amerikanischen Experten die Theorie vertreten, dass die BISMARCK alleine durch ihre Selbstversenkungsmaßnahmen sank, argumentieren britische Fachleute, dass dies den Untergang lediglich beschleunigte, da er durch die zahlreichen Granat- und Torpedotreffer bereits besiegelt war. Das bei den verschiedenen Expeditionen zusammengetragene Beweismaterial zeigt, dass der Panzergürtel der BISMARCK den Rumpf weitgehend vor dem britischen Granatbeschuss schützte, während ihre Aufbauten starke Beschädigungen erlitten. Obwohl die Torpedos der DORSETSHIRE ihre Bordwand unterhalb der Wasserlinie höchstwahrscheinlich durchschlagen haben, bleibt die Frage, ob sie das Schlachtschiff letztendlich versenkt haben, unbeantwortet. Die meisten Experten stimmen darin überein, dass die BISMARCK aufgrund der während ihres Endkampfes erlittenen Schäden irgendwann tatsächlich gesunken wäre. Der Abbruch ihres Heckteils ist ein klares Indiz dafür, dass sie vor ihrem Untergang bereits strukturell geschwächt war. Die von ihrer Besatzung eingeleiteten Selbstversenkungsmaßnahmen ließen sie lediglich schneller sinken und trugen somit zu einem schnelleren Ende ihres Todeskampfes bei.

Die Übereinstimmung der Fachleute hinsichtlich der Klärung der Untergangsursache lässt weitere aufwändige Untersuchungen des Wracks unnötig erscheinen. Zudem bleibt dessen genaue Position ein gut gehütetes Geheimnis, da Bergungsfirmen bei ihrer Jagd nach Trophäen ansonsten rücksichtslos über die BISMARCK herfallen würden. Da mehr als 2.000 Besatzungsmitglieder mit dem Schlachtschiff untergingen, ist es ein Kriegsgrab. Zahlreiche Überlebende und Veteranen auf deutscher und britischer Seite erfüllte die Entdeckung und die anschließende Untersuchung des Wracks mit Unbehagen. Der inzwischen verstorbene Ted Briggs – einer von drei Überlebenden der HMS HOOD – drückte seine Gefühle so aus: »Sie schlug sich verdammt gut, nahm es mit der Hälfte unserer Flotte auf und sank ehrenvoll. Man hätte sie in Frieden ruhen lassen und als Seemannsgrab respektieren sollen«. Es bleibt daher zu hoffen, dass dieser Wunsch in Erfüllung geht und die BISMARCK und ihre Männer ihren ewigen Frieden in der Tiefe finden.

Ein 53,3-cm-Vierfach-Torpedorohrsatz an Bord eines britischen Kreuzers. Bis heute gibt es die Kontroverse, was den Untergang der BISMARCK verursachte – die deutschen Sprengladungen zur Selbstversenkung oder die britischen Torpedos. Die Antwort dürfte ein Kombination aus beiden Faktoren sein.

Durch den Torpedotreffer am 26. Mai 1941 war das Heck der BISMARCK möglicherweise bereits strukturell geschwächt. (Bild: US Naval History and Heritage Command)

Der auf dem Kopf stehende Brückenmast auf dem Meeresboden. Er löste sich während des Sinkens vom Schiff. Erkennbar sind die Fenster der Admiralsbrücke. (Bild: © Advanced Imaging and Visualization Laboratory / Woods Hole Oceanographic Institution)

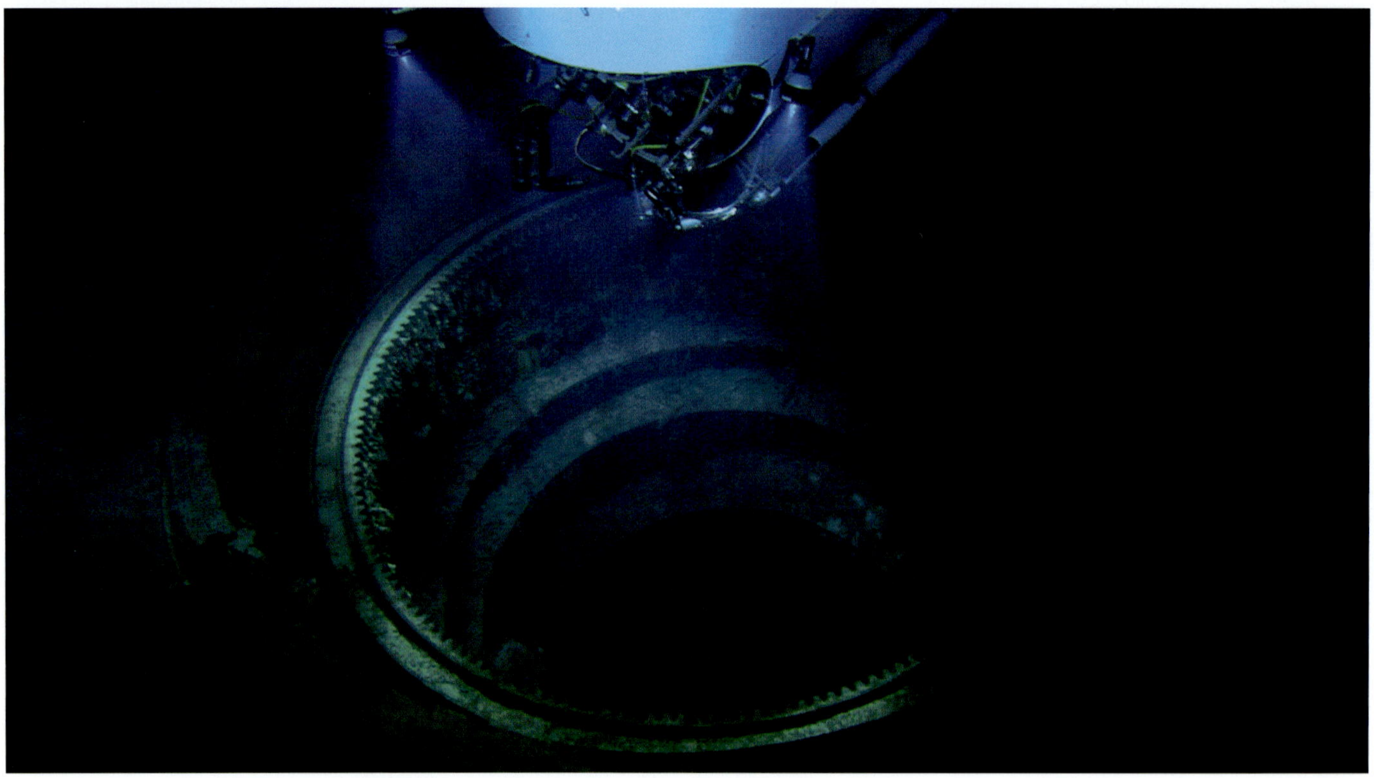

Eine der leeren Barbetten. Als die BISMARCK kenterte, fielen die 38-cm-Geschütztürme heraus. (Bild: © Advanced Imaging and Visualization Laboratory / Woods Hole Oceanographic Institution)

Der steuerbordmittlere 15-cm-Turm im guten Erhaltungszustand. Davor eine 10,5-cm-Doppel-Flak mit einem verbliebenen Rohr. (Bild: © Advanced Imaging and Visualization Laboratory / Woods Hole Oceanographic Institution)

Das Achterschiff mit der Kante, an der das Heckteil abriss, von achtern aus gesehen. Ein Tiefseetauchboot untersucht die Backbordschraube. (Bild: © Advanced Imaging and Visualization Laboratory / Woods Hole Oceanographic Institution)

WEITERE INTERESSANTE BÜCHER ZUM THEMA

Während des Zweiten Weltkriegs landeten deutsche U-Boote vielfach an bedrohlichen Gestaden. Viele dieser U-Boot-Einsätze werden hier thematisiert. Dabei geht der Autor auf U-Boot-Stützpunkte und Bunkeranlagen in Deutschland, Frankreich und Norwegen ein, zeigt deren strategische Bedeutung und erklärt, wie und warum diese Anlagen gebaut wurden.
352 Seiten, 420 Abb., 230 x 265 mm
ISBN 978-3-613-04515-6
€ 34,90 | € (A) 35,90

Hans Karr dokumentiert in diesem Band die wichtigen waffentechnologischen Entwicklungen bis zum Zweiten Weltkrieg. Dabei spannt er den Bogen von den U-Booten und Überwasser-Kräften bis zum grundsätzlichen Bedeutungswandel das Schlachtschiffes, das durch das Aufkommen der Flugzeugträger bald nur noch als Museumsstück taugte.
256 Seiten, 250 Abb., 230 x 265 mm
ISBN 978-3-613-04516-3
€ 34,90 | € (A) 35,90

Der englische Begriff »Coast Guard« beschreibt eine paramilitärische Streitmacht zum Schutz der küstennahen Gewässer. Die weitaus größte Küstenwache der Welt ist die U.S. Coast Guard. Die Schiffe der U.S. Coast Guard seit 1915 werden in diesem Band im Detail und Klasse für Klasse, beschrieben und fotografisch dokumentiert.
208 Seiten, 368 Abb., 230 x 265 mm
ISBN 978-3-613-04560-6
€ 39,90 | € (A) 41,10

Ursprünglich diente die kaiserliche Marine lediglich dem Küstenschutz. Doch der Ehrgeiz von Kaiser Wilhelm II. machte aus ihr eine der größten Flotten der Welt. Hans Karr beschreibt in seiner Enzyklopädie alle großen und mittleren Überwasserschiffstypen von kaiserlicher Reichs- und Kriegsmarine.
304 Seiten, 399 Abb., Format 230 x 265 mm
ISBN 978-3-613-04017-5
€ 29,90 | € (A) 30,80

Leseproben zu allen Titeln auf unserer Internetseite

Stand Juli 2023
Änderungen in Preis und Lieferfähigkeit vorbehalten.

Überall, wo es Bücher gibt, oder unter
WWW.MOTORBUCH-VERSAND.DE
Service-Hotline: 0711 / 78 99 21 51
www.facebook.com/MotorbuchVerlag

Motor buch Verlag